13

TRIZ/TIPS

Methodik des erfinderischen Problemlösens

von
Bernd Klein

2., verbesserte und erweiterte Auflage

Tech 35/5

Stadtbibliothek
(2467403:25.02.2008)
CoT:634304

Oldenbourg Verlag München Wien

Prof. Dr.-Ing. Bernd Klein hat zehn Jahre in der Industrie verbracht, bevor er an die Universität Kassel berufen wurde. Er leitet dort seit 1984 das Fachgebiet Leichtbau-Konstruktion. Schwerpunkte seiner Tätigkeit sind FEM, Betriebsfestigkeit, Innovationsmanagement und der konstruktive Leichtbau. Mit TRIZ/TIPS beschäftigt er sich seit mehreren Jahren und führt regelmäßig entsprechende Trainings durch.

Für Gaby, Niklas, Kati und Inga

Bibliografische Information der Deutschen Nationalbibliothek

Die Deutsche Nationalbibliothek verzeichnet diese Publikation in der Deutschen Nationalbibliografie; detaillierte bibliografische Daten sind im Internet über <http://dnb.d-nb.de> abrufbar.

© 2007 Oldenbourg Wissenschaftsverlag GmbH
Rosenheimer Straße 145, D-81671 München
Telefon: (089) 45051-0
oldenbourg.de

Das Werk einschließlich aller Abbildungen ist urheberrechtlich geschützt. Jede Verwertung außerhalb der Grenzen des Urheberrechtsgesetzes ist ohne Zustimmung des Verlages unzulässig und strafbar. Das gilt insbesondere für Vervielfältigungen, Übersetzungen, Mikroverfilmungen und die Einspeicherung und Bearbeitung in elektronischen Systemen.

Lektorat: Stephanie Schumacher-Gebler
Herstellung: Anna Grosser
Coverentwurf: Kochan & Partner, München
Coverausführung: Gerbert-Satz, Grasbrunn
Gedruckt auf säure- und chlorfreiem Papier
Gesamtherstellung: Druckhaus „Thomas Müntzer" GmbH, Bad Langensalza

ISBN 978-3-486-58083-9

Inhaltsverzeichnis

	Vorwort	XI
1	**Einleitung**	1
2	**Historische Entwicklung**	5
3	**Qualität von Innovationen**	7
3.1	TRIZ-Anwendungsebenen	7
3.2	Übertragbare Lösungsansätze	10
4	**Bedeutung der Aufgabenstellung**	13
4.1	Aufgabenformulierung	13
4.2	Innovationscheckliste	15
4.3	Zukunftstrends	17
4.4	Stufen der Evolution	19
4.5	Aufgezeichnete Evolutionsstufen	25
4.6	Mini- und Maxiprobleme	27
4.7	Technologieszenarien	28
5	**Die ideale Maschine**	31
5.1	Visionäre Kriterien	31
5.2	Physikalische Effekte und Phänomene	34
5.3	Anpassung an das Ideal	35
6	**Auflösung von Widersprüchen durch Innovationsprinzipien**	37
6.1	Widerspruchsanalyse	37
6.2	Auflösung von Widersprüchen	39
6.3	Formulierung eines Widerspruchs	42

6.4	Formulierung technischer Widersprüche	43
6.4.1	Neuentwicklung eines funktionaleren Handys	44
6.4.2	Nutzung der Widerspruchsparameter	44
6.4.3	Neuentwicklung eines Wärmemessgerätes	45
6.5	Formulierung physikalischer Widersprüche	46
6.5.1	Problem der Standzeiterhöhung einer Dichtung	46
6.5.2	Problem der Toleranzkompensation beim Stanzen	48

7 Verfahrensprinzipien 51

7.1	Die 40 innovativen Grundprinzipien	51
7.2	Beispiele zu den innovativen Grundprinzipien	65
7.2.1	Arbeiten mit der Widerspruchsmatrix	65
7.2.2	Ideengenerierung für Konzepte	67
7.2.3	Alternative Lösungswege	71
7.2.4	Übertragung auf ein nichttechnisches Problem	74
7.3	Kombinationen von innovativen Grundprinzipien	76
7.4	Konzeptideen umsetzen	77

8 ARIZ-Algorithmus 83

8.1	Definitionsphase	85
8.2	Lösungsphase	90
8.3	Bewertungsphase	95
8.4	ARIZ-Kompakt-Anwendung	97

9 Problemformulierung und Funktionsmodell 105

9.1	Funktionsklassen	105
9.2	Funktionsmodellierung	111

10 WEPOL-Analyse 115

10.1	Technische Minimalsysteme	115
10.2	Variable Symbolik	118
10.3	Aufbau und Umwandlung von WEPOL-Analysen	119
10.4	Konzept der Standardlösungen	122
10.5	Lösungsvariationen mit WEPOL-Systemen	124
10.6	Entwicklung von Konzeptalternativen	128
10.7	WEPOL-Realisierungen	131

11	**Evolutionswege technischer Systeme**	**133**
11.1	Lebenslinie	133
11.2	Entwicklungsgesetze	134
12	**Produktive Kreativität**	**143**
12.1	Konzeptstadium	143
12.2	Zwerge-Methode	144
12.3	MZK-Operatoren	147
13	**Streben nach Idealität**	**151**
13.1	Ideale Verhältnisse	151
13.2	Definition der Idealität	152
13.3	Die sechs Wege zur Idealität	152
13.4	Einfachheit als Zielsetzung	155
13.5	Methodischer Komplexitätsabbau	159
14	**Antizipierende Fehler-Erkennung (AFE)**	**161**
14.1	Grundidee	161
14.2	AFE-Anwendungsbeispiel	162
14.3	AFE-Software	165
15	**Gesetzmäßigkeiten der Evolution**	**167**
15.1	Übertragene Kernaussagen	167
15.2	Prinzipien der Evolution	170
16	**Patente, Patentrecherche und Verwertung**	**173**
16.1	Innovationen schützen	173
16.2	Patentrecherche	175
16.3	Verwertung von Innovationen	176
17	**Structurized Inventive Thinking (SIT)**	**179**
17.1	Zielgerichteter Einsatz	179
17.2	Minimalistische Problemlösungen	180
17.3	Regeln der geschlossenen Welt	181
17.4	Lösungsprinzipien der geschlossenen Welt	182

18	**TRIZ-Werkzeuge in der Anwendung**	**187**
18.1	Zusammenwirken der Werkzeuge	187
18.2	Handlungsleitfaden	192
19	**Nutzung von Synergien**	**197**
19.1	Methodenkette	197
19.2	QFD und TRIZ	201
20	**Innovationsmanagement und TRIZ**	**203**
20.1	Der Zwang zum Innovieren	203
20.2	Umsetzung von Innovationsmanagement	205
20.3	Der Ideenfindungsprozess	207
21	**Einführung von TRIZ in Unternehmen**	**209**
22	**Software**	**213**
23	**Schlusswort**	**215**
24	**Anhang**	**227**
24.1	TRIZ im Spiegelbild der Methoden	228
24.2	Innovations-Checkliste	229
24.3	Definition der Widerspruchsparameter	231
24.4	Morphologische Widerspruchsmatrix	235
24.5	Am häufigsten verwendete innovative Grundprinzipien	253
24.6	Die 76 Standardlösungen der Stoff-Feld-Analyse	254
24.7	Übersicht über ausgewählte physikalische Effekte und Phänomene für neuartige Problemlösungen	260
24.8	Fallbeispiele	267
24.8.1	Mehrfarbiger Kugelschreiber	267
24.8.2	Pizza-Box	272
24.8.3	Gummidichtung für Bustüren	275
24.8.4	Optimierung einer Befestigung	280
24.9	Bilderrahmen-Befestigung	283
24.10	Workshops	291
24.10.1	Reinigung und Entgraten von Zahnrädern	291
24.10.2	Herstellung eines Sägeblattes	293
24.11	Separationsprinzipien und Lösungsansätze	297

25	**Literaturverzeichnis**	**217**
25.1	TRIZ-Bücher	217
25.2	Methodik-Fachbücher	218
25.3	Berichte	219
25.4	Ergänzende Aufsätze	219
25.5	Studien-/Diplomarbeiten	220
26	**Internet-Links**	**211**
27	**Index**	**223**

> „Alles Gescheite ist schon gedacht worden; man muss nur versuchen, es noch einmal zu denken."
>
> – Goethe –

Vorwort zur 1. Auflage

Im Jahre 1996 bekam ich erste Berührungen mit so genannten Erfindungsmethoden wie WOIS und CROST, was mich nach meinen Erfahrungen mit der Konstruktionssystematik hellhörig gemacht hat. Einmal neugierig geworden, beschloss ich, die Sache weiter zu verfolgen und stieß auf die Bücher von Altschuller. Mittels Internetrecherche und Kontakten zu den Methodik-Softwarehäusern Invention Machine Corporation und später Ideation International Inc. rundete sich das Bild immer mehr ab.

In freier Interpretation des Ausspruchs von John Terninko: „Der beste Weg etwas zu lernen, ist es zu lehren", habe ich mich daran gemacht, ein TRIZ-Manuskript auf Grundniveau zu verfassen. Für einen ersten Probelauf mussten die Entwicklungsmannschaft eines Automobilzulieferanten und ein Semesterjahrgang an der Universität Gesamthochschule Kassel als „Versuchskaninchen" dienen. Danach konnten weitere Optimierungsläufe in offenen Seminaren vonstatten gehen, woraus das vorliegende Buch hervorgegangen ist. Viele Seminarteilnehmer, denen mit diesem Manuskript die TRIZ-Welt erschlossen wurde, sind mittlerweile begeisterte Anwender geworden. Einige haben tatsächlich patentfähige Neuerungen entwickeln können.

Mein Antrieb bei TRIZ ist, den Entwicklern in der Praxis eine neue Perspektive systemischen Arbeitens zu eröffnen und Hilfestellung bei der Verstärkung individueller Techniken geben zu wollen. Das Manuskript konnte in der kurzen Zeit von 8 Monaten jedoch nur durch die aktive Mitarbeit von Herrn Dipl.-Ing. C. Gundlach und Herrn Dipl.-Ing. H. Nähler (insbesondere Kap. 8) entstehen, die viele Abbildungen und die Fallbeispiele erstellt haben. Die mühevolle Schreibarbeit hat Frau M. Winter übernommen. Allen dreien sei hierfür herzlich gedankt.

Calden bei Kassel, im Dezember 2001　　　　　　　　　　　　　　　　　　Bernd Klein

Vorwort zur 2. Auflage

Nachdem die erste Auflage auf nachhaltige Resonanz in der Praxis gestoßen und nunmehr vergriffen ist, wurde die vorliegende Neuauflage erarbeitet. Offenbar hat sich das Konzept bewährt, was die stete Diskussion mit Anwendern immer wieder gezeigt hat. Trotzdem habe ich vieles geändert und dabei den Schwerpunkt verstärkt auf die Untermauerung diverser Ansätze durch praxisnahe Beispiele gerichtet. Ich hoffe damit, den Leser noch näher an TRIZ heranführen zu können und bin weiterhin für jedes Feedback dankbar. Mein Dank gilt auch Frau M. Winter, die geduldig die umfangreiche Schreibarbeit erledigt hat.

Wyk auf Föhr   Bernd Klein

1 Einleitung

Neue patentfähige Produkte zu schaffen, war zu allen Zeiten die Idealvorstellung der Industrie. Die Konstruktionsmethodik konnte dies nur teilweise erfüllen [BAI 98], weshalb man heute in TRIZ eine neue Perspektive sieht.

Das Akronym *TRIZ*[1] steht für „Theorie des erfinderischen Problemlösens" (englisch auch *TIPS* für „Theory of Inventive Problem Solving"). Die Methode wurde ab ca. 1956 von Genrich Saulowich Altschuller in der ehemaligen Sowjetunion konzipiert. Altschuller war der Überzeugung, dass man den kreativen Ideenfindungsprozess systematisieren und somit den Zufall weitestgehend ausschließen kann. Er verfolgte daher mit seiner Methode den Leitgedanken, die Ideenfindungszeit verkürzen zu wollen und Problemlösungsprozesse zu strukturieren, sodass Durchbruchsdenken möglich wird.

Bei der Suche nach Antworten ließ er sich von vier Erkenntnissen leiten:
1. Ziel jeder Entwicklung ist ein *ideales Design*.
2. Ein Problem ist überwindbar, wenn der bestehende *Widerspruch* formuliert werden kann.
3. Nur *Inventionen* stellen einen Fortschritt dar.
4. Ein *Innovationsprozess* lässt sich schrittweise *gliedern*.

Die Basis von TRIZ stellte dann eine Analyse von 200.000 Patentschriften dar, bei der Altschuller zu den Einsichten kam:
- Abstrahierte Problemstellungen und deren Lösungen wiederholen sich in verschiedenen naturwissenschaftlichen und technischen Anwendungen bzw. deren Umsetzung.
- Die Evolution technischer Systeme verläuft immer nach ähnlichen Mustern.
- Wirkliche Innovationen liegen regelmäßig auf der Nahtstelle unterschiedlicher Wissensgebiete.

Daraufhin entwickelte er die Kernelemente von TRIZ und perfektionierte diese über einen Zeitraum von fast 42 Jahren. Wie in *Abb. 1.1* aufgelistet, besteht TRIZ aus einer Vielzahl zusammenwirkender Ansätze, die problemspezifisch zur Ideensuche [MER 00], Ideenverdichtung, Ideenselektion und Ideenkonkretisierung angewendet werden können.

---

[1] russ.: Teorija Rezhenija Jzobretatel'skich Zadach

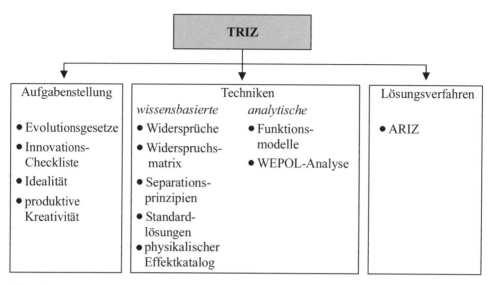

Abb. 1.1: Methodengebäude von TRIZ

TRIZ fand danach in der Sowjetunion breite Anwendung und wurde später sogar in Hochschulseminaren gelehrt. Auch in der ehemaligen DDR entwickelte sich das Interesse an TRIZ so weit, dass Erfinderschulen entstanden, die in mehrwöchigen Kursen Ausbildung betrieben. In den westlichen Ländern war TRIZ hingegen so gut wie unbekannt. Dies änderte sich erst mit dem Zerfall der Sowjetunion, und zwar dadurch, dass einige TRIZ-Experten in die USA auswanderten, die Methode verbreiteten und populäre Software entwickelten. Heute sind diese Softwarehäuser zu Kristallisationspunkten geworden, in dem sie im Wesentlichen die Theorie und die Anwendung vorantreiben. Bekannt sind hier vor allem
- Ideation International Inc.®, Southfield, USA, und
- Invention Machine Corporation®, Boston, USA.

Insbesondere in den USA traf und trifft TRIZ auf große Begeisterung. Es haben sich dort Zirkel mit Arbeitskreisen und eigenen Publikationen (www.triz-journal.com) gebildet, sodass eine stetige Durchdringung der Industrie und Verwaltung erfolgt. Mittlerweile hat diese Welle auch Europa erreicht. In Coburg, Cottbus, München (www.triz-centrum.de), Wien und Kassel (www.triz-online.de) sind Wirkungsbereiche entstanden, die an der Verbreitung des TRIZ-Gedankengutes arbeiten.

Was ist somit TRIZ? Ein Definitionsversuch ist nach Altschuller:

„TRIZ ist eine Methodik, die Entwicklern ein Erfahrungs- und Wissenskonzentrat mit Benutzerleitfaden zum systematischen Innovieren zur Verfügung stellt. Die Systematik ist dabei besonders geeignet, Neuerungen schöpferisch zu provozieren".

Damit unterscheidet sich die Methodik deutlich von der Konstruktionsmethodik, die nur in geringem Umfang Inventionen hervorbringt und deren Stärke in Verbesserungen liegt. Die Bedeutung der Konstruktionsmethodik für die Ausbildung von Entwicklern soll jedoch nicht abgewertet werden. TRIZ lässt sich bekanntlich noch viel wirkungsvoller anwenden, wenn auf praktische Erfahrungen in der Konstruktionsmethodik (schrittweises Vorgehen, Problemzerlegung, Denken in Alternativen, Bewertung und Selektion) zurückgegriffen werden kann.

Ferner sei noch erwähnt, dass TRIZ durch den WOIS-Ansatz [LIN 93] von Professor Linde eine maßgebliche Erweiterung erfahren hat. WOIS (widerspruchsorientierte Innovationsstrategie) hat sich in seiner Urfassung mehr mit der problemgerechten und zukunftsbezogenen Aufgabenstellung befasst. Heute versteht sich WOIS dagegen als ganzheitlichen Innovationsansatz unter Einbezug des TRIZ-Gedankengutes [LIN 05].

Diese Kommentierung hat hoffentlich beim Leser Neugierde geweckt, sodass er sich jetzt motiviert der TRIZ-Methode zuwenden kann. Für den Wissenserwerb durch Selbststudium gibt es weitere gute Lehrwerke, z. B. [ALT 98], [HER 98] bzw. [TER 98], [ZOB 04], die ergänzend zu diesem Buch empfohlen seien.

2 Historische Entwicklung

Der „Vater" der TRIZ-Methode war Genrich Soulovich Altschuller (*15.10.1926; †24.09.1998), ein unkonventioneller Wissenschaftler und Denker in der früheren Sowjetunion. Er wurde 1926 geboren und meldete mit 14 Jahren seine erste Erfindung an.

Mit der Arbeit an der TRIZ-Methodik begann Altschuller 1946, als er als Patentoffizier bei der russischen Marine seinen Militärdienst absolvierte. Er fing an, systematisch Patente zu studieren und zu katalogisieren, um Prinzipien für Innovationen zu finden. Seine eigentliche Aufgabe war es allerdings, den damaligen Entwicklern bzw. Erfindern bei der Erstellung von Patentschriften[2] zu helfen. Dabei wurde er immer wieder um die Mitarbeit bei den verschiedensten Problemlösungen gebeten und so in den „Erfindungs"-Prozess [ALT 98] mit eingebunden.

G. S. Altschuller (www.etvia.net)

Im Verlauf dieser Recherchen entwickelte er die ersten Kernelemente der TRIZ-Methodik. Auf Grund der immer schwieriger werdenden Lebensumstände in der Sowjetunion schrieb Altschuller einen Brief an Stalin, um auf einige volkswirtschaftliche Missstände hinzuweisen. Daraufhin wurde er zu 25 Jahren Gulag[3] in Georgien und Sibirien verurteilt, 6 Jahre verbrachte er dort tatsächlich. Nichtsdestotrotz arbeitet Altschuller weiter an TRIZ – gemeinsam mit seinem ebenfalls inhaftierten Freund Shapiro und zahlreichen inhaftierten, russischen Intellektuellen, mit denen er immer wieder seine Gedankenmodelle diskutierte.

Nach dem Tode Stalins wurde Altschuller aus dem Gefängnis entlassen. Kurz darauf erschienen die ersten Publikationen zur TRIZ-Methodik. Nur ein paar Jahre später fielen Altschuller und seine Mitstreiter erneut bei der russischen Regierung in Ungnade. Fortan musste TRIZ im Untergrund gelehrt und weiterentwickelt werden. Aus diesem Grund schrieb

---

[2] In der Sowjetunion war es über viele Jahrzehnte üblich, Patente über einen klar gegliederten Urheberschein zu erteilen. Die Rechte daran fielen an den Staat.

[3] russische Strafgefangenlager

Altschuller Science-Fiction-Bücher unter dem Namen Henry Altov, worin er versteckt TRIZ lehrte. Als in der Sowjetunion der Umbruch (Perestroika) stattfand, konnte TRIZ wieder offen gelehrt und angewendet werden.

Nach dem Fall des eisernen Vorhangs emigrierten einige der führenden TRIZ-Spezialisten in die USA, um dort Consulting-Unternehmen zu gründen. Es entstanden die beiden führenden CAI-Softwareprodukte (Computer Aided Innovation) *Innovation Work Bench* (Ideation International Inc.) und *Tech Optimizer* (Invention Machine). Die Methodenbausteine von TRIZ wurden fortentwickelt, sodass heute eine breite Palette von Werkzeugen zur innovativen Problemlösung zur Verfügung steht.

Die mittlerweile schon mehr als 50 Jahre andauernde Entwicklungsgeschichte von TRIZ ist in der nachfolgenden *Abb. 2.1* zusammengefasst. Alle aufgeführten Werkzeuge werden im Folgenden sowohl als einzelne Ansätze als auch im zielbezogenen Zusammenwirken [KLE 06] erläutert.

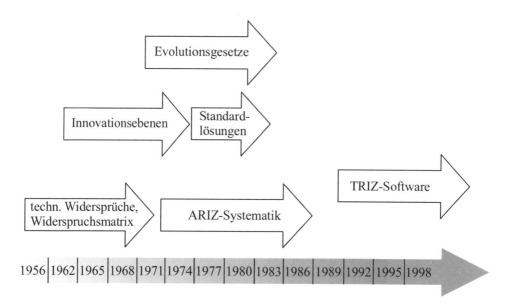

Abb. 2.1: Historischer Entwicklungsweg von TRIZ

Grundsätzlich sind die TRIZ-Werkzeuge immer noch aktuell, weil zielgerichtetes Innovieren eine zeitlose Herausforderung ist.

3 Qualität von Innovationen

Ein Patent ist nicht immer gleich eine Innovation. Patente bewegen sich oft nur auf der Ebene der Neuerungen. Durchschlagenden Erfolg am Markt haben jedoch nur Innovationen, die ein tatsächliches Bedürfnis besser befriedigen als bisher. Dies ist auch die Erklärung dafür, dass so viele Patente ungenutzt bleiben. TRIZ verfolgt den höherwertigen Anspruch, Initialzündungen für Inventionen zu liefern.

3.1 TRIZ-Anwendungsebenen

Als wesentlicher Beitrag zur Entwicklungsmethodik gelten die von Altschuller durchgeführten Patentanalysen (1964–1974), in der er spezifische Erfindungshöhen quantifiziert hat. Hiernach ließen sich fünf Innovationsniveaus [HER 98] abgrenzen:
1. 32 % waren offensichtlich *konventionelle Problemlösungen*, d. h., die Lösungen bestanden aus in einem Fachgebiet bekannten Prinzipien.
2. 45 % waren *geringfügige Erfindungen* innerhalb einer existierenden Konstruktion, d. h., es handelte sich um Verbesserungen – in der Regel mit Kompromissen.
3. 18 % waren *substanzielle Erfindungen* innerhalb einer Technologie, d. h. grundlegende Verbesserungen an einem existierenden System.
4. 4 % waren *Erfindungen außerhalb einer Technologie*, d. h. neue Generationen eines Designs oder neue, konstruktive Lösungen, basierend auf neuen wissenschaftlichen Erkenntnissen.
5. 1 % waren *neue Entdeckungen*, d. h. grundlegende Erfindungen, basierend auf einem völlig neuen wissenschaftlichen Phänomen.

Obwohl diese Analyse mehr als 30 Jahre alt ist, wird man heute ähnliche Verhältnisse vorfinden.

Reflektiert man diese Ansätze, so haben Patentanmeldungen auf *Niveau 1* eigentlich keine große Erfindungshöhe, sondern stellen ingenieurtechnische Weiterentwicklungen dar. In diese Kategorie fallen beispielsweise Verbesserungen des Isolationsverhaltens von Mauerwerk durch Wandstärkenerhöhung oder Wandaufbauvariation.

Bei Patentanmeldungen auf *Niveau 2* handelt es sich meist um Lösungen, bei denen ein tatsächlicher Widerspruch durch einen Kompromiss umgangen wird, weshalb es sich um geringfügige Verbesserungen handelt. Meist reicht hierzu Fachwissen aus nur einer Disziplin. Zu dieser Kategorie gehört beispielsweise das höhenverstellbare Lenkrad, welches anatomische Anpassungen an den Menschen beim Sitzen im Auto ermöglichen soll.

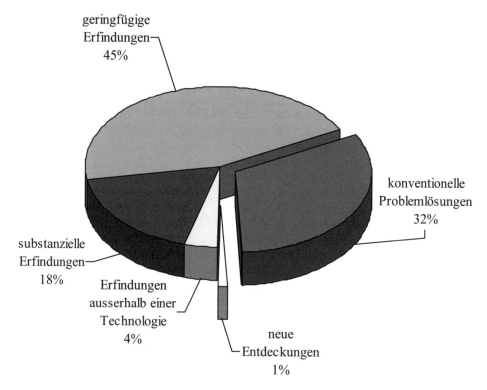

Abb. 3.1: Niveaus der Innovationshöhe

Mit Patentanmeldungen auf *Niveau 3* werden maßgebliche Verbesserungen im Sinne von Innovationen bewirkt. Oft werden hierbei Entwicklungsprobleme erfinderisch durch neuartige Prinzipien gelöst. Hierzu muss meist Wissen aus unterschiedlichen Disziplinen kombiniert werden, da sich erst so neue Eigenschaften realisieren lassen. Zu dieser Kategorie gehört somit das automatische Wandlergetriebe, welches die konventionellen Pkw-Schaltgetriebe ersetzen kann.

Patentanmeldungen auf *Niveau 4* sind recht selten und betreffen Erfindungen, die überwiegend in der Wissenschaft gemacht werden. Für diese Durchbruchlösungen ist fächerübergreifendes Wissen notwendig, und regelmäßig werden Effekte oder Phänomene angewandt, die nur wenig bekannt sind. Zu dieser Kategorie kann beispielsweise der Lotus-Effekt gezählt werden, darunter versteht man das Erkennen des Oberflächenreinigungsmechanismus von Blättern und dessen Übertragung auf selbstreinigende Oberflächen in der Technik.

Durch Patentanmeldungen auf *Niveau 5* werden Grenzen derzeitiger wissenschaftlicher Erkenntnisse durch Pioniererfindungen überschritten. Diese Erfindungskategorie beinhaltet die Entdeckung eines neuen naturwissenschaftlichen Phänomens und dessen Übertragung auf technische Fragestellungen. Oft führt dies zu neuartigen Produkten oder gibt den Anstoß für neue Technologien. Zu dieser Kategorie kann beispielsweise die Entwicklung des Lasers und der Lasertechnologie gerechnet werden.

Altschuller erkannte, dass Innovationen auf Niveau 5 nicht gezielt auslösbar sind bzw. Problemlösungen auf Niveau 1 nur einen geringen Beitrag zum Fortschritt leisten. Insofern konzentrierte er seine „Erfindungsmethodik" auf die Niveaus 2, 3 und 4. Damit ist ausgeschlossen, dass neue physikalische Prinzipien (z. B. für Temperatur[4] oder Zeitmessung) entdeckt werden.

Die Grundlagen von TRIZ beruhen auf den folgenden Erkenntnissen:
- Gleichartige Problemstellungen und Lösungen wiederholen sich in allen naturwissenschaftlichen Disziplinen.
- Die Abläufe der „Höherentwicklung" verlaufen in den Naturwissenschaften und in der Technik nach ähnlichen Mustern.
- Wirkliche Innovationen bedienen sich wissenschaftlicher Erkenntnisse außerhalb der traditionellen Lösungsansätze.

Hieraus kann als weiterer Schluss [ALT 98] gezogen werden:
„95 % aller Probleme der Niveaus 2, 3 und 4 sind bereits in einem anderen Zusammenhang schon gelöst worden! Damit steht ein Erfahrungskonzentrat zur Lösung zukünftiger Probleme zur Verfügung."

Um diese Situation weiter zu durchleuchten, stellte sich Altschuller die folgenden Fragen:
- Warum sind schwierige Probleme „schwierig"?
- Worin ist „Schwierigkeit" begründet?
- Wie lässt sich Schwierigkeit überwinden?
- Welche „Hilfen" sind notwenig, um schwierige Probleme zu „lösen"?

Die Antworten hierauf führten zum Fundament der TRIZ-Strategie, welche die folgenden Ansätze beinhaltet:
1. Beschreibung eines konkreten Problems mit Hilfe schematischer Formulierungen,
2. Wechsel auf eine abstrakte Ebene durch Umwandlung in eine abstrahierte Problemformulierung,
3. Suche nach Lösungen für die abstrahierte Problemstellung in einer „Wissensmatrix",
4. Rücktransformation auf eine konkrete Ebene zu ausführbaren Lösungen.

Diese Vorgehensweise ist an sich nicht neu, sondern wird unter anderem bei Lösungsstrategien in der Mathematik benutzt, was *Abb. 3.2* anschaulich belegt.

---

[4] Die Temperatur kann beispielsweise über die Längenänderung skaliert werden. Mit TRIZ kann nach neuen Möglichkeiten gesucht werden, diesen Effekt zu erzeugen. TRIZ wird aber nicht den Zusammenhang $\Delta L = f(\Delta T)$ erfinden.

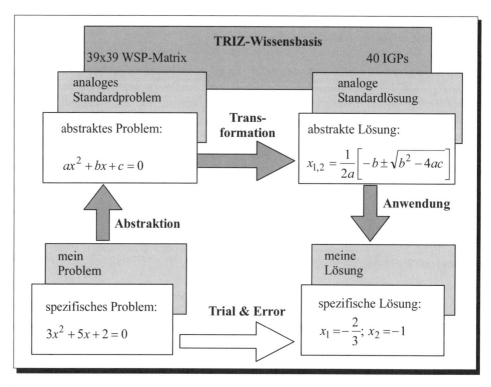

Abb. 3.2: Entwicklung einer Problemlösung mit Standards [TER 98]

Der Vorteil der Transformation ist, dass für bestimmte Problemklassen auf bewährte Standardlösungen zurückgegriffen werden kann. Die Standards lassen sich auf spezifische Probleme übertragen, wenn zuvor eine geeignete Abstraktion durchgeführt worden ist, was in der nachfolgenden kreativen Anpassung zu individuellen Lösungen führt. Natürlich lässt sich ein derartiger Algorithmus auch softwaretechnisch nachbilden, welcher beispielsweise in der Software *Innovation Work Bench* realisiert worden ist.

3.2 Übertragbare Lösungsansätze

Als eine der Kernaussagen der Altschuller'schen Patentrecherche gilt die Erkenntnis, dass gleiche oder artverwandte Lösungsprinzipien in verschiedenen Abwandlungen in der Technik immer wieder benutzt werden. Gleichfalls ist zu beobachten, dass diese Prinzipien in einem anderen Aufgabenbezug sogar neu entdeckt werden. Dies ist nicht nur ein Kommunikationsproblem, sondern im engeren Sinne ein Methodenproblem. Die Aufgabenstellungen sind oft mit technologischen Termini (Fachausdrücke, Spezialinformationen) überfrachtet, sodass das Standardproblem nicht sofort erkannt wird.

3.2 Übertragbare Lösungsansätze

- Als Beispiel wird hierzu in der Literatur angeführt, dass Rohdiamanten entlang ihrer Frakturen gespalten werden, um Kleindiamanten zu gewinnen. Dieser Spaltvorgang wird meist manuell von erfahrenen Fachleuten durchgeführt, die Frakturlinien erkennen. Trotz aller Erfahrung misslingt manchmal das Spalten und es entstehen wenig wertvolle Bruchstücke. Um das Spalten sicherer und schneller zu machen, wird nach einem automatisierbaren Verfahren gesucht.

- Frage: Wie werden in der Technik gewöhnlich feste Stoffe abgespalten oder getrennt?

  Patent: Abtrennen von Stängel und Samen von der Pfefferschote durch Überdruck.

  Prinzip: Die Schoten werden in einen luftdicht abgeschlossenen Behälter gegeben; auf diesen wird dann langsam Druck aufgebracht. Die Schoten schrumpfen und bilden an der schwächsten Stelle, dort, wo sich der Stängel befindet, feine Risse. Durch diese Risse wird die Schote auch im Inneren mit Druck beaufschlagt. Wird nun der Behälter schnell evakuiert, so wird der Stängel abgetrennt und die Pfefferkörner treten aus.

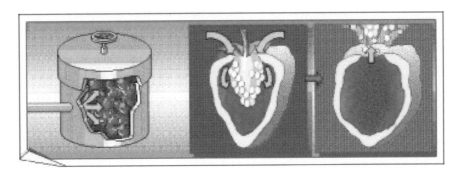

Abb. 3.3: Aufsprengen von Pfefferschoten [TER 98]

  Patent: Schälen von Kastanien durch schnelles Entspannen eines hydrostatischen Überdrucks.
  Patent: Schälen von Sonnenblumenkernen durch Überdruck.
  Patent: Herstellen von Puderzucker durch Überdruckfraktionierung von Zuckerkristallen.
  Patent: Reinigen von Staubfiltern durch Überdruckentspannung.

- Ohne weitere Details zu analysieren, scheint es ein mögliches Verfahrensprinzip zu sein, auch Diamanten durch Überdruck zu sprengen. Natürlich wird dies einen höheren Druck und ein anderes Equipment erfordern als bei den vorherigen Problemlösungen.

Die Erkenntnis aus dieser Diskussion ist: Es gibt in der Technik für jede Klasse von Aufgaben bewährte Lösungsprinzipien, die teils übernommen werden können oder modifiziert werden müssen. Dabei spielt die Fähigkeit zur Abstraktion und zur Analogiebildung eine entscheidende Rolle [PIE 97]. Im Rahmen der TRIZ-Anwendung wird diese Denkrichtung besonders geschult.

4 Bedeutung der Aufgabenstellung

Die Praxis zeigt immer wieder, dass Entwickler sich lange und intensiv mit der Lösungsfindung, aber viel zu wenig mit den Anforderungen, den Trends und dem Umfeld der Aufgabe beschäftigen. Ein überaus wichtiger Aspekt des Entwickelns liegt aber in der zukunftsbezogenen Formulierung der Aufgabenstellung.

4.1 Aufgabenformulierung

> „Die Stellung einer richtigen Aufgabe zur falschen Zeit führt genauso wenig zu einer Lösung wie die Stellung einer falschen Aufgabe zur richtigen Zeit." [ALT 98]

Innovatives Entwickeln erfordert geradezu, sich anfänglich kritisch mit der Aufgabenstellung auseinanderzusetzen. Alleine im Hinterfragen der Vorgaben, Einengungen und Visionen besteht ein Großteil der Problemlösung.

Analysen belegen immer wieder, dass sich Unternehmen ganz unterschiedlich ausrichten: Etwa 80 % der Unternehmen verhalten sich passiv zu Innovationen und agieren erst dann, wenn ein Problem dringend wird. In diesem Fall lässt sich das Unternehmen vom Markt treiben [DET 96]. Andere Unternehmen suchen aktiv nach noch ungelösten Problemen in ihrem Arbeitsfeld. Vorausschauend, dass die Anforderungen an ihre Produkte morgen anders sein werden als heute, entwickeln sie Lösungen für die Zukunft. Dieser Unterschied ist insofern wesentlich, als dass diese Unternehmen immer führend sein werden, weil sie besser mit Markt und Kunden koordiniert sind. Die Quintessenz daraus ist, dass es niemals und nirgends einen Mangel an Entwicklungsaufgaben geben wird, sondern, dass das Problem nur darin besteht, die richtigen Aufgaben zu definieren.

Oftmals werden Entwicklungsaufgaben sehr eng [HAR 00] formuliert:

> „Zu entwickeln ist dieses oder jenes Objekt, welches vorgegebene Funktionen nach einem bestimmten Wirkprinzip erfüllen soll."

Damit bleibt wenig Spielraum für die kreative Umsetzung. Manchmal geht es auch gar nicht um das Entwickeln von absolut Neuem, sondern um die Vervollkommnung eines bereits vorhandenen Objektes, um dessen Nutzanwendung zu perfektionieren.

„Ein bestimmtes Objekt ist so zu verbessern, dass diese und jene Ergebnisse erzielt werden."

In den meisten Fällen erhält der Entwickler also eine bereits vorgeprägte Aufgabenstellung. Für den gesamten schöpferischen Prozess ist es jedoch außerordentlich wichtig, Fehler bei der Aufgabenformulierung zu vermeiden. Deshalb sollte man Aufgaben niemals völlig unkritisch übernehmen, da sich hierin immer eine bestimmte Perspektive wiederfindet.

Alle Aufgaben sind nämlich in ein Gesamtproblem (Obersystem) eingebunden, dessen Weiterentwicklung somit auch Rückwirkungen auf jedes Detailproblem (z. B. Pkw-Türe und Türschloss) hat.

Eine Aufgabenstellung sollte daher zunächst aus der „Vogelperspektive" beleuchtet werden, wodurch erst eine Abgrenzungssicherheit entsteht. Damit wird dann auch die Entwicklungsrichtung für das zu schaffende Produkt sichtbar. Ungezügelter Aktionismus führt hingegen oft in eine Sackgasse. Zur Klärung einer Aufgabe gehört somit:
1. Das Ziel: Was muss erreicht werden?
2. Die Ausgangssituation: Was ist über die Aufgabe bekannt? – Welches Obersystem wird tangiert?
3. Die Entwicklungstrends: Welche unterstützenden gesellschaftlichen und technologischen Entwicklungstendenzen sind zu erkennen?
4. Die Optionen der Aufgabenstellung: Was genau soll entwickelt werden?
5. Die Mittel und Wege: Wie kann das Ziel erreicht werden?
6. Das zu erreichende Optimum: Welchen Nutzen ist dem Kunden ganzheitlich zu bieten?
7. Die Positionierung: Wie steht das Produkt im Wettbewerb?
8. Die Umsetzung: Welche terminlichen oder ökonomischen Randbedingungen sind zu berücksichtigen?

Es zeigt sich, dass eine *Checkliste* dabei sehr hilfreich sein kann. Das Ziel wird fast immer richtig gewählt. Die Ausgangssituation wird hingegen oft falsch bewertet, die Mittel und Wege regelmäßig unterschätzt, die Entwicklungstendenzen kaum berücksichtigt und dem Kunden meist ein zu geringer Anreiz geboten.

4.2 Innovationscheckliste

Kreatives und diskursives Vorgehen (im Sinne des bewussten Wahrnehmens von Grenzen [FRE 96]) unterstützen sich bei vielen methodischen Lösungsprozessen gegenseitig. In der Konstruktionsmethodik hat man dies bereits vor Jahrzehnten erkannt und Lasten- sowie Pflichtenhefte eingeführt. Die Intention ist die gleiche wie bei TRIZ und dient der Aufgaben- und Ablaufstrukturierung. Hierbei geht es immer um

- die Präzisierung der Voraussetzungen und Bedingungen der Aufgabenstellung,
- die Eingrenzung der noch möglichen Lösungswege,
- das Aufzeigen paralleler Problemkreise und
- die Definition von Bewertungskriterien.

Die Innovationscheckliste geht hier noch einen Schritt weiter und verfolgt auch das Ziel,
- Ideenfelder offen zu legen und einzugrenzen.

In allen TRIZ/CAI-Programmen stellt daher die ICL (oder ISQ = *Innovative Situation Questionaire*) ein zentrales Element dar. *Abb. 4.1* zeigt hierzu einen geläufigen Vorschlag. Mindestens zu einem Viertel der Bearbeitungszeit eines Problems sollte man sich mit der Aufgabenstellung auseinander setzen.

Die Praxis zeigt immer wieder, dass man den Wert der Innovationscheckliste unterschätzt. Gerade kreative Entwickler neigen dazu, sich sofort der Lösung eines Problems zuzuwenden und stellen hinterher fest, dass zufolge bestehender Restriktionen bestimmte Lösungen nicht funktionieren. Die Innovationscheckliste sichert somit ein effektiveres Vorgehen ab und hilft, Zeit wirtschaftlicher einzusetzen.

Prof. Dr. B. Klein	**Innovations-Checkliste**	Datum:
		Seite 1 von 2
1. Kurze Beschreibung des erfinderisch zu lösenden Problems		
2. Informationen über das zu verbessernde Objekt/System		
2.1 Objekt-/Systembezeichnung	Beschreibung des Objekts/Systems	
2.2 Welche Funktionen soll das Objekt/System erfüllen?	Funktionsbeschreibung mit Limitationen	
2.3 Derzeitige Objekt-/Systemstruktur	Skizze/Text	
2.4 Arbeitsweise des Objekts/Systems	Wie werden gewöhnlich die Funktionen erfüllt? (Hier können nützliche und schädliche Funktionen unterschieden werden.)	
2.5 Objekt/System-Umfeld	Wie interagiert das Objekt/System mit dem Obersystem?	

Prof. Dr. B. Klein	**Innovations-Checkliste**	Datum:
		Seite 1 von 2

3.	Informationen über die Problemsituation	
3.1	Welches Problem soll gelöst werden?	Was soll verbessert werden? Wie?
3.2	Mechanismus oder Wirkweise des Nachteils	Was steht der Verbesserung entgegen? Was ist die Ursache des Nachteils?
3.3	Entwicklungsgeschichte des Problems	Wie wirkt der Nachteil? Wann, wo und warum trat der Nachteil auf?
3.4	Andere zu lösende Probleme	Welche Probleme müssten auch gelöst werden, um den Nachteil auszuschalten?
4.	Beschreibung des erwünschten Endresultats	Welches „ideale Endresultat" ist anzustreben?
5.	Historie des Problems	
5.1	Wie wurde das Problem vorher gelöst?	Wurde das Problem von uns oder anderen schon einmal gelöst? Wie?
5.2	Wie ist die Lösung? Kann diese übertragen oder abgewandelt werden?	Hat die bekannte Lösung Stärken/ Schwächen? Wie muss diese Lösung angepasst werden?
6.	Verfügbare Ressourcen	funktionale Ressourcen stoffliche Ressourcen feldförmige Ressourcen räumliche Ressourcen zeitliche Ressourcen Informationsressourcen
7.	Veränderbarkeit des Objekts/Systems	Welche technischen, ökonomischen oder anderweitigen Eigenschaften sollten konstant bleiben?
7.1	Zugelassene Veränderungen	... sich nicht verändern?
7.2	Grenzen der Objektänderung	... sich nicht erhöhen?
8.	Auswahlkriterien für Lösungskonzepte	
8.1	Angestrebte technische Eigenschaften	
8.2	Angestrebte wirtschaftliche Eigenschaften	
8.3	Erwartete Neuartigkeiten	
8.4	Andere Auswahlkriterien	
9.	Projektdaten	
9.1	Zeit- und Kostenplan	

Abb. 4.1: Innovationscheckliste nach Ideation International Inc.

4.3 Zukunftstrends

Zum Umfeld Aufgabenstellung gehört auch, dass ein trendgerechtes Produktprofil gefunden wird. Sehr weit gesteckt lassen sich gesellschaftliche (Politik, Soziologie), technologische und umweltbezogene Trends abgrenzen. Diese sind naturgemäß nicht statisch, sondern wandeln sich in mehr oder weniger langen Rhythmen. Eine Neuentwicklung hat regelmäßig schlechte Marktaussichten, wenn sie entgegen dem Trend ausgerichtet ist. Hieraus folgt aber auch im Umkehrschluss, dass Trends eine Aufgabe formen können. Im Marketing ist es daher eine schon klassische Aufgabenstellung, der Platzierung von Produkten eine Trendanalyse vorauszuschicken. Dabei wird abgeglichen, welche Megaströmungen bestehen, welche Impulse daraus abgeleitet werden können und ob dies neue „Begeisterungsebenen" für das Produkt eröffnet.

Im Stadium der Reflektierung der Zielvision sollte daher unbedingt ein Abgleich mit den erkennbaren Trends durchgeführt werden; dies gilt umso mehr, je unmittelbarer die „Menschschnittstelle" ist. Bei einer Gegenprüfung wird man erkennen, dass diese Aussage sowohl für banale Produkte als auch für Hightech-Produkte gilt. Nachfolgend sind einige Kurzzeittrends (s. auch [AUT 76]) aufgelistet. Viele Diskussionen mit Praktikern haben gezeigt, dass Trendanalysen Aufgaben oft in einem anderen Licht erscheinen lassen.

Gesellschaftliche Trends			
Anpassungsbewusstsein	⇧	Umweltschutzbedürfnis	⇧
Autonomiebedürfnis	⇧	Vernetzungsbedürfnis	⇧
Bindungsbedürfnis	⇩	Ästhetisches Bewusstsein	⇧
Computerisierung	⇧	Effektivitätsbewusstsein	⇧
Erlebnisbedarf	⇧	Gesundheitsbewusstsein	⇧
Freizeitgestaltungsbedürfnis	⇧	Hygienebewusstsein	⇧
Geltungsbedürfnis	⇧	Kaufkraftverschiebung	⇧
Genussbedürfnis	⇧	Kulturelles Bewusstsein	⇧
Illusionsbedürfnis	⇧	Bindungsbewusstsein	⇧
Informationsbedürfnis	⇧	Qualitätsbewusstsein	⇧
Komfortbedarf	⇧	Risikobewusstsein	⇧
Mobilitätsbedürfnis	⇧	Sozialbewusstsein	⇧
Schutzbedürfnis	⇧	Werterhaltungsbewusstsein	⇧
Selbstdarstellungsbedürfnis	⇧		⇧
Selbstorganisationsbedürfnis	⇧	Anteil älterer Menschen	⇧
Sicherheitsbedürfnis	⇧	Körpergrößen	⇧
Technisierungsbedürfnis	⇧	Internationalisierung	⇧
Traditionsbedürfnis	⇧	Lebensgestaltungsbedürfnis	⇧

Technologische Trends					
Stoffausnutzung	⇧	Zeitnutzung	⇧	Funktionsaufteilung	⇧
Stoffleistung	⇧	Parallelverarbeitung	⇧	Funktionsautonomie	⇧
Stoffkreislaufgeschlossenheit	⇧	Informationsaustausch	⇧	Funktionsintegration	⇧
Stoffschäumung	⇧	Informationsdichte	⇧	Funktionsintensität	⇧
				Funktionskontinuität	⇧
		Informationsveredelung	⇧	Funktionsprogrammierbarkeit	⇧
Stoffveredelung	⇧				
Stoffvielfalt	⇧	Bewegungskomplexität	⇧	Miniaturisierung	⇧
Energieökonomität	⇧	Ressourcennutzung	⇧	Strukturaktivierung	⇧
Energiepulsation	⇧			Strukturanpassung	⇧
Energierückgewinnung	⇧	Systemanpassung	⇧	Strukturbindung	⇧
Energiespeicherung	⇧	Systembindung	⇩	Strukturdynamisierung	⇧
Energieveredelung	⇧	Systemintelligenz	⇧	Strukturmodularität	⇧
Energiedichte	⇧	Systemmultifunktionalität	⇧		
		Systemsensorisierung	⇧	Variantenvielfalt	⇩
Selbstorganisation	⇧				
		Systemstabilität	⇧		
Raumausnutzung	⇧	Systemvernetzung	⇧		
		Systemvirtualität	⇧		
Produktkomplexität	⇧	Systemzustände	⇧		

Abb. 4.2: Angepasster WOIS-Trendkatalog [LIN 93]: Stoff, Energie, Information, sonstige

Die dargestellten Trends sind in langfristige Veränderungsprozesse eingebettet, für die die *Kondratieff-Zyklen*[5] stehen. Kondratieff hat die „Theorie der langen volkswirtschaftlichen Wellen" entwickelt, die etwa 40–60 Jahre andauern: Eine Welle beginnt mit einer Basisinnovation und führt dann zu einem Strukturwandel plus einem gesellschaftlichen Neuorientierungsprozess. Der Verlauf dieser Zyklen konnte in der Vergangenheit in der deutschen, englischen, französischen und amerikanischen Volkswirtschaft nachgewiesen werden. Sie zeigen damit eine gewisse Allgemeingültigkeit. Die bisher durchlaufenen fünf Zyklen sind logisch nachvollziehbar und in gewisser Weise eine Perspektive für die Zukunft.

---

[5] Nikolai Dmitrijewitsch Kondratieff (1892–1938), Professor für Volkswirtschaft und Gründer des „Moskauer Konjunktur Instituts".

- Im ersten Zyklus (K1) wurde der Bedarf der Bevölkerung nach Kleidung gedeckt. Dies war der Aufschwung der Textilindustrie und damit einhergehend der Kraft- und Arbeitsmaschinen.
- Im zweiten Zyklus (K2) stand die Behebung des Engpasses nach Massentransportmitteln im Vordergrund. Hiermit verbunden entwickelte sich die Schwerindustrie (Eisenbahn, Schiffe).
- Der dritte Zyklus (K3) war auf die Bedarfsdeckung an elektrischen und chemischen (unter anderem pharmazeutischen) Artikeln ausgerichtet. Vor diesem Hintergrund entstanden große Unternehmen wie Siemens, AEG und IG-Farben (zerlegt in Bayer, Hoechst und BASF).
- Im vierten Zyklus (K4) lag der Schwerpunkt darauf, den gesellschaftlichen Bedarf nach individueller Mobilität (Automobile, Flugzeuge) zu befriedigen.
- Im fünften Zyklus (K5) spielt derzeit der gesellschaftliche Bedarf nach Information und Wissen eine zentrale Rolle. Wir haben den Aufschwung der EDV- und Telekommunikationsindustrie sowie der Internetdienstleister erlebt. Der Höhepunkt des Informatikzeitalters dürfte aber bald überschritten sein und die Bedeutung insgesamt zurückgehen.

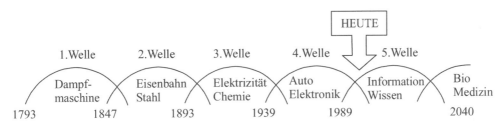

Abb. 4.3: Basisinnovationen und ihre wichtigsten Anwendungsfelder

Alle Indizien weisen darauf hin, dass der sechste Kondratieff (K6) seine Impulse aus der Überalterung der Weltbevölkerung zieht und eine Blüte der Medizin, Medizintechnik, Biologie und Pharmakologie hervorrufen wird. Gefragt sind somit Innovationen auf den Feldern Gesundheit, Leben im Alter, Altersprodukte, Berufstätigkeit im Alter etc. Damit ist ein Paradigmawechsel verbunden: im Vordergrund stehen eine neue Zielgruppe, der bessere Umgang mit Humankapital (Bildung, Kreativität) und der Erhalt der gesamtwirtschaftlichen Leistungsfähigkeit (Automatisierung, Roboter) mit älteren Arbeitnehmern.

4.4 Stufen der Evolution

Nach Altschuller schreitet die Technik auf vorgezeichneten Entwicklungspfaden fort, die sich hinreichend sicher aus der Vergangenheit in die Zukunft extrapolieren lassen. Insofern ist für die Definition einer Aufgabenstellung der „Blick zurück" wie auch der „Blick nach vorne" entscheidend, um die Entwicklungsetappen erkennen zu können.

In der TRIZ-Methologie sind acht Entwicklungsgesetze (EWGs) beschrieben, die Objekte auf ihrem Weg zur Vervollkommnung durchlaufen. Nachfolgend seien diese zusammengefasst und beispielhaft interpretiert.

EWG 1: Die zur Objektbeschreibung notwendige (äußere) Geometrie entwickelt sich von Generation zu Generation zu einer höheren Dimension.
(Trend: Punkt → Linie → Kurve → Fläche → Raum)

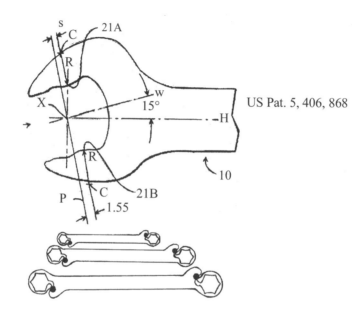

Abb. 4.4: *Evolutionsstufen am Maul- und Ringschlüssel (nach D. Mann, triz-journal)*

EWG 2: Alle Objekte entwickeln sich stufenweise zunächst zu multivariablen Systemen und dann eine Stufe zurück zu noch leistungsfähigeren Monosystemen.
(Trend: Mono → Bi → Poly → Advanced Monosystem)

einfarbig   zweifarbig   Multicolor   Multicolor Tintenbehälter   doppelter Multicolor-Tintenbehälter

Abb. 4.5: *Evolutionsstufen von Objekten (Mono-Bi-Poly-Systeme) nach Invention Machine*

4.4 Stufen der Evolution

EWG 3: Die Flexibilität und Steuerbarkeit von Objekten nimmt zunächst in kleinen und zuletzt in großen (Quanten-)Sprüngen zu.
(Trend: System ist starr → erhält ein Gelenk → erhält mehrere Gelenke – wird elastisch → arbeitet mit Flüssigkeit/Gas → System arbeitet mit Feldern anstatt Stoffen)

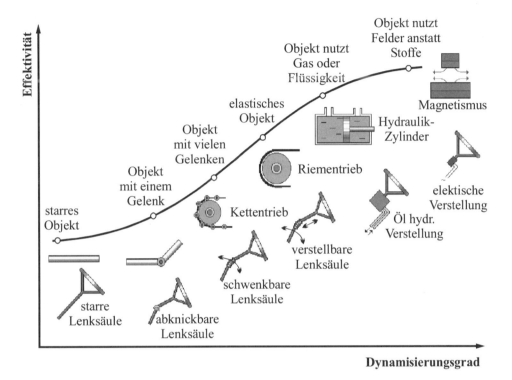

Abb. 4.6: Evolutionsstufen von Objekten durch Dynamisieren nach Invention Machine

Dieses Entwicklungsgesetz führt immer wieder zu Diskussionen mit Praktikern. *Ich* interpretiere dies so: Der Entwicklungspfad ist rekursiv und zeitlich interpolierbar, d. h., das zunächst „starre Feldsystem" unterliegt bei seiner Höherentwicklung wieder allen vorgezeichneten Entwicklungsstufen. Am Ende steht der Übergang in ein noch leistungsfähigeres Feldsystem.

EWG 4: Die rhythmische Koordination in Systemen interagierender Objekte nimmt von Generation zu Generation zu.
(Trend: keine Schwingungen → Nutzung von Schwingungen → Nutzung von Resonanzen → Koordination von Schwingungen → stehende/wandernde Wellenbereiche; sinnentsprechend: vom 4-Takt-Motor zum Wankelmotor)

EWG 5: Durch Segmentierung (im Sinne von Partikelbildung) innerhalb eines Objektes (Systems bzw. Prozesses) wird die Leistungsfähigkeit stetig gesteigert.
(Trend: 10 Partikel, 100 Partikel, Sprung zu 10.000, 100.000, 1 Million Partikel)

Anmerkung: Die Analogie „Partikel" steht für denkbare Ausprägungen wie Werkzeug mit wenigen Zähnen, vielen Zähnen, dann Quantensprung in der Leistungsfähigkeit durch Übergang von Körpern zu Feldern[6].

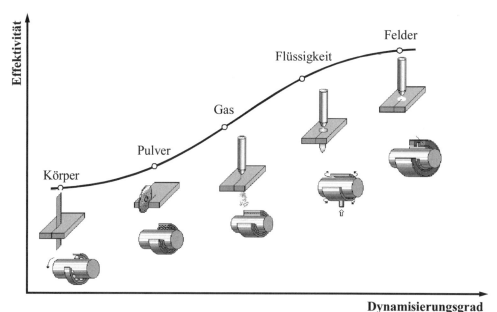

Abb. 4.7: Evolutionsstufen von Objekten durch Segmentierung nach Invention Machine

EWG 6: Steigerung der Effektivität zwischen Objekten und Umgebung durch die Einführung von Zusätzen
(Trend: kein Zusatzmittel → Zusatzmittel im Objekt → zwischen duplizierten Objekten → auf einem Objekt → in der interagierenden Umgebung der Objekte)

---

[6] Mit den EWGs 5 und 6 sind oft die Fragen verbunden: „Ist mit dem Übergang von Körpern zu Feldern die Entwicklung am Ende? – Wahrscheinlich nicht!" „Wie sieht die Nanostruktur eines Feldes aus?" „Können die Atome (= Körper) wirksamer genutzt werden?" etc.

4.4 Stufen der Evolution

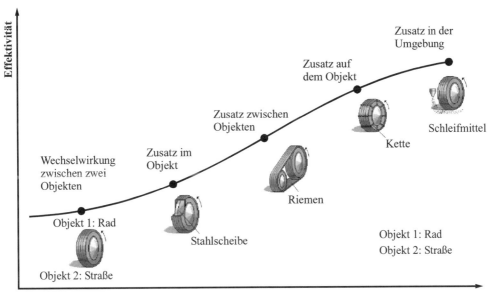

Abb. 4.8: Evolutionsstufen von Objekten durch Einführung von Zusatzmitteln nach Invention Machine

EWG 7: Technische Systeme funktionieren anfänglich nach einem *groben* Funktionsprinzip, dass von Generation zu Generation *verfeinert* und gleichzeitig *verkleinert* wird.
(Trend: Makro → Mini → Mikro → Nano)

Die Miniaturisierung von Systemen bzw. Subsystemen nimmt immer weiter zu: Ein Objekt wird meist in einer mittleren Größe geboren, danach verläuft der Entwicklungsweg in zwei entgegengesetzte Richtungen (s. *Abb. 4.9*). Die Abmessungen werden zunächst vergrößert und danach wieder verringert, um auch kleinere Generationen zu erzeugen. Beides kann in einem Objekt auch gleichzeitig vorkommen, und zwar ist dies meist bei Kontroll-, Mess- und Regelgeräten zu beobachten.

Innerhalb von Systemen ist immer wieder zu beobachten, dass einzelne Subsysteme unterschiedliche Entwicklungsstände aufweisen. Zwischen Mechanik und Elektrik/Elektronik gibt es oft Niveauunterschiede, die ausgeglichen werden müssen. Hieraus folgt eine stetige Entwicklungsspirale mit neuen, herausfordernden Aufgaben. Die Weiterentwicklung der Technik erfordert somit ingeniösen Geist mit breitem Querschnittswissen.

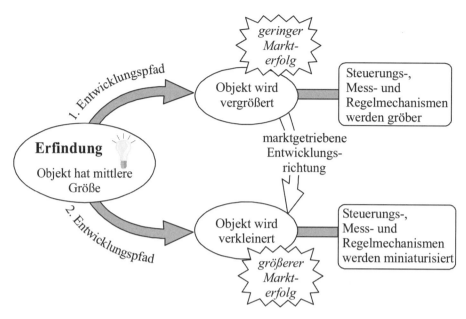

Abb. 4.9: Wachstumsphänomen technischer Systeme

EWG 8: Die Bedingung und Handhabbarkeit entwickelt sich von Generation zu Generation zur Vollautomatisierung.
(Trend: Handarbeit → Hilfsvorrichtungen → Halbautomat → Vollautomat)

Ein markantes Beispiel für die vorstehenden Entwicklungsgesetze sind Bagger, die sich nach oben als Abräumbagger im Tagebau, nach unten als Minibagger für Ausschachtarbeiten und als Mikromanipulatoren (z. B. Handhabung gefährlicher Stoffe) weiterentwickelt haben. Parallel zu dieser Entwicklung ist eine Miniaturisierung der Aggregate eingetreten von der Hydrauliksteuerung bis zur elektronischen Regelung. Dies bedingt,

> dass man als Entwickler schon zu Anfang eine Vision formulieren sollte. Das Ziel hat den *Idealzustand* zu beschreiben, dessen Erreichen zunächst unmöglich erscheint, aber mit zunehmender Konzentrierung letztlich Realität wird.

Der erste Entwurf wird den Idealzustand oftmals nicht befriedigen. Um eine Beurteilungsmöglichkeit zu haben, ist es daher wichtig, die Vision beschreiben und quantifizieren zu können. Altschuller hat hier als Hilfskonstrukt das „ideale Endresultat (IER)" (oder früher: die „ideale Maschine[7]" bzw. das „ideale Endergebnis") eingeführt. Damit schließt sich der Kreis bezüglich der Innovationsscheckliste, in der die Vision schon detailliert zu beschreiben war.

---

[7] Maschine (bzw. System) ist im Text immer als Oberbegriff aufzufassen, insofern kann fallweise auch ein Verfahren oder ein Prozess gemeint sein.

Viele Aufgabenstellungen und -lösungen haben in der Zukunft deshalb keinen Bestand, weil die Vision zu unscharf war und die Entwicklungsgesetze nicht vollständig berücksichtigt wurden. Die hierauf gestützten Ideen haben daher auch nur eine geringe Umsetzungschance. (Laut der Firma IDEO haben von 1.000 Ideenfragmenten letztlich nur 5–6 Konkretisierungen eine Chance auf Umsetzung. Um mindestens 1 gute Realisierung zu erzeugen, benötigt man tatsächlich 200 Rohideen.)

4.5 Aufgezeichnete Evolutionsstufen

Wenn die Entwicklungshistorie von Produkten zurückverfolgt und danach extrapoliert wird, erkennt man die wesentlichen Trends und kann die Höherentwicklungsstufen vorausahnen.

Beispiel: Mono – Bi – Poly – Combined Polysystem
(Zuerst steigende Komplexität, dann Vereinfachung)

Die ersten Kopierer konnten nur im Maßstab 1 : 1 kopieren. Die nächste Generation konnte vergrößern und verkleinern. Die heutigen Kopierer können alles zuvor Genannte und zusätzlich noch zweiseitig kopieren, stapeln, sortieren und heften. Am Ende werden Geräte (*Advanced Monosystem*) stehen, die kopieren, faxen, scannen und drucken können.

Beispiel: Mono – Bi – Polysystem

Ein weiteres plastisches Beispiel für diese Evolutionsstufen ist die Entwicklungsgeschichte der CAD-Arbeitsplätze bis zu den modernen, mobilen, multifunktionellen Notebooks. Exemplarisch zeigt dies die *Abb. 4.10* an den Anbaustufen der an der Universität Kassel eingesetzten EDV/CAD-Lösung.

Beispiel: Flexibilität und Steuerbarkeit von Systemen nimmt zu

(Hiermit ist gemeint, dass statische Verhältnisse zunächst – im Sinne von mehr Möglichkeiten – dynamisiert werden und danach die Dynamik verbessert wird.)

Zu Beginn gab es bei Fahrrädern nur Kettentriebe mit einem starren Übersetzungsverhältnis zwischen dem Tretantrieb und dem Hinterrad. Danach wurde das System durch eine Kettenschaltung dynamisiert. Die bessere Steuerbarkeit für den Fahrer brachte aber erst die Innennabenschaltung.

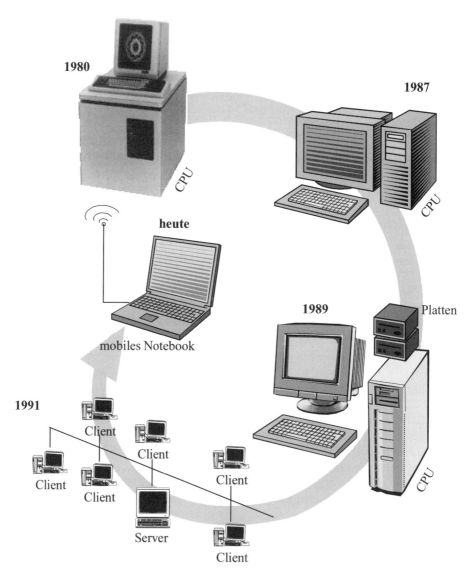

Abb. 4.10: Evolutionsstufen bei Computer-Arbeitsplätzen

4.6 Mini- und Maxiprobleme

Bei der Formulierung einer Problemstellung unterscheidet man innerhalb von TRIZ so genannte Mini- und Maxiprobleme. Das Unterscheidungskriterium hierfür ist die Komplexität und die Ebene des betrachteten Problems. Die beiden Formulierungsfassetten sollen beispielhaft [TEU 98] erläutert werden.

Problem: Die Zeitdauer, um mit einem Auto von A nach B (s. *Abb. 4.11*) zu gelangen, ist zu lang.

- Miniprobleme werden stets durch die Verbesserung ihrer Limitierung auf der Mikroebene gelöst. Aufgabenformulierung: „Die Fahrzeit mit einem Auto von A nach B soll durch Erhöhung der Geschwindigkeit auf X verbessert werden".

  Die hieraus abgeleiteten Aufgaben sind stets sehr konkret am Objekt aufzulösen.

- Maxiprobleme machen es gewöhnlich erforderlich, ein bekanntes System durch ein gänzlich anderes zu ersetzen bzw. das Problem auf der Makroebene (ideale Maschine) zu diskutieren: „Anstatt der Erhöhung der Geschwindigkeit eines Autos zur Verkürzung der Fahrzeit sollen prinzipielle Möglichkeiten gefunden werden, die es begünstigen, schneller von A nach B zu gelangen. Die Randbedingungen sind daher folgende: ...".

Ob ein Problem mit dem minimalen oder maximalen Ansatz zu bearbeiten ist, hängt somit von den Vorgaben ab.

a) Miniproblem (Auflösung von „technischen Widersprüchen")

b) Maxiproblem (Auflösung von „physikalischen oder technischen Widersprüchen")

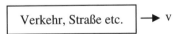

Abb. 4.11: Alternative Problemansätze

Die Mini-Betrachtung eröffnet Lösungen, die meist schnell und effektiv in ein vorhandenes System implementiert werden können. Der Anspruch ist hierbei nicht, einen Systemwechsel durchführen zu wollen.

Die Betrachtung als Maxiproblem stellt alles Vorhandene in Frage, hierbei ist ein Systemwechsel gewünscht. Das Problem ist somit langfristig angelegt. Bei der Formulierung wird dies durch die hohe Abstraktion deutlich.

4.7 Technologieszenarien

Die zuvor herausgestellten Produkttrends und Entwicklungsgesetze haben den Nachteil, dass sie nur einen isolierten Ausschnitt aus der „technischen Welt" darstellen. Produktentwicklung ist heute aber viel komplexer, weil eine Vielzahl von Einflussfaktoren berücksichtigt werden müssen. In der *Abb. 4.12* ist zusammengefasst, welche komplementären Einflüsse in eine Trendextrapolation einfließen sollten, um eine Entwicklung zukunftsfähig zu machen.

Altschullers Weltbild ist hingegen geprägt von dem unabhängigen Entwickler, dem im Prinzip alle Wege offen stehen und der auf beliebige Potenziale zurückgreifen kann. In der Realität wird diese Freiheit aber eingeschränkt sein.

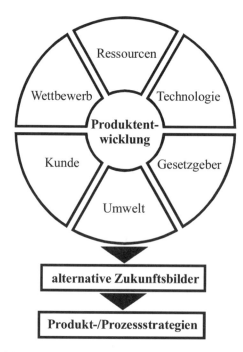

Abb. 4.12: Umfeld eines Produktszenarios

4.7 Technologieszenarien

Unternehmen sind heute in globalisierten Märkten tätig und daher vielen Strömungen ausgesetzt. Zudem wird es eine Produktstrategie geben, die auf Know-how und einzigartige Ressourcen zurückgreift. Damit ist eine Leitlinie für fokussierte Entwicklungsarbeit vorgegeben und die Suchfelder sind abgesteckt. Dies widerspricht auf dem ersten Blick der Zielsetzung, kreativ und innovativ sein zu wollen. Erfahrungsgemäß stellen aber Beschränkungen eine besondere Herausforderung für schöpferisches Arbeiten dar. TRIZ und das separat noch dargestellte ASIT haben gerade in Technologiesegmenten, die aus einem 360°-Blickfeld herausgeschnitten sind, ihre Stärke. Kombiniert mit Produktszenarien erzeugen sie eine kaum zu übertreffende Quantität und Qualität in der Ideenproduktion.

Erweitert man somit das Blickfeld der Altschuller'schen Entwicklungsgesetze, so wird dies in ein Technologieszenarium münden [GAU 96], welches einen Horizont von 3, 5 oder gar 10 Jahren umfasst. Damit ist verbunden, dass es keinen geraden Weg in die Zukunft gibt, sondern zufolge alternativer Strömungen verschiedene Zukunftsbilder eintreten können. Notgedrungen werden diese Zukunftsbilder komplex und in einer bestimmten Bandbreite unsicher sein. Daraus aber den Schluss ziehen zu wollen, nur innerhalb der Momentanperspektive zu planen, wäre sicherlich fatal, weil so vielleicht Zukunftschancen vertan werden.

Zum Umfang eines Technologieszenarios gehören als wesentliche Schritte:
- die *Problem*analyse und Festlegung des Evolutionspfades,
- die Identifikation aller *Einflussbereiche* und *-größen*, die eine Produktstrategie beeinflussen können,
- die Reduzierung einer großen Anzahl von *Einflussgrößen* mittels einer so genannten Einflussmatrix und Priorisierung auf wenige Schlüsselfaktoren,
- die Durchführung einer Zukunftsprojektion für jeden Schlüsselfaktor,
- die Herstellung einer Widerspruchsfreiheit der zusammengefassten Projektionen durch eine *Konsistenzanalyse* (Plausibilitätsprüfung),
- die Bündelung der abgestimmten Projektionen zu einer *Entwicklungsstrategie*,
- die Diskussion von *Störereignissen* und
- die Konzeption von Eventualplanungen.

In der umseitigen *Abb. 4.13* ist die Verzahnung der einzelnen Schritte noch einmal sehr transparent dargestellt. Die Szenariotechnik ist in den 50er- und 60er-Jahren in den USA von dem Zukunftsforscher Kahn [KAH 75] entwickelt worden. Auch Meadows [MEA 72] hat sich dieser Arbeitstechnik bedient. In neuerer Zeit gewinnen Szenarien wieder größere Bedeutung („Energiewendeszenario", „Kernenergie-Ausstiegs-Szenario"). Ziel von Szenarien ist es, mit „Vorstellungen über positive und negative Veränderungen einzelner Einflussfaktoren umfassende Bilder und Modelle für die Zukunft (mögliche „Zukünfte") zu erstellen" [WEI 01]. Das amerikanische Batelle-Institut schlägt dazu die Abarbeitung von 8 Schritte vor:
- Aufgabenanalyse und Systembeschreibung,
- Einflussanalyse,
- Trendprojektionen,
- Alternativenbündelung,
- Szenario-Interpretation,

- Konsequenzanalyse: die vorläufige Strategie,
- Störereignisanalyse,
- Szenario-Transfer: die endgültige Leitstrategie.

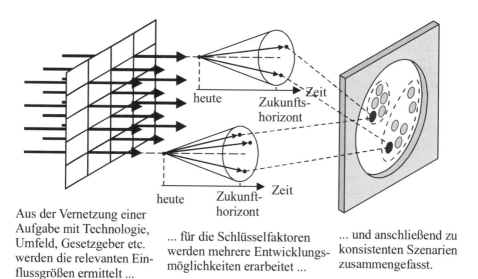

Aus der Vernetzung einer Aufgabe mit Technologie, Umfeld, Gesetzgeber etc. werden die relevanten Einflussgrößen ermittelt ...

... für die Schlüsselfaktoren werden mehrere Entwicklungsmöglichkeiten erarbeitet ...

... und anschließend zu konsistenten Szenarien zusammengefasst.

Abb. 4.13: Phasen eines Produktszenarios nach [GAU 96]

Die Stärke der Methodik liegt im „Hubschraubereffekt". Erst aus der Vogelperspektive wird oft die Vernetzung von Problemen sichtbar. Nach der „Landung" ist dann die Lösung unter Abwägung aller Konsequenzen und Alternativen möglich. Insofern geht der Ansatz über herkömmliche Prognosen hinaus, die nur eine lineare Trendfortschreibung betreiben.

Damit erscheint ein Technologieszenario recht planungsintensiv. Diesem Arbeitsaufwand steht die Bedeutung der Aufgabenstellung gegenüber, die vielleicht den Hauptumsatzträger des Unternehmens betrifft oder aber den möglichen Verlust von Finanzmitteln, die eine Neuentwicklung verbraucht. Bei genauer Abwägung der Vor- und Nachteile wird man eventuell zu der Erkenntnis kommen, dass eine strategische Produktplanung absolut notwendig ist.

Werkzeuge der strategischen Produktplanung sind heute Szenarien, QFD und TRIZ, die mit ihren Stärken geeignet zusammengeführt werden müssen.

5 Die ideale Maschine

Als grundlegende Erkenntnis der technischen Entwicklung ist auszumachen, dass sich jedes Objekt über mehrere Generationen hinweg zu einem Ideal hin weiterentwickelt. Altschuller hat daraufhin die folgende Hypothese begründet:

> Die Entwicklungswege der Technik laufen in einem Pol zusammen. Dieser Pol stellt die ideale Maschine dar.

5.1 Visionäre Kriterien

Die *ideale Maschine* ist quasi ein Eichmuster, welche über die folgende Besonderheit verfügt: Fläche, Volumen und Masse des Gegenstandes, mit der die Maschine arbeitet (d. h. transportiert, be- oder verarbeitet usw.), stimmen ganz oder fast ganz mit Fläche, Volumen und Masse der Maschine selbst überein (Korrespondenzprinzip der mechanischen Technik).

Eine Maschine ist aber nicht Selbstzweck, sie ist nur das Mittel zur Durchführung einer bestimmten Arbeit. Ein Perpetuum mobile ist in jeder Hinsicht ideal. Es erreicht das geforderte Endresultat „von selbst", „ohne etwas", „ohne Umbau des Systems", „ohne Aufwand an Material, Energie, Mittel". Gewiss ist dieser Idealfall in der Realität nur schwer zu erreichen. [ALT 98]

Wenn sich also ein Entwickler mit einer Aufgabe befasst, sollte er eine relativ klare Vorstellung davon haben, wie die ideale Maschine beschaffen sein muss, da er dann die perspektivisch erfolgreichste Suchrichtung (s. *Abb. 5.1*) einschlagen kann. Die reale Lösung muss der idealen Maschine so nahe wie möglich kommen. Diese Vorstellung soll einen Entwickler letztlich davon abhalten, eine „Primitivlösung" als Erfüllung zu akzeptieren. Es besteht somit immer die Zielsetzung, das Ideal (auch „Ideales Endergebnis" oder „Ideales Endresultat (IRE)" genannt) zu erreichen.

Hierzu ein kleines Beispiel, wie die Vision des „Idealen Endresultates" die Suche nach einem Ideal begünstigt:

- *Aufgabe* mag es sein, ein Konzept für einen modernen Rasenmäher zu entwickeln. Die herkömmlichen Benzinrasenmäher sind in vielerlei Hinsicht nicht ideal: sie benötigen (nichtkonformen) Kraftstoff, verursachen Lärm, müssen vom Menschen bedient und gewartet werden, nehmen viel Freizeit in Anspruch und arbeiten oft unwirtschaftlich.

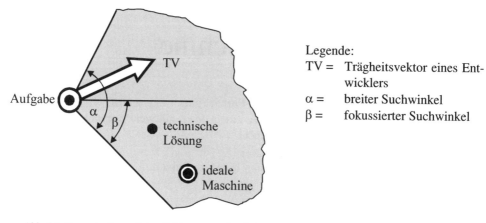

Abb. 5.1: Konzentration auf eine Erfolg versprechende Suchrichtung

- Ein *Idealzustand* wäre letztlich eine immergrüne Grassorte, die dicht wächst und in einer einstellbaren Höhe stehen bleibt. Dies ist keine Fantasterei, sondern ein denkbarer Zustand. In der Landwirtschaft wird heute schon beim Getreideanbau mit Halmverkürzern gearbeitet, die dafür sorgen, dass Felder in einer konstanten Höhe maschinell abgeerntet werden können.
- Zur *Vision* des Unternehmens sollte nicht nur der Rasenmäher, sondern gleichwertig auch das Gras als Arbeitsfeld gehören.
- Für die *Konzeptfindung* des neuen Rasenmähers können die Zukunftstrends aus Kap. 4.3 herangezogen werden. Ideal wäre somit ein Rasenmäher, der den Rasen „von selbst" mäht, „keine" Bedienung, Wartung oder externe Energie benötigt, „keinen" Lärm verursacht und zu allen Zeiten eingesetzt werden kann sowie einen programmierbaren Rhythmus hat und das Schnittgut „selbst" entsorgt. Dies erscheint visionär zu sein, ist aber heute schon technisch möglich.

Die Quintessenz aus diesem Vorgehen soll sein, dass man sich innerhalb der Vision mit dem „Oberziel" beschäftigen soll. Damit wird verhindert, dass man nur Bekanntes weiterentwickelt. In der Praxis ist es oft so, dass der Entwickler bzw. das Entwicklungsteam stets in Richtung ihres Trägheitsvektors suchen. Diese ist durch Erfahrung und Vorlieben geprägt. Dem steht die Erkenntnis entgegen, dass wahre innovative Lösungen meist durch die Kombination unterschiedlicher wissenschaftlicher Disziplinen entstehen. Da das gesamte Patentwissen im umfassenden Sinne dem *Menschheitswissen* aus Mechanik, Elektrizität/Magnetismus, Physik, Chemie und Thermodynamik zuzuordnen ist, folgt daraus, dass eine höhere Erfolgswahrscheinlichkeit gegeben ist, wenn ein Team über ein großes Querschnittswissen verfügt oder ein Individuum auf geeignete Lösungskataloge mit breiten Effektübersichten zurückgreifen kann. Es wird vermutet, dass über 5.000 physikalische Effekte entdeckt sind. Selbst in der Forschung tätige Wissenschaftler werden hiervon nur 100 oder weniger auf-

5.1 Visionäre Kriterien 33

zählen können. Hiermit ist der Hinweis verbunden, bei der Realisierung von Funktionen derartige Kataloge zu konsultieren.

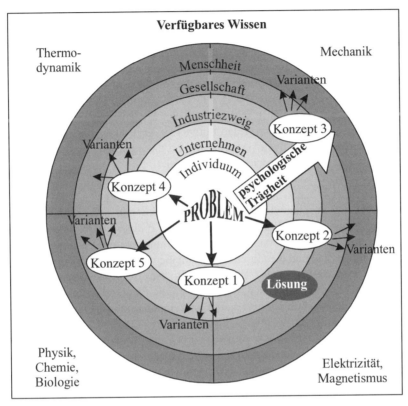

Abb. 5.2: Wissensbasen von Erfindungen und Korrelation zwischen Individuum und Menschheit [TER 98]

Meist werden die bekannten technisch-physikalischen Lösungskataloge (wie z. B. VDI-R 2222, Blatt 2) in der Praxis zu selten genutzt. Entwickler glauben oft, dass sie in einem Produktumfeld schon alles beherrschen und nutzen deshalb externe Inputs nur unzureichend. Damit wird verkannt, dass sich die moderne Technik multidisziplinär zur Bionik und Mechatronik fortentwickelt (was exakt den Altschuller'schen Evolutionstrends entspricht), was ein Indiz für die Überschneidung von Wissensgebieten darstellt.

5.2 Physikalische Effekte und Phänomene

Als ein Verdienst der TRIZ-Software-Entwickler kann die Katalogisierung der physikalischen Effekte und Phänomene[8] angesehen werden. Das Programm TechOptimizer verfügt beispielsweise über eine Effektdatenbank mit 4.400 Einträgen (Effekte, Modifikationen, Anwendungen). Den Effektdatenbanken liegt in der Regel eine Strukturierung in Haupteffekte und abgeleitete Nebeneffekte zu Grunde. In der umseitigen *Abb. 5.3* ist das Ordnungsschema von Ideation International mit 30 Grundeffekten dargestellt.

Jeder Grundeffekt verzweigt sich in eine Anzahl von Modifikationen, wie im Anhang ausführlich dargestellt ist. Der Vorteil für den Entwickler liegt darin, dass ein Assoziationsfeld eröffnet wird, welches Alternativen verfügbar macht, die nicht zum normalen Repertoire gehören. Hierzu gibt es in der Praxis wieder ein Beispiel:

> Ein Automobilhersteller schmiedet für seine Motoren Pleuelstangen im Gesenk und möchte gerne das Problem der Temperaturschwankungen der Rohlinge besser in den Griff bekommen. Wenn die Rohlinge zu warm sind, bildet sich ein ausgeprägter Grat und die Bauteilschrumpfung ist zu stark. Wenn die Rohlinge hingegen zu kalt sind, füllen sie die Form nicht gut aus und die Gesenke verschleißen zu stark. Als richtige Schmiedetemperatur wird etwa 750 °C + 10 °C angesehen. Bisher erfolgt die Temperaturmessung berührungslos durch Infrarotmessung; dazu müssen die Pleuelrohlinge kurz angehalten und positioniert werden, welches aber schon eine Temperaturabsenkung zwischen 30–50 °C zur Konsequenz hat.
>
> Der Katalog der *physikalischen Effekte*[9] führt unter dem Ordnungsbegriff „Temperatur messen" Folgendes auf:[*] Oberhalb des Curiepunktes ist Stahl unmagnetisch. Bei den neuen Schmiedelinien nutzt das Unternehmen jetzt diesen physikalischen Grundeffekt. Die Pleuelstangen werden kontinuierlich an einem Magneten vorbeigeführt (Mitarbeitererfindung). Wenn hierbei ein schwaches Magnetfeld hervorgerufen wird, ist der Rohling zu kalt und wird in einer Pufferstation erst wieder erwärmt, bevor er verschmiedet wird.

Der benutzte physikalische Effekt steht kostenlos zur Verfügung und macht letztlich den Herstellungsprozess einfach und robust.

---

[8] Eine Parallele hierzu ist die VDI-R 2222, Blatt 2 mit ihrem Katalog der technisch-physikalischen Effekte zur Funktionsausübung.

[9] Physikalische Effekte sind Antworten der Natur auf spezielle Experimente, z. B. die Temperaturabhängigkeit des Ohm'schen Widerstandes. In der Physik versucht man, diese Abhängigkeiten gesetzmäßig zu erklären.

[*] Die Curie-Temperatur von Stahl, das ist die Temperatur, ab der die ferromagnetische Ordnung verschwindet, liegt bei 749 °C.

1. Temperatur messen
2. Temperatur erniedrigen
3. Temperatur erhöhen
4. Temperatur stabilisieren
5. Ein Objekt lokalisieren
6. Ein Objekt bewegen
7. Gas oder Flüssigkeit bewegen
8. Aerosole bewegen (Staub, Rauch, Nebel etc.)
9. Mischungen herstellen
10. Mischungen trennen
11. Die Position eines Objektes stabilisieren
12. Erzeugen und/oder Verändern von Kraft
13. Reibung verändern
14. Ein Objekt zerbrechen
15. Speichern von mechanischer und thermischer Energie
16. Übertragen von Energie durch mechanische, thermische, strahlungsförmige und/oder elektrische Deformierung
17. Ein bewegtes Objekt beeinflussen
18. Abmessungen ermitteln
19. Dimensionen verändern
20. Oberflächeneigenschaften und/oder -zustände detektieren
21. Oberflächeneigenschaften verändern
22. Volumeneigenschaften und/oder -zustände detektieren
23. Verändern von Volumeneigenschaften
24. Ausbildung und/oder Stabilisierung bestimmter Strukturen
25. Elektrische und magnetische Felder detektieren (aufspüren, nachforschen)
26. Detektion von Strahlung
27. Elektromagnetische Strahlung erzeugen
28. Elektromagnetisches Feld erzeugen
29. Licht steuern und modulieren
30. Initiieren und intensivieren chemischer Reaktionen

Abb. 5.3: Die 30 physikalischen Grundeffekte

5.3 Anpassung an das Ideal

Die zuvor dargestellten Entwicklungsgesetze, nach denen sich reale Maschinen an die Ideale Maschine annähern, konnten empirisch vielfach bestätigt werden. Selbst zunächst widersprechende Ausprägungen erweisen sich letztlich konform zu den Definitionen.

Ein weiteres Beispiel hierzu gibt ein Lkw-Seitenkipper ab, bei dem sich argumentieren lässt, dass eine Vergrößerung der Abmessungen die Maschine stärker dem Ideal annähert: Je größer ein Lkw wird, desto idealer kann das Verhältnis zwischen der Eigenmasse (bzw. Fläche, Volumen) und der Transportmasse gestaltet werden. Ein 3 t-Lkw hat etwa ein Eigengewicht von 1,5 t, von dem cirka 70 % auf das Strukturgewicht und 30 % auf den Antriebsstrang entfällt. In der nächstgrößeren 15 t-Klasse beträgt das Eigengewicht nur noch 30 % und bei den schweren Lkws teils weniger als 25 %.

Da die meisten Einflüsse geometrisch nichtlinear wirken, verbessert sich das Relationsverhältnis immer mehr zu Gunsten der Nutzlast. Damit entspricht diese Tendenz dem Korrespondenzprinzip und nähert sich insofern dem Ideal.

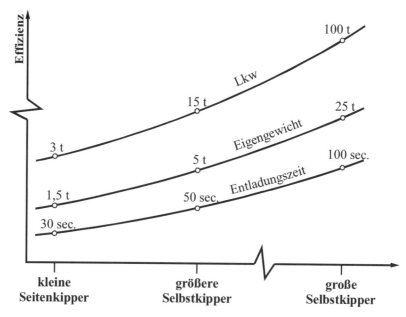

Abb. 5.4: Steigerung der Effizienz bei Vergrößerung eines Transportsystems

Ein ähnliches Analogon kann für Pkws hergestellt werden. Die meisten Pkws werden mit durchschnittlich 1,6 Personen belegt. Dieses ungünstige Verhältnis ergibt sich durch die regelmäßig geringe Belegung auf dem Weg zur Arbeit. Große vier- oder fünfsitzige Pkws sind für den normalen Gebrauch überdimensioniert. Dem Ideal kommen somit zweisitzige Pkws (z. B. Smart for Two) entgegen.

Nach Altschuller haben viele Entwickler eine unscharfe Vorstellung vom Ideal und daher auch kein klares Wertesystem. Wie aber zuvor schon diskutiert, führt die Hilfskonstruktion vom Ideal zu einem Fixpunkt im Suchraum, auf den dann alle Kräfte zu konzentrieren sind, bis eine innovative Lösung in dessen Nähe gefunden ist. Wenn man also nicht weiß, wonach man sucht, ist man geneigt, alle Lösungen zu akzeptieren. Aller Fortschritt beruht aber nicht auf Zufall, sondern auf Systematik.

6 Auflösung von Widersprüchen durch Innovationsprinzipien

Unternehmen müssen sich in zunehmendem Maß besser mit ihren Kunden koordinieren und auf Problemlösungen fokussiert sein. Viele gute Ideen scheitern letztlich daran, dass Vorteile auch Nachteile erzeugen. Probleme beinhalten oft versteckte Lösungen, daher ist eine Entwicklungsmethodik gefragt, die ausschließlich verbessernd wirkt.

6.1 Widerspruchsanalyse

Im Unternehmensalltag wird man immer wieder feststellen, dass Entwicklungsaufgaben nach drei Mustern bearbeitet werden:
- *Fortentwicklung* eines bestehenden Systems, d. h. Perfektionierung eines bereits verwandten Prinzips (es entsteht nichts Neues),
- *Kompromisslösung* nach einem erkannten Widerspruch, der der Höherentwicklung eines Systems entgegenstand (es entsteht eine neuartige, aber wenig anspruchsvolle Lösung),
- Lösung auf *Erfindungsniveau*, bei der ein erkannter technischer Widerspruch mit einem neuen Prinzip überwunden wird (es entsteht eine neue, einzigartige Lösung).

Die Kunst innovativen Entwickelns[10] besteht somit in der Fähigkeit, Widersprüche (im Sinne von Konflikten) zu erkennen, diese eindeutig zu formulieren und schöpferisch zu überwinden.

> „Eine Aufgabe hat dann die Qualität einer Erfindungsaufgabe, wenn die notwendige Voraussetzung zu ihrer Lösung in der Überwindung eines bestehenden Widerspruchs besteht." (nach Altschuller)

Die Beseitigung eines existierenden Widerspruchs oder Zielkonflikts ist die wichtigste Besonderheit des technischen Fortschritts und führt regelmäßig zu neuen Lösungen.

---

[10] Jedes inventive Problem beinhaltet einen Widerspruch (so genannter administrativer Widerspruch). Man erkennt, dass etwas getan werden muss, weiß aber noch nicht wie. Auf der Ebene unterhalb des administrativen Widerspruchs liegen die „technischen" und „physikalischen Widersprüche".

Altschuller definiert einen Widerspruch wie folgt:
er bezieht sich auf sich gegenseitig ausschließende Zustände, die auf eine einzelne Funktion, eine Komponente oder die Funktion eines Gesamtsystems gerichtet sind.

Physikalische oder technische Widersprüche stellen zunächst Barrieren bei der Höherentwicklung eines Systems dar, bei der es meist darum geht, die Gesamteffektivität ohne Mehraufwand zu steigern. Die *Effektivität* technischer Systeme ist gewissermaßen gleichzustellen mit dem Wirkungsgrad und kann deshalb ausgedrückt werden als:

$$E^{\uparrow}(X_1,\ldots,X_k) = \frac{\text{Nutzen eines Systems}\,(\uparrow)}{\text{Aufwand eines Systems}\,(\downarrow)} = \text{Maximum}!$$

Bezogen auf technische Systeme kann man Widerspruchsprobleme auch als Optimierungsaufgabe verstehen, d. h., eine *mathematisch nicht bestimmte* Zielgröße Y_k $(E(X_i))$, welche von verschiedenen Parametern X_k abhängt, soll unter vorgegebenen Bedingungen optimiert werden. Hierfür gilt es, die Parameter zu ändern, und zwar einige gegenläufig, während andere konstant gehalten werden können. Beispielsweise soll eine neue Brücke so ausgelegt werden, dass die Tragfähigkeit erhöht, aber der Materialeinsatz reduziert werden soll. Dies führt zu der konstruktiv paradoxen Forderung [LIN 93]: „Realisierung einer steifigkeitserhöhenden Massenreduzierung" als Entwicklungsziel. Merkmal hierbei ist, dass zwei gegenläufige Forderungen das Lösungskonzept beeinflussen. Im Grenzfall kann *eine* Forderung auch *unverändert* bleiben.

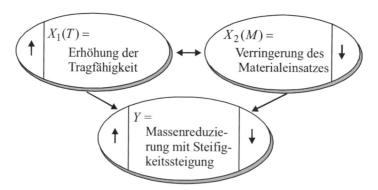

Abb. 6.1: Technische Widerspruchsanalyse – gegenläufige Forderungen provozieren eine Lösung

Am Beispiel einer Brücke lässt sich leicht zeigen, dass ein Ziel durch konstruktive Erfahrung (Geometrie- oder Werkstoffmodifikation) zu befriedigen ist. Bei der Überwindung derartiger Widersprüche hat man sich in der Vergangenheit immer wieder bestimmter Grundmuster bedient, wobei man technische und physikalische Widerspruchsprobleme unterscheiden muss, für die sich unterschiedliche Auflösungsprinzipien bewährt haben.

6.2 Auflösung von Widersprüchen

> Das Kennzeichen eines **technischen Widerspruchs** liegt in der *gleichzeitigen* Verbesserung (A↑) und Verschlechterung (B↓) von Systemparametern bezüglich der Systemleistung (C = f (A, B)). Der **physikalische Widerspruch** fordert hingegen eine bestimmte Eigenschaft (C+) *gleichzeitig* mit ihrer *gegenteiligen* Eigenschaft (C–).

Ein technischer Widerspruch führt gewöhnlich zu Lösungen auf der Miniebene eines Problems. Auf der Maxiebene ist hingegen der physikalische Widerspruch zu diskutieren.

6.2 Auflösung von Widersprüchen

Nach Altschuller stoßen Entwickler regelmäßig auf gleichartige *technische Widersprüche*, welche durch *39 Widerspruchsmerkmale* (s. Abb. 6.2) gekennzeichnet sind. Die damit entstehenden Widerspruchsmuster lassen sich zielgerichtet durch *40 innovative Grundprinzipien* (s. Kap. 7.1) auflösen. Mittels der so genannten *Widerspruchsmatrix* werden diese zu 1.201 Widerspruchslösungen verknüpft, mit denen sich erfahrungsgemäß viele Probleme lösen lassen.

1. Masse/Gewicht eines beweglichen Objektes
2. Masse/Gewicht eines unbeweglichen Objektes
3. Länge eines beweglichen Objektes
4. Länge eines unbeweglichen Objektes
5. Fläche eines beweglichen Objektes
6. Fläche eines unbeweglichen Objektes
7. Volumen eines beweglichen Objektes
8. Volumen eines unbeweglichen Objektes
9. Geschwindigkeit
10. Kraft
11. Spannung oder Druck
12. Form
13. Stabilität der Zusammensetzung des Objektes
14. Festigkeit
15. Haltbarkeit eines beweglichen Objektes
16. Haltbarkeit eines unbeweglichen Objektes
17. Temperatur
18. Helligkeit
19. Energieverbrauch eines beweglichen Objektes
20. Energieverbrauch eines unbeweglichen Objektes
21. Leistung, Kapazität
22. Energieverlust
23. Materialverlust
24. Informationsverlust
25. Zeitverlust
26. Materialmenge
27. Zuverlässigkeit (Sicherheit, Lebensdauer)
28. Messgenauigkeit
29. Fertigungsgenauigkeit
30. Äußere negative Einflüsse auf das Objekt
31. Negative Nebeneffekte des Objektes
32. Fertigungsfreundlichkeit
33. Bedienkomfort
34. Reparaturfreundlichkeit
35. Anpassungsfähigkeit
36. Kompliziertheit der Struktur
37. Komplexität in der Kontrolle oder Steuerung
38. Automatisierungsgrad
39. Produktivität (Funktionalität)

Abb. 6.2: Die 39 technischen Widerspruchsparameter (WSPs), die einen Widerspruch begründen

Unter sehr komplexen Verhältnissen können die innovativen Grundprinzipien aber auch zu unbefriedigenden Lösungen führen. Aus einer derartigen Situation kann oft dennoch eine gute Lösung gefunden werden, wenn der technische Widerspruch in einen oder mehrere physikalische Widersprüche überführt wird. Jeder technische Widerspruch steht nämlich in Abhängigkeit zu einem physikalischen Widerspruch (A = Kraft, B = Materialmenge → C = Gewicht), was in *Abb. 6.3* herausgestellt ist. Prinzipiell transformiert man einen technischen Widerspruch in einen physikalischen, in dem die Charakteristik identifiziert wird, die sowohl das gewünschte als auch das unerwünschte Resultat beeinflusst.

D. h., ein physikalischer Widerspruch legt gegensätzliche Anforderungen an Merkmalsausprägungen offen, wie
- ein Objekt soll *heiß* und *kalt* sein,
- ein Objekt soll *weich* und *hart* sein,
- ein Objekt soll *groß* und *klein* sein,
- ein Objekt soll *vorhanden* und *nicht vorhanden* sein.

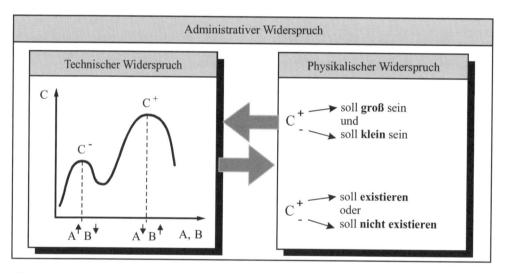

Abb. 6.3: Zusammenhang von Widersprüchen

Beispiele für physikalische Widersprüche:
- Eine Schraube soll unter Betriebskräften mit hoher Gewindereibung fest sitzen und beim Herausdrehen leichtgängig sein. Physikalischer Widerspruch: Der Reibwiderstand soll sowohl *groß* als auch *klein* sein. (Wie ist die innovative Lösung? Man kann bei einer Schraube die Lösefunktion abtrennen und mit hochfrequenter Vibration durchführen).
- Bei der Bestückung von Platinen müssen die Pins eines Chips zum Löten *erhitzt werden*, aber zur Vermeidung von Beschädigungen des Chips sollten die Pins *kalt sein*.

6.2 Auflösung von Widersprüchen

- Die Flugzeugtragflächen sollten für Start und Landung *groß* sein, für den reinen Streckenflug aber *klein* sein.
- Ein Flugzeug muss für die Bodenmanövrierfähigkeit *ein Fahrwerk* haben, im Flug darf es aber keine herausragenden Teile, also *kein Fahrwerk* haben.

⋮

Bei der Auflösung von physikalischen Widersprüchen helfen mit hoher Erfolgswahrscheinlichkeit *vier allgemein gültige Separationsprinzipien*:

- **Separation im Raum:** Kann man die widersprüchlichen Anforderungen im Raum trennen, oder müssen Eigenschaften an einem Ort vorhanden sein? – Demzufolge ist zu überlegen, wie ein System in Teile/Subsysteme räumlich zerlegt werden kann und wie die sich widersprechenden Eigenschaften den gebildeten Teilen zugeordnet werden können.

- **Separation in der Zeit:** Kann man die widersprüchlichen Anforderungen zeitlich trennen, oder müssen Eigenschaften gleichzeitig erfüllt werden? – Demzufolge ist zu überlegen, ob Eigenschaften eines Systems/Prozesses zeitlich unterteilt werden können bzw. in welcher Reihenfolge diese benötigt werden oder stattfinden können.

- **Separation innerhalb eines Objektes:** Sind für die widersprüchlichen Anforderungen Zwischenzustände denkbar, oder werden Eigenschaften gleichzeitig am gleichen Ort benötigt? – Demzufolge ist zu überlegen, wie ein Objekt in Teile zerlegt werden kann, um diesen die einzelne Eigenschaften zuordnen zu können.

- **Separation durch Bedingungswechsel:** Sind die widersprüchlichen Anforderungen so veränderbar, dass keine gegenseitige Beeinflussung mehr auftritt? – Demzufolge ist zu überlegen, wie Eigenschaften unter modifizierten Bedingungen (beispielsweise Phasenübergänge fest/flüssig oder weich/hart) stattfinden können, sodass nur gewollte Vorgänge ablaufen.

Physikalische Widersprüche werden gewöhnlich auf der Maxiebene formuliert. Das auflösende Separationsprinzip hat dann meist konzeptionellen Charakter. Bei der realen Umsetzung bewegt man sich wieder auf der Miniebene, d. h., es greifen wieder technische Widersprüche.

Friedrich Engels philosophiert in seiner Abhandlung über „Die Geschichte des gezogenen Gewehrs" [ALT 98] unbewusst über ein physikalisches Lösungsgrundmuster:

„[...] vom Augenblick des Erscheinens des Gewehrs bis zur Erfindung des Hinterladers bestand der Hauptwiderspruch darin, dass einerseits für die Erhöhung der Feuerkraft eine Verkürzung des Laufes erforderlich war (das Laden erfolgte vom vorderen Ende des Laufes aus, und beim kurzen Lauf wurde dies leichter), dass aber andererseits für die Verbesserung der Bajonett-Eigenschaften der Lauf verlängert werden musste."

Diese einander widersprechenden Eigenschaften wurden später beim Hinterlader durch das Gewehrschloss vereinigt (*Separation im Raum*). Die Infanterie gewann dadurch als Armeekorps eine andere strategische Bedeutung.

Als alltägliches Beispiel für einen physikalischen Widerspruch kann die Funktionsweise eines Sselliftes an Skipisten angesehen werden. Dieser soll auf der Strecke schnell und an den Haltestellen langsam fahren. Durch das Auskuppeln der Sessel (*Separation in der Zeit*) an den Haltstellen wird dieses Problem bedingungsgerecht gelöst.

Ein objektives Kriterium für eine technische Lösung auf Erfindungsniveau ist somit die Beseitigung eines bestehenden Widerspruchs ohne Kompromiss. Unerheblich ist hierbei, ob das Lösungs(grund)prinzip schon bekannt ist. Entscheidend ist hingegen, ob die Lösung zu einer neuartigen Anwendung führt. Dies ist zudem auch ein Prüfkriterium für Patentanmeldungen. Geprüft wird nicht, ob das Prinzip bekannt ist, sondern, ob es im Kontext der Anwendung neuartig ist bzw. ob einem Durchschnittsfachmann diese (Lösungs-) Übertragung nicht sofort offensichtlich ist.

6.3   Formulierung eines Widerspruchs

Es gehört zu der wesentlichen intellektuellen Leistung eines TRIZ-Nutzers, den oder die Widersprüche einer Anwendung zu formulieren. Ein im Kern unzutreffender Widerspruch führt zu einer völlig falschen Stoßrichtung bei der Problembearbeitung. Woran erkennt man aber, dass der formulierte Widerspruch das tatsächliche Problem beschreibt? – Dies ist einfach und schwer zu beantworten. Ein geübter TRIZ-Anwender erkennt an den herausgefilterten Lösungsprinzipien, ob sich die Stoßrichtung tatsächlich auf der Ebene „völlig neue Konzepte" oder darunter auf der Ebene der „Verbesserung bekannter Prinzipien" bewegt.

Welche Fehler macht man in der Praxis? – Meist ist es so, dass ein Produkt existiert und mit TRIZ hinterfragt werden soll, ob es noch etwas Anderes oder Besseres gibt. Die Widersprüche werden dann oft unbewusst vom bekannten Prinzip abgeleitet und sind so eng formuliert, dass nur Verbesserungsansätze sichtbar werden. Dies löst zwar nicht das Grundproblem, dennoch werden oft Hinweise generiert, die in einem anderen Zusammenhang einen Fortschritt darstellen können.

Wie kommt man aber zum Grundproblem?[11] – Indem man sich vom bekannten Prinzip völlig löst und wieder den offenen Urzustand einnimmt. Unter TRIZ-Anwendern gilt die Erfahrungsregel: „Ein Problem lösen heißt, sich vom Problem lösen!" [LIN 93]

---

[11] „Die genaue Formulierung eines Problems ist wesentlich schwieriger als dessen Lösung, welche dann nur noch eine Frage des abstrakten Denkens und der experimentellen Kenntnis ist."   (Albert Einstein)

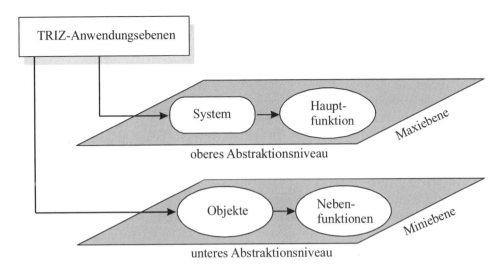

Abb. 6.4: Stoßrichtungen der TRIZ-Anwendung

Werden bei einem Problem die Widersprüche sehr abstrakt formuliert, so wird man mit Sicherheit auf die Ebene *System* (Maxiebene, gegebenenfalls physikalische Widersprüche) stoßen und somit auch grundsätzlich neue *Lösungsprinzipien* finden. Bei eng formulierten Widersprüchen (meist von einer bildhaften Realisierung ausgehend) wird man hingegen auf die Ebene *Objekte* (technische Realisierung) stoßen und allenfalls *Verbesserungen* produzieren. An den nachfolgenden Beispielen soll dies transparent gemacht werden.

6.4 Formulierung technischer Widersprüche

Wie zuvor erläutert, handelt es sich um einen technischen Widerspruch oder ein Zielkonflikt, wenn *die Verbesserung einer Eigenschaft gleichzeitig eine Verschlechterung einer anderen Eigenschaft bewirkt*. Im Grenzfall kann eine Eigenschaft auch gleich bleibend sein und nur die andere Eigenschaft optimiert werden.

In der Praxis tut man sich oft sehr schwer, die Forderungen an eine Aufgabe in Standardwidersprüche zu transformieren. Regelmäßig wird es auch so sein, dass in einer Aufgabe eine Vielzahl von Widersprüchen enthalten ist. Damit besteht das Problem, diese zutreffend mit den 39 Standardwiderspruchsparametern zu beschreiben. Dabei ist es sinnvoll, die Widersprüche zu priorisieren, da sich wahrscheinlich nicht alle gleichzeitig verbessern lassen. An einigen kleineren Beispielen bzw. dem Transformationsprinzip soll dies im Folgenden gezeigt werden.

6.4.1 Neuentwicklung eines funktionaleren Handys

Die heutigen Handygeräte haben immer noch ein erhebliches Verbesserungspotenzial, welches im Sinne eines besseren Kundennutzens stetig erschlossen werden muss. Zu den beständigen Kundenforderungen gehören:
- die Geräte sollten kleiner, schmaler und leichter sein,
- die Dauergesprächszeit und Stand-by-Zeit sollten erhöht werden,
- es sollte die Möglichkeit geben, das Design individuell zu gestalten,
- geringere Emissionswerte wären wünschenswert,
- das Display sollte größer sein,
- die Kommunikationsfähigkeit sollte erweitert werden,
- die mechanische Empfindlichkeit sollte verbessert werden.

⋮

Abstraktion auf Standardwidersprüche:

Optimierungsrichtung	↓	↓	↓	↓	↑	↑	↑
WSP-Nr.	7	1	19	31	18	14	24
Standard-Widerspruchs-Parameter / Parameter der Aufgaben	Volumen des beweglichen Objektes	Masse des beweglichen Objektes	Energieverbrauch des beweglichen Objektes	vom Objekt selbst erzeugte schädlichen Faktoren	Sicherheitsverhältnisse	Festigkeit	(heutige) Informationsverluste
Volumen verkleinern	X						
Gewicht verringern		X					
Dauergesprächszeit und Stand-by-Zeit erhöhen			X				
Emissionswerte verringern				X			
Display vergrößern						X	X
Kommunikationsfähigkeit verbessern							X
mechanische (Un-)Empfindlichkeit verbessern						X	

Abb. 6.5: Transformation von Zielkonflikten in Standardwidersprüche (↑ verbessern/ ↓ verschlechtern)

6.4.2 Nutzung der Widerspruchsparameter

Bei allen Entwicklungsaufgaben besteht somit das Problem der Transformation, d. h. der Übersetzung in die 30 Standard-WSPs.

Beispiele:
- Neuentwicklung einer „leichtgängigen Universal-Haushaltsschere"
  Widerspruchsformulierung: Die Kraft(wirkung, WSP 10) soll verbessert werden, aber die Festigkeit (im Sinne von Stabilität, WSP 14) darf sich nicht verschlechtern.

- Neuentwicklung eines „Leichtbau-Roboter-Greifarms"
  Widerspruchsformulierung: Die Masse des beweglichen Objektes (WSP 1) soll verbessert werden. Hierdurch verschlechtert sich jedoch die Leistung (WSP 21) im Sinne von der Kraftaufnahme.

Mit hoher Wahrscheinlichkeit weist eines der 40 innovativen Grundprinzipien von Altschuller auf ein Lösungsprinzip hin.

6.4.3 Neuentwicklung eines Wärmemessgerätes

Normalerweise wird in jedem Privathaushalt Wärme zum Heizen benötigt. Wird diese Wärme von einem externen Anbieter bezogen, so muss die verbrauchte Wärmemenge erfasst und geldlich bewertet werden. Dazu werden Wärmestromzähler eingesetzt. Die grobe Situation ist in *Abb. 6.6* skizziert.

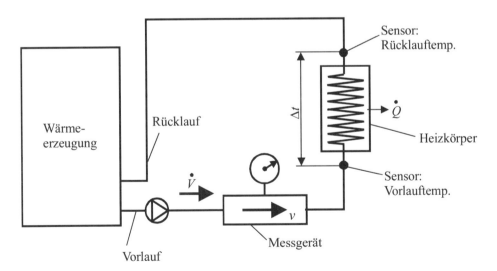

Abb. 6.6: Prinzip der Wärmestrommessung in einer Heizanlage

Die Vorstellung eines Herstellers von Wärmemesszählern ist, dass man mithilfe einer Entwicklungsmethodik einen neuen, einfacheren und innovativen Zähler entwickeln will. Das Firmenentwicklungsteam wählte als Methodenansatz TRIZ und ist im Wesentlichen an der Aufgabe gescheitert. Damit stellt sich die Frage warum.

Im Kap. 3.1 ist ausgeführt worden, dass TRIZ keine neuen physikalischen Effekte entdecken kann. Die Problematik der Wärmestrommessung beruht aber auf einer ganz eindeutigen physikalischen Gesetzmäßigkeit, nämlich

$$\dot{Q} = \dot{m} \cdot c \cdot \Delta t = \rho \cdot \dot{V} \cdot c \cdot \Delta t = \rho \cdot A \cdot v \cdot c \cdot \Delta t \;.$$

Bei heutigen Wärmestrommessungen wird durch Flügelräder die Ersatzmessgröße Geschwindigkeit, $v = 2 \cdot \pi \cdot n$ (d. h. die Drehzahl n des Flügelrades), gemessen. Weiter wird an zwei Messstellen die Temperaturdifferenz $\Delta t = t_{Vorlauf} - t_{Nachlauf}$ erfasst. Über einen kleinen Softwarechip kann dann für einen Zeitraum $Q = \Sigma \dot{Q} \cdot t$ berechnet werden.

Resümee: Auf das Problem bezogen lassen sich mit TRIZ verschiedene Widerspruchs-Hypothesen aufstellen, wie der Wärmestrom mit einem neuen Gerät zu erfassen sei. Diese Lösungen werden sich vermutlich aber alle nicht realisieren lassen. Das Problem liegt nämlich in der Erfassung der *Geschwindigkeit* und der *Temperatur*. Mit TRIZ kann man sich somit nur darauf fokussieren, diese beiden Größen auf neuartige Weise zu erfassen, d. h., gesucht ist eine neue technische Realisierung (z. B. Geschwindigkeitsmessung über Felder). Hinsichtlich der Temperatur wird man jedoch über die bekannten physikalischen Effekte hinaus nichts Neues finden. Die Temperatur ist eine physikalische Grundgröße, die eben nur mit bestimmten Prinzipien gemessen werden kann.

Konzentriert man die Widersprüche auf die *Verbesserung* der Geschwindigkeitserfassung (WSP 9) oder des Energieverbrauchs (WSP 20), ohne die Kompliziertheit des Gerätes zu erhöhen, so eröffnet sich sofort ein breites Lösungsfeld mit innovativen Ansätzen, z. B. IGP 28 (Ersatz mechanischer Wirkprinzipien), IGP 29 (Pneumo-/Hydro-Konstruktionen) oder IGP 4 (Asymmetrie in der Strömung/im Aufbau).

6.5 Formulierung physikalischer Widersprüche

Unternehmen müssen sich in zunehmendem Maß besser mit ihren Kunden koordinieren und auf Problemlösungen fokussiert sein. Viele gute Ideen scheitern letztlich daran, dass Vorteile auch Nachteile erzeugen. Probleme beinhalten oft versteckte Lösungen, daher ist eine Entwicklungsmethodik gefragt, die ausschließlich verbessernd wirkt.

6.5 Formulierung physikalischer Widersprüche 47

6.5.1 Problem der Standzeiterhöhung einer Dichtung

Ein Unternehmen stellt Dichtungsprofile für Fenster und Türen her. Es versteht sich darüber hinaus als Problemlöser für seine Kunden. Auf Kundenanfragen hin könnte sich mit Feuerschutztüren ein neuer Markt auftuen, wenn es gelänge, mit einem Kunststoffprofil eine Türe im Brandfall bis 250 °C mindestens 30 Minuten abzudichten.

Anforderungen an das Profil:
1. Im Normalfall soll die Dichtung gegen Kälte und Wärme isolieren.
2. Im Brandfall soll die Dichtung die Wärme vom Türblatt über den Rahmen in das Mauerwerk leiten.

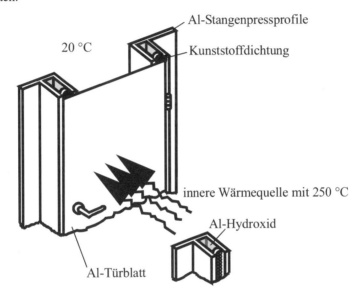

Abb. 6.7: Brandschutztüre für Bibliotheken und Archive

Der physikalische Widerspruch ist somit: Das Profil soll *isolieren* – soll *leiten*.

Die Problemlösung ist mit der *Separation in der Zeit* möglich! Es ist auch zu prüfen, ob nicht die *Separation innerhalb eines Objektes und seiner Teile* eine Lösungsalternative beinhaltet.

Zeitseparation: Die widersprüchlichen Eigenschaften müssen nicht zur gleichen Zeit erfüllt werden. D. h., die Isolationsaufgabe ist unabhängig von der Wärmeleitungsaufgabe zu befriedigen.

Dies führt unmittelbar zu einer Funktionstrennung innerhalb des Objektes hin, und zwar des Kunststoffprofils, denn eine Wärmeleitung kann bei Kunststoff nur extern erzeugt werden. Damit stellt sich die Frage, welche Mechanismen dies bewirken können. Im weiteren Sinne kann man diese Frage auch als technischen Widerspruch auffassen und nach geeigneten innovativen Grundlösungen suchen. Eine denkbare Widerspruchsformulierung ist: Die *Temperatur*(aufnahme, WSP 17) soll verbessert werden, gleichzeitig wird sich die *Stabilität* der

Zusammensetzung des Objektes verschlechtern. Altschuller hat hier die Prinzipien Zerlegung und Segmentierung, Veränderung des Aggregatzustandes und Farbänderung recherchiert.

Ein Team aus Ingenieuren und Chemikern hat hierzu die folgende Realisierung entwickelt: In dem Hohlraum hinter der Dichtung wird ein verdichteter Pulverstab aus Aluminiumhydroxid[12] eingebracht. Der Dichtungskanal wird des Weiteren mit einem Lochmuster versehen. Unter Wärmeeinwirkung wandelt sich das Hydroxid unter Abgabe von Wasserdampf in ein Oxid um, wodurch das Profil gekühlt wird und daher eine gewisse Zeit einen Wärmeleiter bildet.

6.5.2 Problem der Toleranzkompensation beim Stanzen

Ein Unternehmen, welches Dachträgersysteme für Pkws und Vans herstellt, muss aus Gründen der Prozesssicherheit eine Toleranzproblematik entschärfen. In diesem Zusammenhang ist für die folgende Aufgabe (s. auch [TER 98]) eine Lösung zu finden: Wegen der bestehenden Kostenzwänge kauft man weltweit Profilrohre ein, die von Lieferung zu Lieferung im Durchmesserbereich sehr stark streuen, welches beim Einstanzen von Funktionslochbildern zu Problemen führt. Ist der Innendurchmesser nahe am Sollmaß, so lassen sich die Löcher problemlos stanzen. Ist hingegen der Innendurchmesser zu groß, so verdrehen sich die Rohre auf der Matrize, wodurch entweder schiefe Löcher mit großem Einzug gestanzt werden oder gar die Matrize durch seitliche Scherkräfte verbogen wird. In der Produktion macht dies eine Nacharbeit erforderlich bzw. führt zur Unterbrechung des Stanzprozesses.

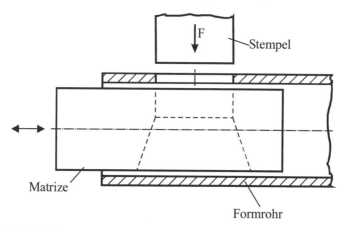

Abb. 6.8: Situation bei der Lochstanzung in Anlehnung an [TER 98]

Da man die stark schwankenden Rohre in Kauf nimmt, soll das Problem seitens des Prozesses oder seitens der Matrize gelöst werden. Demgemäß lassen sich die beiden physikalischen Widersprüche formulieren:

---

[12] Umwandlung: $2\,[Al(OH)_3] = Al_2O_3 + 3\,H_2O$

6.5 Formulierung physikalischer Widersprüche

Die Rohre sollen *genau* sein – die Rohre sollen *ungenau* sein.
Die Matrize soll *klein* sein – die Matrize soll *groß* sein.

Diskutieren Sie mögliche Lösungsansätze[13].

a) Lösungsansatz mit Separation in der Zeit?	b) Lösungsansatz mit Separation im Raum?

---

[13] Die Zeitseparation bezieht sich immer auf eine Ablauffolge (innerhalb des Stanzvorgangs), die Raumseparation bezieht sich hingegen auf eine räumliche Anordnung (zuerst zusammengefahren, dann aufgespreizt).

7 Verfahrensprinzipien

Im Ingenieurwesen dominiert die Vorstellung, dass der Lösungsraum für technische Fragestellungen unendlich groß ist. Dem steht die Auffassung der Bionik entgegen, die von einem begrenzten Lösungsraum bei natürlichen Systemen ausgeht. Hierzu konform ist der Glaubenssatz von TRIZ bzw. die Annahme, dass sich 90% aller Probleme mit ganz wenigen Prinzipien lösen lassen.

7.1 Die 40 innovativen Grundprinzipien

Aus der Analyse von ca. 200.000 bzw. 40.000 wesentlichen Patenten hat Altschuller 40 grundlegende Lösungsprinzipien identifiziert, die auf unterschiedlichen Problemfeldern zur [SHU 97] Lösung von technischen Widersprüchen geführt haben und somit geeignet sind, einen Weg aufzuzeigen, wie Probleme prinzipiell zu lösen sind.

1. Zerlegung bzw. Segmentierung
2. Abtrennung
3. Örtliche Qualität
4. Asymmetrie
5. Kopplung bzw. Vereinigung
6. Universalität bzw. Mehrzwecknutzung
7. Verschachtelung bzw. Steckpuppe
8. Gegenmasse
9. Vorgezogene Gegenwirkung
10. Vorgezogene Wirkung
11. „vorher untergelegtes Kissen" oder Prävention
12. kürzester Weg oder Äquipotenzial
13. Funktionsumkehr
14. Kugelähnlichkeit
15. Anpassung oder Dynamisierung
16. Partielle oder überschüssige Wirkung
17. Übergang zu höheren Dimensionen
18. Mechanische Schwingungen
19. Periodische Wirkung
20. Kontinuität bzw. Permanenz der Wirkprozesse
21. Durcheilen
22. Umwandlung von Schädlichem in Nützliches
23. Rückkopplung
24. Vermittler
25. Selbstbedienung
26. Kopieren
27. Billige Kurzlebigkeit
28. Ersatz mechanischer Wirkprinzipien
29. Abtrennung
30. Biegsame Hüllen und Folien
31. Verwendung poröser Werkstoffe
32. Farbveränderung
33. Gleichartigkeit bzw. Homogenität
34. Beseitigung und Regeneration
35. Veränderung des Aggregatzustands
36. Phasenübergänge
37. Wärmeausdehnung
38. Starkes Oxidationsmittel
39. Träges Medium
40. Zusammengesetzte Stoffe

Abb. 7.1: Die 40 innovativen Prinzipien (IGPs) nach Altschuller (heute gültig für ca. 2,5 Millionen weltweite Patentauswertungen)

Nachfolgend sind die einzelnen Prinzipien detaillierter ausformuliert. Dieser Katalog darf aber nicht insofern missverstanden werden, dass Entwicklern zukünftig keine kreative Geistesleistung mehr abverlangt wird. Die Prinzipien stehen tatsächlich nur für ein „fallbestimmtes Grundprinzip", das zur Befriedigung einer tatsächlichen Aufgabenstellung weiter konkretisiert werden muss. D. h., bei der Ausarbeitung spielt die Kreativität und der Erfahrungsschatz eines Teams die maßgebende Rolle. Das innovative Grundprinzip stellt zukünftig nur die erfolgsversprechendste Suchrichtung dar. Da in der Vergangenheit hiermit patentfähige Lösungen gefunden wurden, ist die Wahrscheinlichkeit hoch, dass die zu suchende Lösung und deren Realisierung ebenfalls Neuheitsniveau haben.

IGP 1: Prinzip der Zerlegung bzw. Segmentierung
    a) Das Objekt ist in unabhängige, gleiche Teile zu zerlegen.
    b) Das Objekt ist zerlegbar auszuführen.
    c) Der Grad der Zerlegung des Objektes ist zu erhöhen.

    Problem: Erhöhung der Seetüchtigkeit und Unsinkbarkeit von Booten.
    Lösung: Katamaran bzw. Polymaran, d. h. ein Boot mit mehreren Schwimmkörpern.

IGP 2: Prinzip der Abtrennung
    a) Vom Objekt ist das störende Teil oder die störende Eigenschaft abzutrennen.
    b) Vom Objekt ist der einzig notwendige Teil oder die einzig notwendige Eigenschaft zu separieren.

Im Unterschied zum vorhergehenden Verfahren, in dem es um die Zerlegung des Objektes in gleiche Teile ging, wird hier vorgeschlagen, das Objekt in unterschiedliche Teile zu zerlegen.

    Problem: Beleuchtung von Großbaustellen mit Scheinwerfern aus der Luft.
    Lösung: Installation von Scheinwerfern am Boden und Nutzung der Reflexion mit Spiegeln.

IGP 3: Prinzip der örtlichen Qualität
    a) Von der homogenen Struktur des Objektes oder des umgebenden Mediums ist zu einer inhomogenen Struktur überzugehen.
    b) Die verschiedenen Teile des Objektes sollen unterschiedliche Funktionen erfüllen.
    c) Jedes Teil des Objektes soll sich unter solchen Bedingungen befinden, die seiner Arbeit am zuträglichsten sind.

    Problem: Erhöhung der Lebensdauer von Ultraschallbohrköpfen.
    Lösung: Der Bohrkopf ist sektional aufgebaut. In der Mitte besteht er aus hochwärmeleitendem Material und an den Enden aus verschleißfesten Materialien.

7.1 Die 40 innovativen Grundprinzipien

IGP 4: Prinzip der Asymmetrie
a) Von der symmetrischen Form des Objektes ist zu einer asymmetrischen Form überzugehen.
b) Der Grad der Asymmetrie ist zu erhöhen, wenn das Objekt bereits asymmetrisch ist.

Problem: Blendenfreie Ausleuchtung der Fahrbahn bei Gegenverkehr.
Lösung: Asymmetrische Einstellung der Scheinwerfer.

IGP 5: Prinzip der Kopplung bzw. Vereinigung
Gleichartige oder zur Koordinierung bestimmte Systeme bzw. Operationen sind miteinander zu koppeln bzw. zu vereinen.

Problem: Reduzierung des Material- und Montageaufwandes bei der Ausführung von Betonmischern.
Lösung: Koppeln von Riemenscheibe und Mischtrommel durch direkte Strukturierung des Trommelmantels zur Aufnahme des Riemens.

IGP 6: Prinzip der Universalität bzw. Mehrzwecknutzung
Das Objekt ist so auszuführen, dass es mehrere, unterschiedliche Funktionen erfüllen kann, wodurch weitere gesonderte Objekte überflüssig werden.

Problem: Materialeinsparung bei Schreibblöcken.
Lösung: Gesondertes Linienblatt entfällt, da es auf der Rückseite des Deckblattes abgebildet wird.
Problem: Herstellung von Softeis.
Lösung: Trommelgefrierer mit umlaufendem metallischem Stützband, der gleichzeitig Transport- und Kühlaufgaben wahrnimmt.

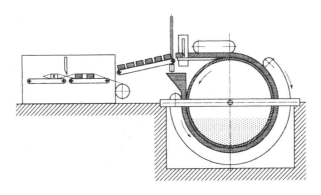

Abb. 7.2: Trommelgefrierer zur Herstellung einer endlosen Eisstange nach [LIN 93]

IGP 7: Prinzip der Verschachtelung bzw. Steckpuppe (Matrjoschka)
    a) Ein Objekt ist im Inneren eines anderen untergebracht, das sich wiederum im Inneren eines dritten befindet usw.
    b) Ein Objekt durchläuft oder füllt den Hohlraum eines anderen Objektes.
    c) Mehrere Objekte nutzen wechselseitig einen Hohlraum.

    Problem: Verringerung des Platzbedarfs bei Autoantennen.
    Lösung: Teleskopartige Segmentröhren unterschiedlichen Durchmessers werden ineinander geschoben.

IGP 8: Prinzip der Gegenmasse
    a) Die Masse des Objektes ist durch Kopplung mit einem anderen Objekt, das entsprechende Tragfähigkeit besitzt, zusammenzubringen.
    b) Die Masse des Objektes ist durch die Wechselwirkung mit einem Medium oder einem Effekt (z. B. Auftrieb) zu kompensieren.

    Problem: Reduzierung schwerer körperlicher Arbeit beim Einhängen von Blechformen für die Eisblockherstellung.
    Lösung: Formbleche werden über einen Flaschenzug mit Gegengewicht verbunden. Durch Einbringen von Heißdampf in die Blechformen werden die Randschichten der Eisblöcke geschmolzen. Die Blechformen heben sich dadurch zum richtigen Zeitpunkt „von selbst" ab.

    Problem: Verlegen von Kabeln durch Flüsse.
    Lösung: Das Kabel wird an mehreren Ballons aufgehängt und über dem Fluss in Position gebracht. Erst danach wird es auf den Grund abgesenkt.

IGP 9: Prinzip der vorgezogenen Gegenwirkung
Wenn gemäß den Bedingungen der Aufgabe eine bestimmte Wirkung erzielt werden soll, muss zuvor die erforderliche Gegenwirkung erzeugt werden.

    Problem: Lange Turbinenwellen tordieren sehr stark unter Last.
    Lösung: Die Welle wird als abgesetzte Compositewelle mit vorgespannten Fasern aufgebaut. Jeder Schaftabschnitt erhält zusätzlich einen anderen Lagenaufbau mit unterschiedlichen Kreuzungswinkeln.

    Problem: Verstopfung der Bohrungen von Streuseleinrichtungen für Karlsbader Oblaten.
    Lösung: In die Bohrungen werden gegeneinander bewegliche Kämme eingesetzt, die unter Vorspannung stehen. Sie reinigen sich durch die Streuselauftragsbewegung der vorbeilaufenden Trommelstäbe „von selbst" (s. Abb. 7.3).

7.1 Die 40 innovativen Grundprinzipien

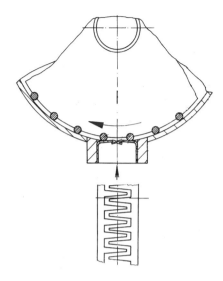

Abb. 7.3: Anwendung des Prinzips der vorherigen Gegenwirkung für verstopfungsfreie Streuselaustragung nach [LIN 93]

IGP 10: Prinzip der vorgezogenen Wirkung (Vorspannung)
    a) Die erforderliche Wirkung ist vorher zu erzielen (vollständig oder auch teilweise).
    b) Die Objekte sind vorher so bereitzustellen bzw. einzusetzen, dass sie ohne Zeitverlust für das Herbeischaffen vom geeignetsten Ort aus wirken können.

Problem: Schnelles Öffnen von Verpackungen.
Lösung: Anbringen von Aufreißfäden an bestimmten Verpackungsteilen.

IGP 11: Prinzip des „vorher untergelegten Kissens" oder der Prävention
Eine unzureichende Zuverlässigkeit des Objektes wird durch vorher bereitgestellte Schadensvorbeugungsmittel ausgeglichen.

Problem: Diebstahlvermeidung von beweglichen Gütern.
Lösung: Vorheriges Einbauen von Signalträgern, die bei versuchtem Diebstahl ein Signal auslösen.

IGP 12: Prinzip des kürzesten Weges oder des Äquipotenzials
Die Arbeitsbedingungen im System sind so zu verändern, dass das Objekt mit konstantem Energiepotenzial arbeiten kann und beispielsweise weder angehoben noch herabgelassen werden muss.

Problem: Hoher Energieaufwand für das Heben und Senken des Kolbens bei Verbrennungsmotoren.
Lösung: Wankelmotor mit konstantem Energiepotenzial des Drehkolbens.

IGP 13: Prinzip der Funktionsumkehr
- a) Statt der Wirkung, die durch die Bedingung der Aufgabe vorgeschrieben wird, ist das Wirkprinzip umzukehren.
- b) Der bewegliche Teil des Objektes oder des umgebenden Mediums ist unbeweglich, und der unbewegliche ist beweglich zu gestalten.
- c) Das Objekt ist „auf den Kopf zu stellen", d. h., alle Teile erfüllen die spiegelbildliche Funktion.

Problem: Bequeme und schnelle Überwindung langer Treppen in Kaufhäusern.
Lösung: Rolltreppe mit stehenden Menschen an Stelle fest stehender Treppe mit gehenden Menschen.

IGP 14: Prinzip der Kugelähnlichkeit
- a) Von geradlinigen Konturen ist zu krummlinigen, von ebenen Flächen ist zu sphärischen überzugehen; Volumina sind kugelförmig auszuführen.
- b) Zu verwenden sind Rollen, Kugeln, Spiralen.
- c) Von der geradlinigen Bewegung ist zur Rotation überzugehen und gegebenenfalls sind die Fliehkräfte auszunutzen.

Problem: Kopfverletzungen bei seitlichen Auto-Auffahrunfällen.
Lösung: Kopfschutz für Pkw-Fahrer, der nicht nur nach hinten wirkt, sondern der aus einer sphärischen Seiten-/Nackenstütze besteht.

IGP 15: Prinzip der Anpassung oder Dynamisierung
- a) Die Kennwerte des Objektes (oder des umgebenden Mediums) müssen so verändert werden, dass sie in jeder Arbeitsetappe/zu jedem Arbeitspunkt optimal sind.
- b) Das Objekt ist in Teile zu zerlegen, die sich zueinander verstellen oder verschieben lassen.
- c) Falls das Objekt insgesamt starr ist, ist es beweglich oder verstellbar zu gestalten.

Problem: Erreichen hoher Fluggeschwindigkeit durch Verringern der Luftreibeverluste bzw. durch gute Sichtverhältnisse beim Landen.
Lösung: Schwenkbare Flügel bzw. Rumpfspitze bei Überschallflugzeugen.

IGP 16: Prinzip der partiellen oder überschüssigen Wirkung
Wenn 100 % des erforderlichen Effekts schwer zu erzielen sind, muss „ein bisschen weniger" oder „ein bisschen mehr" erzielt werden, d. h. feste Vorgaben sind zu verletzen.

Problem: Sicheres Verschließen von Arzneimittelampullen durch Zuschmelzen der Kapillaren.
Lösung: Anstatt mit minimalem Wärmeangebot zu schmelzen, um das Arzneimittel vor Überhitzung zu schützen, wird Wärmeüberschuss eingebracht und gleichzeitig durch ein Wasserbad wieder abgeführt.

7.1 Die 40 innovativen Grundprinzipien

IGP 17: Prinzip des Übergangs zu höheren Dimensionen
a) Schwierigkeiten aus der eindimensionalen Bewegung eines Objektes werden beseitigt, wenn das Objekt die Möglichkeit erhält, sich in zwei Dimensionen, d. h. in einer Ebene, zu bewegen. Analog lassen sich auch die Schwierigkeiten, die mit der Bewegung von Objekten auf einer Ebene verbunden sind, beim Übergang zum dreidimensionalen Raum beseitigen.
b) Statt in nur einer Ebene werden Objekte in mehreren Ebenen angeordnet.
c) Das Objekt ist geneigt aufzustellen.
d) Die Rückseite des gegebenen Objektes ist auszunutzen.

Problem: Verringerung der Flächenausnutzung vor Kläranlagen.
Lösung: Schachtförmige Tiefkläranlagen, bei der im Gegenstrom Luft durch Klärgut geblasen wird. Der in der Luft enthaltene Sauerstoff bewirkt eine schnelle Zerlegung der organischen Bestandteile.

IGP 18: Prinzip der Ausnutzung mechanischer Schwingungen
a) Das Objekt ist in Schwingungen zu versetzen.
b) Falls eine solche Bewegung bereits vorliegt, ist ihre Frequenz bis hin zur Ultraschallfrequenz zu erhöhen.
c) Die Eigenfrequenz ist auszunutzen.
d) An Stelle von mechanischen Vibratoren sind Piezovibratoren anzuwenden.
e) Ultraschallschwingungen sind in Verbindung mit elektromagnetischen Feldern einzusetzen.

Problem: Kraftaufwendung beim Umgraben mit herkömmlichen Spaten.
Lösung: Vibrationsspaten, der durch Eigengewicht in den Boden dringt.

IGP 19: Prinzip der periodischen Wirkung
a) Von der kontinuierlichen Wirkung ist zur periodischen (Impulsarbeitsweise) überzugehen.
b) Wenn die Wirkung bereits periodisch erfolgt, ist die Periodizität zu verändern.
c) Die Pausen zwischen den Impulsen sind für eine andere Wirkung auszunutzen.

Problem: Bohren von Löchern in harte Betonwände.
Lösung: Übergang vom Bohren mit traditionellen Bohrmaschinen zum impulsförmigen Bohren mit Schlagbohrhämmern.

IGP 20: Prinzip der Kontinuität bzw. Permanenz der Wirkprozesse
Von der oszillierenden ist zur rotierenden, gleichmäßigen Bewegung überzugehen, Leerlauf ist zu vermeiden, der Arbeitsvorgang ist kontinuierlich zu durchlaufen.

Problem: Effektives Verputzen großer Wandflächen.
Lösung: Mechanische Wandputzvorrichtung mit kontinuierlicher Mörtelzuführung und Abrolleinrichtung zum Auftragen und Verdichten des Putzes an der Wand.

IGP 21: Prinzip des Durcheilens
Der Prozess oder einzelne Etappen, z. B. schädliche oder gefährliche, sind mit hoher Geschwindigkeit zu durchlaufen, sodass keine negativen Auswirkungen auf ein Objekt auftreten.

Problem: Schmerzempfinden bei der Gewebeentnahme mit dem Skalpell.
Lösung: Punktierung mit einem Instrument, das mit hoher Geschwindigkeit und dadurch schmerzfrei in die lokalisierte Gewebestelle eindringt und Teile davon entnimmt.

IGP 22: Prinzip der Umwandlung von Schädlichem in Nützliches
a) Schädliche Faktoren – insbesondere die schädliche Einwirkung eines Mediums – sind für die Erzielung eines positiven Effektes zu nutzen.
b) Ein schädlicher Faktor ist durch Überlagerung mit einem anderen schädlichen Faktor zu beseitigen [(–) x (–) = (+)].
c) Ein schädlicher Faktor ist bis zu einem solchen Grade (Überkompensation) zu verstärken, dass er aufhört, schädlich zu sein.

Problem: Unkrautbekämpfung auf Ackerkulturen ohne Schädigung der Nutzpflanzen.
Lösung: Unkrautpflanzen schaden durch ihr schnelleres Wachstum den Kulturpflanzen. Dieser Umstand wird durch die Entwicklung von Kontaktsprüheinrichtungen, die nur die Unkrautpflanzen benetzen, in einen Nutzen verwandelt.

IGP 23: Prinzip der Rückkopplung
a) In einem Objekt ist eine Rückkopplung einzuführen.
b) Falls eine Rückkopplung vorhanden ist, ist sie zu verändern und zu verbessern.

Problem: In Großbefeuerungsanlagen soll die Ölzufuhr im Störungsfall unterbrochen werden.
Lösung: In die Rohrleitung wird ein kleiner Sammelbehälter mit Schwimmern eingebaut. Der Schwimmer erfüllt durch einen Kegelsitz gleichzeitig die Funktion der Absperrung und Dosierung.

IGP 24 Prinzip des „Vermittlers"
a) Es ist ein Zwischenobjekt zu benutzen, das die Wirkung überträgt, weitergibt oder selbst durchführt.
b) Zeitweilig ist an das Objekt ein anderes (leicht zu entfernendes) Objekt anzuschließen, welches die Wirkung auf sich nimmt.

Problem: Herstellung von Stahlbeton, bei dem die Bewehrung durch elektrothermische Ausdehnung gespannt wird, wodurch jedoch die Bewehrung aufgrund der Gefügeveränderung ihre Festigkeit verliert.
Lösung: Zusätzlich zur Bewehrung werden einige temperaturbeständige, hochfeste Drähte als Vermittler eingeführt. Diese dehnen sich bei Erwärmung aus bzw. schrumpfen bei Abkühlung. Hierdurch wird die Bewehrung gespannt, ohne selbst erwärmt zu werden.

IGP 25: Prinzip der Selbstbedienung („Von-selbst"-Arbeitsweise)
a) Das Objekt soll sich selbst bedienen bzw. die Wirkung ist selbstständig auszuführen. Notwendige Hilfs- und Reparaturmaßnahmen haben von selbst zu erfolgen.
b) Abprodukte, z. B. Energie oder Stoff, sind zu nutzen.

Problem: Hoher Aufwand beim Schmieren von Lagern.
Lösung: Sinnvolle Nutzung von Nebenwirkungen. Selbstzuführung von Schmierfett, wenn die Temperatur eines Lagers einen Grenzwert überschreitet.

IGP 26: Prinzip des Kopierens
a) An Stelle eines unzugänglichen, komplizierten, kostspieligen, schlecht handhabbaren oder zerbrechlichen Objektes sind vereinfachte und billige Kopien zu benutzen.
b) Das Objekt oder das System von Objekten ist durch optische Kopien (Abbildungen) zu ersetzen. Hierbei ist der Maßstab zu verändern.
c) Wenn optische Kopien schon benutzt werden, so sind digitale Kopien zu anzufertigen.

Problem: Hoher Arbeitsaufwand bei der Schlagholzvermessung.
Lösung: Fotografische Vermessung – Querschnitt des Holzstapels wird vor Ort fotografiert und an geeigneter Stelle ausgewertet.

IGP 27: Prinzip der billigen Kurzlebigkeit (an Stelle teurer Langlebigkeit)
a) Ein teures Objekt ist durch ein Sortiment billiger Objekte zu ersetzen, wobei auf einige Qualitätseigenschaften, z. B. Langlebigkeit, verzichtet werden sollte.
b) Ein teures Objekt ist durch Vorsichtsmaßnahmen (z. B. Überlastschutz) abzusichern.

Problem: Hoher Sterilisierungs- und Fertigungsaufwand bei medizinischen Spritzen.
Lösung: Nutzung billiger Einwegspritzen.

Problem: Aufbrechen des Lenkradschlosses beim Fahrzeugdiebstahl.
Lösung: Vorsehen von Schubstiften als Überlastschutz.

IGP 28: Prinzip des Ersatzes mechanischer Wirkprinzipien
   a) Elektrische, magnetische bzw. elektromagnetische oder akustische Felder sind für eine Wechselwirkung mit dem Objekt auszunutzen.
   b) Von unbeweglichen Feldern ist zu bewegten Feldern, von konstanten zu veränderlichen, von strukturlosen zu strukturierten Felder überzugehen.
   c) Die Felder sind in Kombination mit Ferromagetteilchen zu benutzen.

   Problem: Aufwändige mechanische Bearbeitung komplizierter Metallfäden.
   Lösung: Übergang zu feldförmig wirkender, elektroerosiver Bearbeitung.

IGP 29: Prinzip der Abtrennung
   Anstatt der schweren Teile des Objektes sind gasförmige oder flüssige zu benutzen, beispielsweise aufgeblasene oder mit Flüssigkeit gefüllte Teile, Luftkissen, hydrostatische oder hydroreaktive Elemente.
   (D. h., auch mechanische Arbeit ist ganz oder teilweise durch Pneumo- oder Hydrokonstruktionen zu verrichten.)

   Problem: Vereinzeln von krummen Oblatenblättern.
   Lösung: Sanfter pneumatischer Unterdruck führt zum ebenen Anlegen an einen beweglichen Vereinzelungsschieber.

IGP 30: Prinzip der Anwendung biegsamer Hüllen und dünner Folien
   a) An Stelle der üblichen starren Konstruktionen sind biegsame Hüllen und dünne Folien zu benutzen.
   b) Das Objekt ist mit Hilfe biegsamer Hüllen und dünner Folie vom umgebenden Medium zu isolieren.

   Problem: Korrosionsschutz von Metallketten.
   Lösung: Herstellen von geschlossenen, elastischen PVC-Überzügen.

IGP 31: Prinzip der Verwendung poröser Werkstoffe
   a) Das Objekt ist von Anfang an porös auszuführen oder es sind zusätzlich poröse Elemente (Einsatzstücke, Überzüge usw.) zu benutzen.
   b) Wenn das Objekt bereits porös ausgeführt ist, sind die Poren vorab mit einem geeigneten Stoff zu füllen.

   Problem: Notlaufschmierung von Lagern.
   Lösung: Gestaltung von porösen Lagerwerkstoffen zur Schmierfettaufnahme und Schmierfettabgabe bei höherer Temperatur.

IGP 32: Prinzip der Farbveränderung
   a) Die Farbe des Objektes oder des umgebenden Mediums ist zu verändern.
   b) Der Grad der Durchsichtigkeit des Objektes oder des umgebenden Mediums ist zu verändern.

7.1 Die 40 innovativen Grundprinzipien

c) Zur Beobachtung schlecht sichtbarer Objekte oder Prozesse sind färbende Zusatzstoffe zu nutzen.
d) Wenn solche Zustände bereits angewandt werden, sind Leuchtstoffe zu verwenden.

Problem: Verschleißsignalisierung von Bohrköpfen bei der Tiefseebohrung nach Öl.
Lösung: Farbpatronen werden angeschnitten; die aufgespülte Farbe gibt das Austauschsignal.
Analogie: Optisches Verschleißsignal bei Bremsbelägen.

IGP 33: Prinzip der Gleichartigkeit bzw. Homogenität
Objekte, die mit anderen Objekten zusammenwirken, sollten aus demselben Werkstoff oder einem Werkstoff mit annähernd gleichen Eigenschaften gefertigt sein.

Problem: Mischen von flüssigem Stahl und Schlacke durch nichttemperaturbeständige mechanische Rührer.
Lösung: Aufbringen eines nichtschmelzenden Schlackeüberzugs auf den traditionellen Rührer.

IGP 34: Prinzip der Beseitigung und Regeneration von Teilen
a) Der Teil eines Objektes, der seinen Zweck erfüllt hat oder unbrauchbar geworden ist, wird beseitigt (aufgelöst, verdampft o. Ä.) oder unmittelbar im laufenden Arbeitsgang (beispielsweise durch einen chemischen Vorgang) umgewandelt.
b) Verbrauchte Teile eines Objektes werden unmittelbar wieder hergestellt.

Problem: Einsatz von kostenaufwändigem und recyclingsunfreundlichem Aluminiumgeschirr in Reisezügen.
Lösung: Ablösung durch Biogeschirr aus Stärkegemisch, das sich nach Gebrauch „von selbst" rückstandsfrei abbaut.
Analogie: Herstellung von Hochdruckbehältern in Wickeltechnik mit Kernausschmelzung.

IGP 35: Prinzip der Veränderung des Aggregatzustandes eines Objektes
Hierzu gehören nicht nur einfache Übergänge wie vom festen in den flüssigen Zustand, sondern auch Übergänge in „Pseudo- oder Quasizustände", wie z. B. in die Quasiflüssigkeit oder den Zwischenzustand elastisch fester Körper.

Problem: Kavitationserosion durch hohe Geschwindigkeiten von Schnellbooten.
Lösung: Durch Änderung des Aggregatzustandes wird an Stellen, die ständig der Kavitationserosion ausgesetzt sind, zwischen Metall und Wasser eine dünne Schutzschicht aus Eis angefroren.

IGP 36: Prinzip der Anwendung von Phasenübergängen
Die bei Phasenübergängen auftretenden Erscheinungen sind auszunutzen, z. B. Volumenveränderung, Wärmeentwicklung oder -absorption usw.

Problem: Wärmerückgewinnung aus der Abluft von Rinderställen.
Lösung: Einsatz von Wärmerohren, deren innere Flüssigkeit unter eigenem Dampfdruck eine extrem hohe Wärmeleitgeschwindigkeit aufweist.

IGP 37: Prinzip der Anwendung von Wärmeausdehnung
a) Die Wärmeausdehnung oder -verdichtung von Werkstoffen (z. B. Längenänderung) ist auszunutzen.
b) Es sind mehrere Werkstoffe mit unterschiedlicher Wärmedehnungszahl zu benutzen.
c) Der Grad der Zerlegung in Einzelsegmente ist zu erhöhen.

Problem: Krafterzeugung zur Herstellung künstlicher Diamanten durch aufwändige mechanische Umformpresse.
Lösung: Induktive Erwärmung eines Stahlstempels erzeugt durch Wärmeausdehnung auf einfache Weise Druckkräfte, die zur Diamantenherstellung genutzt werden.

IGP 38: Prinzip der Anwendung starker Oxidationsmittel
a) Die normale atmosphärische Luft ist durch aktivierte/angerichtete zu ersetzen.
b) Die aktivierte Luft ist durch reinen Sauerstoff zu ersetzen.
c) Die Luft oder der Sauerstoff ist der Einwirkung ionisierender Strahlung auszusetzen.
d) Es ist ozonierter Sauerstoff zu benutzen.
e) Ozonierter oder ionisierter Sauerstoff ist durch Ozon zu ersetzen.

Problem: Korrosionsschutz von Stählen.
Lösung: Verhinderung starker Korrosion durch die gewünschte Ausbildung einer Rost-Schutzschicht bei korrosionsträgen Stählen.

IGP 39: Prinzip der Verwendung eines trägen Mediums
a) Das übliche Medium ist durch ein reaktionsträgeres zu ersetzen.
b) Der Prozess ist im Vakuum durchzuführen.

Problem: Leichte Entflammbarkeit von Kleidungsstücken bei Arbeiten in der Umgebung offener Flammen.
Lösung: Keramisierung von Geweben für die Herstellung von Feuerschutzkleidung.

7.1 Die 40 innovativen Grundprinzipien

IGP 40: **Prinzip der Anwendung zusammengesetzter Stoffe**
Von gleichen Stoffen ist zu zusammengesetzten Stoffen überzugehen.

Problem: Ausnutzen vorhandener Wärmewirkung zum Auslösen von zuverlässigen Brandmeldungen in geschlossenen Räumen.
Lösung: Einsatz von Bimetallstäben, die unter Ausnutzung der Wärmewirkung Schaltvorgänge zur Brandmeldung und -bekämpfung auslösen.

Einige TRIZ-Entwickler (u. a. Herrlich und Zadek) gehen davon aus, dass durch die Weiterentwicklung der Technik mittlerweile 55 Verfahrensprinzipien ausgemacht werden können, diese sind jedoch noch nicht in der morphologischen Widerspruchsmatrix verarbeitet worden. Um das Bild abzurunden, sollen diese *neuen* Verfahrensprinzipien dennoch aufgeführt werden, um auch hieraus Wege zu generieren:

N-IGP 41: **Prinzip der Bestrahlung**
Lokal begrenzter Energietransport mittels Strahlung.
Beispiel: Infrarottrockner, Laserbearbeitung, Ultraschalleinwirkung.

N-IGP 42: **Prinzip der gezielten biologischen Einwirkung**
Anwendung von Mikroorganismen.
Beispiel: Druckpapier wird mittels Amylase (Enzym, das chem. Reaktionen auslöst) aufgeraut.

N-IGP 43: **Prinzip der besten Auslastung**
Suche nach Einsparungen beim Werkstoff- und Energieeinsatz.
Beispiel: Kraft- und Momentenleitung auf kürzestem Weg; Einsatz von geschlossenen Profilen und Sandwichbauteilen; Vermeidung konstruktiver Schwachstellen.

N-IGP 44: **Prinzip des Chemisierens**
Einsatz von künstlichen Werkstoffen und festen chemischen Verbindungen als Vermittler.
Beispiel: Anwenden von Plasten, Metallklebern etc.

N-IGP 45: **Prinzip des Miniaturisierens**
Zusammenfassung und funktionelle Integration von Bauelementen auf kleinstem Raum.
Beispiel: Mikroelektronik, Platinen.

N-IGP 46: **Prinzip des Applizierens**
Verwendung bewährter Normbauteile für andersartige Aufgaben.
Beispiel: Druckölspeicher als kolbenlose Pumpe; Kette als Zahnstange.

N-IGP 47: Prinzip der Resonanznutzung
Optimales Anpassen von Systemelementen untereinander und in Wechselwirkung mit dem Umfeld.
Beispiel: Elektromagnetischer Schwingförderer, Betonrüttler.

N-IGP 48: Prinzip der Veredelung
Einsatz veredelter Werkstoffe zwecks entscheidender Einsparungen (Platz, Gewicht etc.) sowie als Basis für neue Effekte.
Beispiel: Hochfeste Schrauben, korrosionsträger Stahl, Piezokeramik, Resothermglas.

N-IGP 49: Prinzip des Mechatronisierens
Mechanische Funktionsträger werden durch Mikroelektronik ersetzt bzw. damit kombiniert.
Beispiel: Digitaluhr, elektronische Schlüssel (Pkw-Schloss).

N-IGP 50: Prinzip des Markierens
Veredeln von Teilen mittels stark riechender Substanzen.
Beispiel: Geruchskapseln in Verschleißteilen, duftende Pasten.

N-IGP 51: Prinzip der Nutzung von Vakuum bzw. der Evakuierung
Störende Erscheinungen/Nebenreaktionen mit Sauerstoff treten im Vakuum nicht auf.
Beispiel: Diffusionsschweißen, Vakuumschutz.

N-IGP 52: Prinzip der Umweltenergienutzung
Nutzung natürlicher Energiepotenziale.
Beispiel: Implosionsmotor, Wärmepumpe, Solarkollektor, Windrad, Schwerkraftnutzung.

N-IGP 53: Prinzip der Plasmanutzung
Nutzung ionisierter Gase/Stoffe zum Aktivieren von Prozessen oder zur Energieumwandlung.
Beispiel: Tribochemie, Kernfusion, MHD-Generator.

N-IGP 54: Prinzip der Standardisierung
Verwendung von Normteilen/Standardteilen bzw. Schaffung eines Baukastensystems.
Beispiel: Kugellager als Laufrolle, Getriebebaukasten.

N-IGP 55: Prinzip des optischen Signalisierens
Informieren, Nivellieren, berührungsloses Messen erfolgt auf optischem Wege.
Beispiel: Lichtleitkabel, IR-Messung.

Der Katalog dieser neuen Grundprinzipien zeigt, dass hierhinter weniger konstruktive Lösungen stehen, sondern Denkrichtungen einer weiterentwickelten Technik. Insofern sollten diese ergänzenden Vorschläge bei der zukunftsweisenden Realisierung von Lösungen berücksichtigt werden.

7.2 Beispiele zu den innovativen Grundprinzipien

Die Übertragung der zuvor abstrakt formulierten Prinzipien bedarf der Übung und muss in dem Spannungsfeld zwischen Systematik und Kreativität erfolgen.

7.2.1 Arbeiten mit der Widerspruchsmatrix

Nachfolgend soll exemplarisch das Arbeiten mit den standardisierten Widersprüchen und den innovativen Grundprinzipien unter Nutzung der Widerspruchsmatrix an einer idealisierten Aufgabe trainiert werden. Vorgabe mag es sein, die durchschnittliche Reisegeschwindigkeit eines neu zu entwickelnden Pkws deutlich zu steigern, ohne dass die Sicherheit[14] der Insassen dadurch stärker gefährdet wird. Der Fokus soll somit auf der Sicherheit liegen.

a) Welcher offensichtliche Widerspruch besteht? Können andere Widersprüche der gleichen Stoßrichtung formuliert werden? Bedenken Sie dabei, dass es meist unterschiedliche Perspektiven für Probleme (Maxi-/Miniansatz) gibt! Wichtig ist, dass eine einmal gewählte Perspektive im ganzen Lösungsprozess beibehalten wird.

b) Welche Grundprinzipien sind prinzipiell geeignet, den festgemachten Widerspruch aufzulösen? Nutzen Sie hierzu die Widerspruchsmatrix und ermitteln Sie Lösungsansätze!

c) Stellen Sie beispielhaft dar, ob und wie ein Lösungsansatz derzeit schon realisiert ist.

---

[14] Im Grenzfall kann bei einem Systemparameter als Veränderungsniveau „gleich bleibend" angenommen werden.

Vorgehensweise zur Findung von Lösungsideen:

		1	...	27	...	39
	zu verbessernde Systemparameter → sich verschlechternde Systemparameter	Masse des beweglichen Objektes	...	Zuverlässigkeit	...	Produktivität
1	Masse des beweglichen Objektes					
...	...					
9	Geschwindigkeit			11, 35, 27, 28		
...	...					
39	Produktivität	35, 26, 24, 37		1, 35, 10, 28		

Übertragen in Metaplan-Tafel:

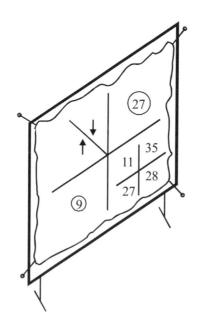

Abb. 7.4: Sinnvoller Einsatz der Metaplan-Technik

7.2 Beispiele zu den innovativen Grundprinzipien 67

Die in der Widerspruchsmatrix lokalisierten IGPs werden in abfallender Folge ihrer Umsetzungshäufigkeit angegeben, d. h., das zuerst genannte IGP ist bisher am häufigsten genutzt worden und hat somit das größte Wahrscheinlichkeitspotenzial.

7.2.2 Ideengenerierung für Konzepte

Ein hervorragendes Einsatzgebiet von TRIZ ist die Ideengenerierung für neuartige Konzepte. Dazu folgendes Beispiel: In Pkws werden heute zum aktiven und passiven Insassenschutz verschiedene Präventionsmaßnahmen angeboten. Die Firma X möchte gerne in diesen Markt mit einer völlig *neuartigen Lösung* eintreten. Mit TRIZ sollen daher Prinzipien gefunden werden, die neu und patentfähig sind.

Entwicklungsziel: Finden einer neuen Rückhalteeinrichtung für Pkw-Insassen.

Unternehmensvorstellung:	Da man bereits Komponenten für Fahrzeugsitze liefert, soll kein externes System (neue Technologie) gefunden werden. Insofern stellt man sich ein vom oder aus dem Sitz kommendes System vor.
Wie ist das IER:	Ein Körper soll im Fall eines Crashs an das Objekt Sitz gefesselt werden, und das Objekt soll die wirkende Belastung vollständig kompensieren.

Abb. 7.5: Der Mensch im Fahrzeugsitz

Ein Entwicklungsteam, das diese Aufgabe bearbeitete, rekonstruierte hieraus den Widerspruch:

Das Objekt soll eine verbesserte Anpassungsfähigkeit (WSP 35) haben, wobei die vom Objekt kommenden schädlichen Faktoren (WSP 31) verschlechtert werden sollen.

Widerspruchsformulierungen entstehen gewöhnlich in einer Diskussion, in der man sich auf eine bestimmte Blickrichtung auf das Problem geeinigt hat. Beispielsweise versteht das Team unter *schädlichen Faktoren* zu große Steifigkeit der Struktur bzw. das nicht gezielte Nachgebenkönnen der Rückenlehne. Energie muss von der Struktur und nicht vom Menschen kompensiert werden.

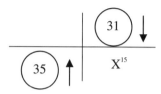

Hierzu sind aus der Historie der Patentliteratur keine erfüllenden Lösungen bekannt. Dennoch ist dieser Widerspruch lösbar, wenn man beispielsweise unter WSP 31 „schädliche Faktoren" Starrheit oder ganzheitliches Versagen versteht.

Neue Widerspruchsformulierung:

> Die Anpassungsfähigkeit (WSP 35) des Objektes soll verbessert werden, die Haltbarkeit (WSP 15) soll verschlechtert werden.
> *Haltbarkeit verschlechtern* ist so zu interpretieren: das Objekt soll nicht starr sein, es soll sich gezielt verformen, am Objekt darf auch etwas kontrolliert brechen etc.

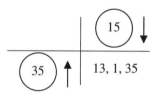

Das Entwicklungsteam konnte jedoch aus den angegebenen Lösungsprinzipien keine Lösungsansätze ableiten, da die Vorschläge als unbrauchbar angesehen wurden. (Erst später entstanden Ideen, die auf IGP 13 und IGP 1 zurückzuführen waren.) Um eine Lösung zu erzwingen, besteht die Notwendigkeit, wiederum einen anderen Widerspruch zu suchen.

Neue Widerspruchsformulierung:

> Die Anpassungsfähigkeit (WSP 35) des Sitzes soll verbessert werden und der Energieverbrauch des beweglichen Menschen (WSP 19) soll verringert werden.

---

[15] X bedeutet ein leeres Feld in der WSP-Matrix.

7.2 Beispiele zu den innovativen Grundprinzipien

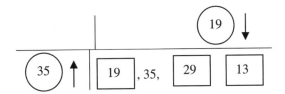

Das Entwicklungsteam konnte schließlich aus den IGPs 19, 29 und 13 ein neuartiges Konzept finden, welches letztlich aber die Weiterentwicklung eines bestehenden Patentes war, das sich aber ebenfalls als patentfähig herausstellte:

IGP 19: Prinzip der periodischen Wirkung, d. h., der Sitz muss im Crashfall eine zusätzliche Bewegung vollführen, um Energie abzubauen.

IGP 29: Prinzip der Anwendung von Pneumo- und Hydrokonstruktionen, d. h., in Kombination mit IGP 19 ist ein Dämpfer einzubauen.

IGP 13: Prinzip der Funktionsumkehr, d. h., es ist eine Beweglichkeit „Sitz im Sitz" oder „Lehne in Lehne" herzustellen.

Der neuartige Ansatz ist eine „Lehne in Lehne-Konzept" mit einer beweglichen Mittellehne, welche der Körperbewegung beim Crashablauf folgen kann und damit den meist tödlichen Peitschenschlageffekt (Genickbruch) verhindert. Die Auslösung der Mittellehne erfolgt durch eine vorgespannte Gasdruckfeder, die innerhalb von 15–10 ms kinematische Bewegungsabläufe ermöglicht. Auf diesem Prinzip bzw. verschiedenen Abwandlungen davon (z. B. aktive Kopfstütze) beruht mittlerweile eine Vielzahl von Patenten[16].

---

[16] DE 197 54 311 A1, DE 100 54 793 A1, DE 197 53 540 A1, US 6 135 561, US 6 019 424

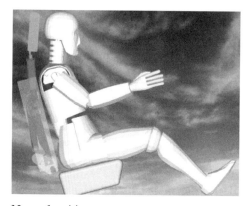 

Normalposition

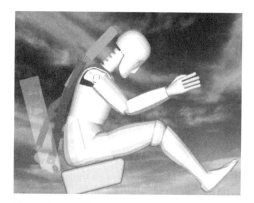 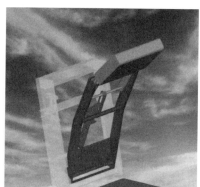

Frontalaufprall

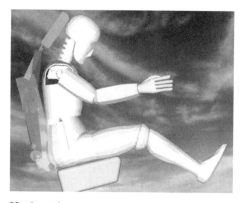 

Heckcrash

Abb. 7.6: Aus den IGPs abgeleitete, neuartige Sitzlehnenstruktur für Pkw-Fahrersitze

7.2.3 Alternative Lösungswege

Ausgangssituation ist ein Unternehmen A, das seit über 10 Jahren ein patentiertes Toleranzausgleichselement herstellt und damit eine Alleinstellung auf dem Markt hatte. Nunmehr kommt ein Wettbewerber B hinzu, der durch günstigere Preisgestaltung immer mehr Kunden abwirbt.

Abb. 7.7: Patentiertes Toleranzausgleichselement des Herstellers A

Erste Reaktion des Herstellers A: Anfechtung des neuen Patentes des Herstellers B. Der Einspruch wird vom Patentamt abgelehnt, da B ein neues Prinzip realisiert hat. War diese Entwicklung anhand des Evolutionsgrundmusters absehbar? – Verfolgt man die Entwicklungsstufen, so ergibt sich der folgende Trend zur Steigerung der Effektivität.

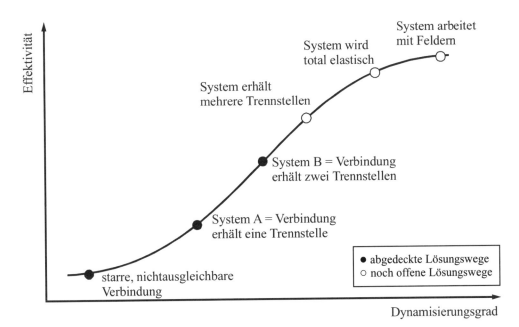

Abb. 7.8: Entwicklungstrend des Systems „Toleranzausgleichselement"

Die Firma A entschließt sich nun, mit TRIZ nach etwas gänzlich Neuem zu suchen, d. h., Konzepte zu finden, die grundsätzlich einen Toleranzausgleich bewerkstelligen können. In der Diskussion mit einem Entwicklungsteam wird zunächst die Grundfunktion eines Toleranzausgleichs diskutiert: „soll einen Abstand überbrücken" und „soll den Abstand konstant halten."

Welche Widersprüche sind darin enthalten? Nach einer ersten Reflexion wird festgelegt:

1. WSP 3 ↑   mit WSP 11 ↓
   (Länge eines beweglichen Objektes)   (Spannung oder Druck)
2. WSP 3 ↑   mit WSP 12 ↓
                         (Form)
3. WSP 3 ↑   mit WSP 13 ↓
                         (Stabilität)

Interpretation der Widersprüche:

WSP 3: Das Element soll einen möglichst großen Toleranzbereich abdecken.
WSP 11: Die Beanspruchung im Element soll gesenkt werden.
WSP 12: Die Formänderung (Aufweitung der Mutter unter Auszugskräften) soll verringert werden.
WSP 13: Die Stabilität (im Sinne von Ausgleichung von schiefen Anlageflächen) soll verringert werden.

Unter Nutzung der Widerspruchsmatrix ergeben sich damit die folgenden Lösungsmöglichkeiten mit den Innovativen Grundprinzipien:

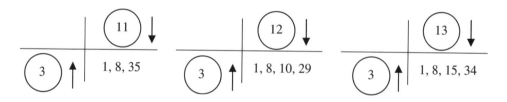

Die Auswertung ergibt, dass die Grundprinzipien nur zu einer Verbesserung der bekannten Lösung (System A) führen. Hieraus kann rückgeschlossen werden, dass die Aufgabenstellung bzw. die abgeleiteten Widersprüche zu eng formuliert waren. (Der Neigung, ein Problem zu konkret zu formulieren, erliegt man in der Praxis immer wieder: Nicht „Wäsche waschen", sondern „Wäsche reinigen" ist die abstrakte Aufgabe für eine neuartige Waschmaschine.)

Bei einer erneuten Diskussion wurde deshalb versucht, das Problem noch abstrakter zu formulieren, und zwar:

7.2 Beispiele zu den innovativen Grundprinzipien

Es soll ein Objekt geschaffen werden, welches auf Grund der *hohen Anpassungsfähigkeit* bei gleichzeitig *geringer Kompliziertheit* toleranzbedingte Abstände zwischen zwei Teilen ausgleicht.

Implizit enthält die Forderung *hohe Anpassungsfähigkeit* den Trend zu mehrschnittigen Systemen bzw. total elastischen Systemen und auch Feldern, was eine Teamvereinbarung war. Es greifen dann die folgenden IGPs:

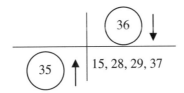

IGP 15: Prinzip der Dynamisierung, d. h., mache ein unbewegliches *Objekt* beweglich oder ein bewegliches unbeweglich. Stelle das *System* „auf den Kopf", d. h., kehre es um.

IGP 28: Mechanik ersetzen: Ersetze ein mechanisches System, d. h., benutze elektrische, magnetische oder elektromagnetische Felder. Setze Felder in Verbindung mit ferromagnetischen Teilchen ein.

IGP 29: Pneumatik und Hydraulik: Ersetze feste, schwere (oder mechanische) Teile eines Systems durch gasförmige oder flüssige. Nutze Wasser oder Luft zum Aufpumpen. Verwende Luftkissen oder hydraulische Elemente.

IGP 37: Wärmedehnung: Nutze die thermische Expansion oder Kontraktion von Materialien. Benutze Materialien mit unterschiedlichen Wärmedehnungskoeffizienten.

Aus den vier aufgeführten Grundprinzipien hat das Entwicklungsteam 18 neue Lösungsprinzipien entwickelt. Zwei Lösungsprinzipien aus IGP 15 und IGP 29 waren so innovativ, dass man sich spontan entschlossen hat, hierfür Prototypen zu bauen und gegebenenfalls Schutzrechte zu sichern.

Insbesondere gibt IGP 15 mit der Forderung „Stelle das System auf den Kopf" den Hinweis, über das Grundprinzip nachzudenken (Auflösung des Spindels/Mutter-Prinzip in keilförmige Segmentringe), und IGP 29 nimmt die hierauf folgende Evolutionsstufe „System wird total elastisch" (Auflösung in ein gekapseltes Hydro-Prinzip mit nichtnewtonscher Flüssigkeit) vorweg.

Eine hiervon abgewandelte Konstruktionsalternative zeigt die folgende *Abb. 7.9*, welche die abgewickelten Gewindegänge zu keilförmigen Segmenten aufrollt. Als Zusatzvorteil wird damit sogar eine größere Ausgleichslänge erreicht.

Abb. 7.9: Toleranzausgleichselement als mehrschnittige Kunststofflösung

7.2.4 Übertragung auf ein nichttechnisches Problem

Der Nutzwert von Pralinen wird durch Aussehen und Geschmack geprägt. Beide Merkmale müssen über einen längeren Zeitraum konstant gehalten werden. Bei alkoholgefüllten Pralinen besteht insbesondere das Problem, dass mit der Zeit ein Flüssigkeitsverlust eintritt, weil Schokolade porös ist. Damit besteht die innovative Aufgabe, durch Maßnahmen an der Praline den Alkoholverlust möglichst ganz zu verhindern. Die Eingriffe dürfen aber nicht dazu führen, dass man dem Kunden gegenüber erklärungsbedürftig wird.

Abb. 7.10: Querschnitt einer alkoholgefüllten Praline

7.2 Beispiele zu den innovativen Grundprinzipien

Mögliche Widersprüche:

1. Die „vom Objekt erzeugten schädlichen Faktoren (Porosität)" sollen verbessert, gleichzeitig soll sich aber „die Stabilität der Zusammensetzung des Objektes" verschlechtern (d. h., die Praline muss normal verspeist werden können).

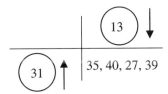

2. Die Abnahme an „Materialmenge" soll verbessert werden, gleichzeitig darf sich der „(Bedien-)Komfort" (im Sinn von genüsslichem Verspeisen) nicht verschlechtern.

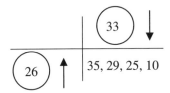

3. Der „Materialverlust" des Objektes soll verbessert werden, gleichzeitig soll sich die „Kompliziertheit der Struktur" nicht verschlechtern.

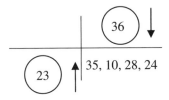

Am häufigsten werden bei den diskutierten Widersprüchen die Lösungsprinzipien

IGP 35: Veränderung des Aggregatzustandes und
IGP 10: Prinzip der vorgezogenen Wirkung

ausgewiesen.

Das Prinzip, den Aggregatzustand des Alkohols zu verändern, hat in der Analyse zu keinem praktischen Konzept geführt, jedenfalls nicht unter den gegebenen Verhältnissen.

Hingegen konnten aus dem Prinzip der vorgezogenen Wirkung die folgenden Ideen abgeleitet werden:

1. Der Alkohol wird in eine undurchlässige, geschmacksneutrale aber essbare Folie eingefüllt. Erst beim Zerkauen wird der Alkohol freigesetzt.
2. Die Schokopraline erhält von innen eine Sperrschicht (wird derzeit schon aus Zuckerguss hergestellt), die gegen Alkohol undurchlässig ist und erst beim Zerkauen zerstoßen wird.
3. Die äußere Pralinenseite wird verdichtet, sodass die Poren (wird derzeit schon mit Kakaobutter gemacht) geschlossen werden, womit eine luftdichte Umkapselung entsteht.

Diese Aufgabe wurde als TRIZ-Einstieg für Konditoren einer Schokoladenfabrik in ca. 10 Minuten gelöst. Für das Publikum schien es sehr beeindruckend, wie ein Nichtfachmann relativ schnell die verbreiteten Lösungen entwickeln konnte. Die Zielsetzung, für TRIZ zu motivieren, war damit erreicht.

7.3 Kombinationen von innovativen Grundprinzipien

In einigen Arbeiten zu TRIZ wird darüber nachgedacht, die Methodik weiterzuentwickeln und noch effektiver zu machen. Eine Strömung ist hierbei das Komplementärprinzip (Umkehrprinzip [ZOB 04]) als Universalindikator schöpferischer Lösungsfindung[17] zu nutzen.

Zu jedem *Axiom* gibt es ein *Paradoxum*, d. h., auch umgekehrte Verhältnisse können eine neuartige Lösung beinhalten. Einstein antwortete beispielsweise auf die Frage, wie er die Relativitätstheorie entdeckt habe, mit der verblüffenden Antwort:

„Ich habe ein Axiom verworfen".

Der Begriff der Umkehrung ist hierbei sehr weit zu verstehen: man kann einen methodischen Ansatz negieren oder jedes Verfahren, jede Arbeitsweise, jeden Prozess, jede beliebige Anordnung im Raum und jede Abfolge von Handlungsschritten auch einmal umgekehrt betrachten. Der psychologische Effekt dabei ist, aus einer gewohnten Denkweise auszubrechen und auch mal zu versuchen, etwas Unübliches umzusetzen. Es ist aber nicht immer einfach, sofort das Komplementäre zu finden. Während das Gegenteil bei geometrischen Gegebenheiten (links statt rechts, unten statt oben, diagonal statt gerade etc.) und oft auch bei naturgesetzlichen Verfahren (Aufladen – Entladen, Verdampfen – Kondensieren, Sublimieren – Desublimieren, Lösen – Kristallisieren etc.) leicht auszumachen ist, kann es in anderen Fällen noch unbekannt sein.

Vielfach wird angenommen, dass Altschuller diese Problematik auch wahrgenommen hat. Mit IGP 13 (Prinzip der Funktionsumkehr) hat er diesen Ansatz zumindest dokumentiert. Ansonsten ist es für den TRIZ-Anwender nicht immer sofort offensichtlich, in welchem Grundprinzip der Gegenpol zu finden ist. Nur bei einigen wenigen innovativen Grundprin-

---

[17] In der Geisteswissenschaft begründete F. Bacon (1561–1626) die *induktive Methode*, die den ständigen Wechsel der Denkrichtung prägt.

zipien erkennt man die Umkehrung sofort. So bestehen beispielsweise zwischen den Prinzipien:

IGP 1: Prinzip der Zerlegung und
IGP 5: Prinzip der Kopplung ergänzt durch
IGP 4: Prinzip der Asymmetrie

komplementäre Gegensätze. Diese kann man auch entdecken zwischen:

IGP 6: Prinzip der Universalität/Integration und
IGP 7: Prinzip der Steckpuppe.

Ansonsten ist die Zusammenführung von Prinzipien oft mit dem Blickwinkel des Anwenders auf ein Problem verbunden. Möglicherweise lassen sich die bekannten Grundprinzipien auch so ordnen, dass unter einem Oberprinzip verschiedene Unterprinzipien strukturiert werden können, wobei dann auch das Komplementärsprinzip berücksichtigt werden kann.

In einem etwas anderen Zusammenhang wird in der Literatur das Beispiel eines Unternehmens für Alarmsysteme diskutiert. Alle Entwicklungen basieren auf der Idee: „Wie verhindere ich einen Einbruch?" Das Umkehrprinzip wäre demzufolge: „Wie plane ich den perfekten Einbruch?" Von diesem Standpunkt aus werden sich möglicherweise Lösungen ergeben, die neuartig und viel wirksamer als die bekannten Ansätze sind.

7.4 Konzeptideen umsetzen

Die innovativen Grundprinzipien haben bei der Lösung von Aufgaben eine Leitstrahlfunktion. Diese wird dadurch ersichtlich, dass ein zunächst großer Lösungsraum sektional immer mehr eingeengt wird und der Fokus auf das ideale Endergebnis gerichtet wird.

Der oft in der Praxis geäußerte Kritikpunkt, dass die Prinzipien zu allgemein formuliert seien, kann man als Stärke und Schwäche zugleich ansehen. Die universelle Formulierung gewährleistet eine Problem- und Technologieunabhängigkeit, d. h., die Prinzipien können sowohl bei Mini- als auch Maxiproblemen (Detail- und Globalbetrachtungen) angewandt werden. Weiterhin besteht eine unbefristete Aktualität, denn die Auslegung der Prinzipien kann in alle Richtungen erfolgen, wobei heutige und zukünftige Technologien eingeschlossen sind. Der Kreativität von Lösungsteams wird somit keinerlei Grenzen gesetzt.

Erfahrungsgemäß ist es nicht sinnvoll, den gesamten erzeugten Konzept-Output in die sich anschließende Konkretisierungsphase mitzuschleppen, sondern es sollte vorher eine Selektion erfolgen. Jede Selektion setzt aber ein Ziel- und Wertesystem voraus, nach dem geordnet werden kann. Die dazu erforderlichen Schritte können hier nur kurz angerissen werden, weil sie ureigenster Inhalt der Konstruktionsmethodik (VDI 2221/2222) sind.

Selektion, Einen bewährten Selektionsalgorithmus für Konzeptideen stellt der *paarweise Vergleich* dar. Hierzu wieder ein kleines TRIZ-Beispiel:

Ein Hersteller von Küchenspülen sucht ein neues Befestigungssystem für die verbesserte Montage und Demontage, welches gleichzeitig die Abdichtfunktion zwischen Spüle und Arbeitsplatte mit übernehmen soll. Die Vision ist: *einsetzen, klick und fertig*. Innerhalb eines 2-stündigen Workshops findet ein Projektteam 15 neuartige Lösungsansätze. Da diese nicht alle weiterverfolgt werden können, soll anhand dreier Hauptkriterien
- technisch machbar (mit vorhandenen Ressourcen),
- patentierbar und
- kostengünstig

eine Selektion der chancenreichsten Prinzipien erfolgen.

besser als (= 2) / gleich gut (= 1) / schlechter als (= 0) ist		A. Bügelspanner	B. Magnethalter	C. el. Verriegelung	D. Federspanner	E. Profilschlauch	F. Spann-Offen-Halter	G. Rastmechanismus	H.	Ergebnis: Aktivsumme jeder Idee	Rang
A.	Bügelspanner	-	0	2	1	0	1	0		A = 4	
B.	Magnethalter	2	-	1	2	0	1	0		B = 6	
C.	el. Verriegelung	0	1	-	2	2	2	0		C = 7	3
D.	Federspanner	1	0	0	-	0	1	0		D = 2	
E.	Profilschlauch	2	2	0	2	-	2	1		E = 9	2
F.	Spann-Offen-Halter	1	1	0	1	0	-	0		F = 3	
G.	Rastmechanismus	2	2	2	2	1	2	-		G = 11	1
H.	⋮									⋮	
Σ	Ergebnis der Passivsumme	8	6	5	10	3	9	1		42 : 8 = 5,25	

Abb. 7.11: *Prinzip des paarweisen Vergleichs von Konzeptideen (42 Punkte = Aktivsumme, A bis H = 8 Konzeptideen)*

7.4 Konzeptideen umsetzen

In der *Abb. 7.11* ist ein verkürzter Vergleich zwischen acht Konzeptideen mit einer Priorisierung durchgeführt worden. Die Konzeptideen (von A = Ausgangssituation bis H) werden dazu zeilenweise aufgelistet und auch spaltenweise diskutiert, woraus sich die so genannte Aktivsumme[18] ergibt. Ein Merkmal dieser Technik ist eine bestimmte Spiegelungsregel an der Hauptdiagonalen, welche als Prüfkriterium für die Logik der gegeneinander durchgeführten Gewichtung zu dienen hat. Hiernach gilt gewöhnlich
- eine 2 spiegelt eine 0,
- eine 1 spiegelt eine 1,
- eine 0 spiegelt eine 2.

Von den aufgelisteten Ideen wird man meist nur noch zwei oder drei weiterverfolgen, und zwar diejenigen mit der höchsten Aktivsumme bzw. niedrigsten Passivsumme.

In einem großen Ideenfeld lassen sich am besten die relativen Stärken und Schwächen von Ideen und deren gegenseitige Beeinflussung durch ein System-Grid auswerten.

Ein Grid ist ein Gitternetz mit vier Feldern und einer Achsenbegrenzung $[(n_x -1)\cdot 2 = 14]$. Die Abgrenzung der Felder erfolgt bei dem Durchschnittswert $[\sum P_{kt.zahl} : n_x = 5,25]$. Jede Idee kann mit ihrer jeweiligen Passiv- und Aktivsummenzahl in das Grid übertragen und somit einem Feld zugeordnet werden. Die problemadäquate Auswertung zeigt *Abb. 7.12*.

---

[18] Aktivsumme = relative Stärke einer Idee gegenüber anderen Ideen
Passivsumme = relative Abhängigkeit einer Idee von anderen Ideen

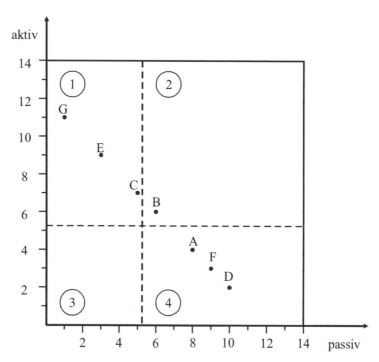

Abb. 7.12: System-Grid der Ideensubstanz

1. Bereich der aktiven Ideen
   Die in diesem Feld positionierten Ideen zeichnen sich durch eine hohe Aktivität (d. h. Vorteilhaftigkeit gegenüber anderen Ideen) und niedrige Passivität (d. h. Unabhängigkeit von anderen Ideen und Gegebenheiten) aus.

2. Bereich der ambivalenten Ideen
   Die hier positionierten Ideen haben eine relativ hohe Aktivität wie auch Passivität, weshalb sie nicht eindeutig zu bewerten sind.

3. Bereich der puffernden oder niedrig ambivalenten Ideen
   Ideen dieser Kategorie sind nur relativ stark, werden andererseits aber auch nur gering von anderen Ideen oder der Umgebung beeinflusst.

4. Bereich der passiven Ideen
   Diese Ideen weisen die geringste Stärke aus und werden zudem noch stark von anderen Ideen sowie der Umgebung beeinflusst.

7.4 Konzeptideen umsetzen

Konzept und Entwurf. Mit der Auswahl einer Idee ist meist ein inkubatives Konzept verbunden, welches im Weiteren noch konkretisiert werden muss. Hierbei wird oft der Kardinalfehler gemacht, schnell etwas „hinzuskizzieren" und sofort ein Muster anzufertigen. Erfahrene Konstrukteure wissen jedoch, dass hinter jeder Idee eine Anzahl von *Mutationen* steht. Zielsetzung muss es daher sein, die Mutationen zu entwickeln, um letztlich die zweckgerechteste und einfachste Lösung zu finden.

Ein sehr erfolgreiches Werkzeug dazu ist die Morphologie. Prinzip der morphologischen Analyse ist es, ein Problem bzw. eine Konzeptidee in Subprobleme, Elemente oder Teilfunktionen aufzugliedern und jeweils Detaillösungen zu suchen. Die Kombination aller Teillösungen ergibt summarisch wieder die konkretisierte Konzeptidee, jedoch mit vielfältigen Varianten.

In der umseitigen *Abb. 7.13* ist für den favorisierten Rastmechanismus eine prinzipielle morphologische Analyse durchgeführt worden. Der Aufbau des Tableaus und die Einträge sind hierbei selbsterklärend.

Die Erkenntnis für die Anwendung war: Obwohl bereits eine fertige Lösung im Kopf (konventioneller Linearraster) entstanden war, wies die Analyse den Weg, die vorhandenen Ressourcen (Spüle, Arbeitsplatte, Schlitz dazwischen) mitzunutzen. Als skizzenmäßige Lösung konnte somit ein wellenförmiges Federelement entwickelt werden, welches nicht nur konkurrenzlos einfach ist, sondern auch billig hergestellt werden kann. Deshalb noch einmal der Hinweis: *Entwickeln heißt, in Alternativen zu denken.*

Simulation. Die Funktions- und Verhaltenssimulation ist kein klassisches konstruktionsmethodisches Instrument, aber in einem zeitgemäßen Produktentwicklungsablauf (PEP) heute unverzichtbar. Mittlerweile gibt es CAE-gestützte Softwarelösungen, welche es bereits im Konzeptstadium ermöglichen, das spätere Einsatzverhalten zu studieren. Dies ist in einem Ideenfindungsprozess besonders wichtig, da man nicht erst zu einem zu späten Zeitpunkt feststellen sollte, ob eine Idee auch tatsächlich funktioniert.

Ausarbeitung. Ein Entwurf muss letztlich so detailliert sein, dass er als Fertigungsunterlage dienen kann. Damit umfasst die Phase des Ausarbeitens das Erstellen von technischen Zeichnungen, was heute gewöhnlich mit CAD [STA 03] vorgenommen wird. Das rechenunterstützte Konstruieren hat den weiteren Vorteil, dass die Möglichkeit zu ändern sehr lange gegeben ist, was letztlich dem Kunden zugute kommt.

Teilfunktionen bzw. Parameter	alternative Ausprägungen			
1. Schieber	Blech	Bolzen	Spüle selbst	
2. Führung	aufgedoppeltes Blech	Axialführung	Gleitschuh	Montageschlitz
3. Rastung	Zahnstange	Kugelschnäpper	Wellblech	Stirnverzahnung
4. Verspannung	Druckfeder	Federblech	Schieberverwölbung	Kraftschluss
5. Auslösung	Drucktaste	externe Entriegelung		Verformung
Lösungskonzepte				Favorit

Abb. 7.13 : Morphologische Matrix für Rastmechanismus

Resümiert man die Ablauffolge von der Idee bis zur Realisierung, so ist TRIZ als ein starkes Werkzeug produktiver Kreativität zu verstehen, mit dem regelmäßig sehr zielgerichtet eine große Anzahl von Ideen erzeugt werden kann. Diese hohe Produktivität ist auch deshalb „überlebenswichtig", weil es letztlich in der Umsetzung eine sehr große Ausfallrate [SCH 99] gibt.

Bei TRIZ gilt erfahrungsgemäß das Verhältnis 10 : 2 : 1, d. h., unter *zehn* produzierten Ideen wird man meist *zwei* wirklich gute Ideen finden, von denen letztlich *eine* eine große Chance zur Umsetzung hat. Damit ist die Ausfallrate um den Faktor 10 geringer als bei Brain-Storming-Sitzungen. Dies unterstreicht, das TRIZ als ein wirklich effizientes Werkzeug des Entwicklungsprozesses anzusehen und daher breit einzusetzen ist.

8 ARIZ-Algorithmus

Der ARIZ-Algorithmus[19] zur Lösung erfinderischer Aufgaben (ARIZ oder englisch AIPS) ist ein sehr aufwändiges Werkzeug zur systematischen Bearbeitung *eng spezifizierter Aufgabenstellungen beliebiger Art*. Aufgrund seines iterativen Ablaufs, innerhalb dessen die Aufgabenstellung oftmals neu definiert und verfeinert wird, wird er in der Praxis nur bei sehr komplexen Aufgabenstellungen (etwa 10 % der Fälle) angewendet. Dennoch ist die Philosophie der Vorgehensweise wichtig für das Verständnis des Problemlösungsablaufs mit TRIZ.

ARIZ dient der genauen Fokussierung auf ein substanzielles *Kernproblem*, indem ein komplexer Sachverhalt in Form eines einfachen Problem-Modells formuliert wird. Oftmals ist es notwendig, das Kernproblem über mehrere Schleifen herauszuarbeiten, um es überhaupt lösbar zu machen.

Die Anwendung von ARIZ setzt voraus, dass die Aufgabe zuvor hinreichend exakt, beispielsweise durch eine Innovationscheckliste – eventuell in Verbindung mit QFD –, beschrieben ist und eine Vorstellung über das *ideale Endresultat* existiert. Durch diese vorgeschaltete Auseinandersetzung mit der Aufgabe werden die Grenzen und Perspektiven deutlich. Mittels der problemorientierten Verknüpfung verschiedener TRIZ-Werkzeuge wird sodann eine Leitlinie entwickelt, die etappenweise erschlossen wird, bis ein erfüllendes Lösungskonzept entsteht.

Im Folgenden wird der *ARIZ-Algorithmus 85B* mit seinen sämtlichen Ablaufschritten erläutert. Diese Version von ARIZ ist die letzte von Altschuller überprüfte und zertifizierte Variante. Zusammenfassend zeigt dies auch das Flussdiagramm in *Abb. 8.1*. Viele TRIZ-Anwender lieben eine derart strenge Systematik nicht und wollen sofort zum Kern des Problems vorstoßen. In der Praxis werden die Probleme jedoch immer unübersichtlicher (beispielsweise bei der Entwicklung einer neuen Sitzbelegungserkennung mit Airbag-Verknüpfung), sodass ARIZ ein sehr hilfreiches Werkzeug sein kann.

Der ARIZ 85B besteht aus 9 Ablaufschritten, die sich in drei Phasen zusammenfassen lassen.

---

[19] ARIZ (Theorija Resenija Izobretatel s'kich Zadac) ist ein Algorithmus zur Ideenfindung, der in der Vergangenheit von 5 auf 60 Schritte und danach auf 100 Schritte erweitert wurde. Der aktuelle Stand wird jeweils durch die angehängte Jahreszahl, z. B. ARIZ77, verdeutlicht. Die Problematik der Aufblähung des Algorithmus besteht darin, dass der Ansatz bei jeder Art von Aufgabenstellung zu einem Ergebnis führen soll und eine Anpassung durch den Wandel der Technik nötig war und ist.

8 ARIZ-Algorithmus

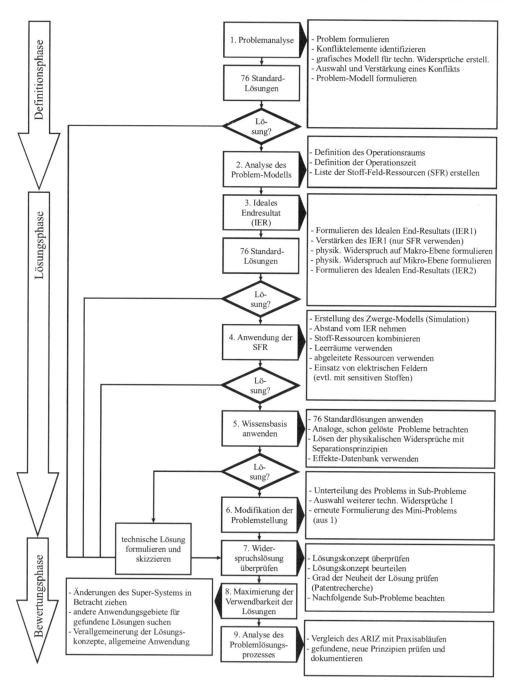

Abb. 8.1: Ablaufdiagramm des Problemlösungs-Algorithmus ARIZ 85B

Wie im Flussdiagramm dargestellt, sollten die
- Definitionsphase,
- Lösungsphase und
- Bewertungsphase

hintereinander abgearbeitet werden.

Der Anspruch bei dieser streng systematisierten Herangehensweise ist, mit einer hohen Zuverlässigkeit Lösungen zu finden, die zuvor zu unbefriedigenden Ergebnissen geführt haben. In einigen Publikationen werden auch Fälle dargestellt, für die dies tatsächlich sehr gut gelungen ist.

8.1 Definitionsphase

Vor der eigentlichen Lösungssuche sollte sich der Problemeigner noch mal intensiv mit der gestellten Aufgabe befassen. Dazu gilt es die folgenden Unterpunkte zu diskutieren.

I. Problemanalyse

I.1 Formulierung des Problems

Ausgangssituation sollte eine möglichst konkrete Aufgabenstellung sein. Diese gilt es noch einmal mithilfe des folgenden Satzmusters zusammenzufassen:

Das technologische System (Beschreibung des Systems) *mit der Funktion* (Beschreibung der Funktion) *besteht aus den Elementen* (Auflistung der Systemelemente).

- Es sollte jeweils nur das System beschrieben werden, innerhalb dessen die Problemstellung auftaucht. Die Ober- und Untersysteme werden dabei außer Acht gelassen.
- Es sollten nur die Elemente des Systems aufgeführt werden, die sich auf der obersten Systemhierarchie befinden. Dabei sollte immer überprüft werden, ob das beschriebene Element zum Problem beiträgt oder nicht. Eine Prüfung nach folgendem Muster bietet sich an: *Existiert das Problem weiterhin, wenn das Element nicht mehr vorhanden wäre? Wenn ja, ist das Element unrelevant. Wenn nein, ist das Element signifikant für die Problemstellung.*
- Bei der Identifizierung der Elemente des Systems sollten neben den technischen auch natürliche Bestandteile, die in direkter Wechselwirkung mit dem betrachteten System stehen, aufgeführt werden.
- Es sollten möglichst keine Fachbegriffe verwendet werden. Das Problem ist in natürlicher Sprache zu formulieren.

I.2 Formulierung von Technischen Widersprüchen

Der *technische Widerspruch* kennzeichnet die Konflikte im System, bei denen eine nützliche Funktion zugleich eine schädliche Funktion hervorruft. Das bedeutet, dass durch die einfache Verstärkung der nützlichen Funktion oder aber durch die Abschwächung der schädlichen Funktion nur eine unbefriedigende Lösung erzeugt wird. Erst durch die Auflösung des technischen Widerspruchs wird folglich eine akzeptable und mit hoher Wahrscheinlichkeit innovative Lösung möglich.

Der **Technische Widerspruch 1** (TW1) wird durch die Beschreibung des Zustandes eines Systemelementes mit Erklärung der guten und schlechten Auswirkungen dieses Zustandes formuliert.

Anschließend wird der entgegengesetzte Zustand als **Technischer Widerspruch 2** *(TW2)* beschrieben, ebenfalls wieder mit einer Erläuterung der Auswirkungen auf das System. Der Widerspruch 2 ergibt sich aus der Invertierung von Widerspruch 1.

- Technischer Widerspruch 1:
  Eine Verbesserung des Parameters A bedingt eine Verschlechterung des Parameters B.

- Technischer Widerspruch 2:
  Eine Verbesserung des Parameters B bedingt eine Verschlechterung des Parameters A.

Die Beschreibung der Konfliktsituation durch zwei entgegengesetzte Zustände eines Systems erweist sich meist dann als sinnvoll, wenn das System hinreichend *transparent* ist.

Zur Bestimmung der optimalen Lösung für ein System müssen die beiden positiven Aspekte der Technischen Widersprüche 1 und 2 erfüllt werden:

> Ziel ist es, *die Verbesserung des Parameters A aus TW1* sowie *die Verbesserung des Parameters B aus TW2* mit möglichst minimalen Änderungen am System/Objekt zu erreichen.

Die „Mini-Realisierung" wird aus der Problemsituation extrahiert, indem die folgende Bedingung erfüllt wird: *Das System bleibt unverändert oder wird nur minimal modifiziert, währenddessen die geforderte Aktion (oder Eigenschaft) entsteht oder eine schädliche Auswirkung (oder Eigenschaft) verschwindet.*

Die Bezeichnung „Mini-Realisierung" resultiert aus der Einführung der Bedingung *keine oder minimale Systemänderung* (s. Kap. 4.6). Dadurch wird die inhaltliche Perspektive eingeschränkt. Eine Mini-Realisierung wird mit folgendem Satzmuster beschrieben: Es ist notwendig, die folgende Funktion (Beschreibung) mit *geringster oder gar keiner* Änderung am System zu gewährleisten.

I.3 Identifikation der Konfliktelemente Werkzeug und Produkt

ARIZ führt die Begriffe Werkzeug und Produkt ein, die folgendermaßen definiert sind:

Das *Produkt* eines technischen Systems ist das Element, das während der Operation verändert bzw. beeinflusst wird. Das Produkt ist das Zielobjekt der Funktion.

Das *Werkzeug* ist das problemlösende Element, das direkt mit dem Produkt interagiert. Das Werkzeug ist der Träger der Funktion. Wenn das Werkzeug innerhalb der Problemstellung zwei gegensätzliche Zustände, Eigenschaften oder Charakteristika aufweist, so sind diese zu beschreiben.

I.4 Grafische Modellierung der Problemstellung

Die Widersprüche TW1 und TW2 sind möglichst durch grafische Modelle zu beschreiben. Dabei ist die folgende Darstellung gebräuchlich:

Die Interaktionen werden durch folgende Symbole näher gekennzeichnet:

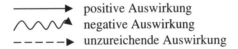

Eine mögliche Kombination zur Darstellung der beiden Widersprüche wäre beispielsweise:

TW1

TW2

I.5 Auswahl eines Widerspruchs-Modells

Der Lösungsprozess erfordert die Auswahl *eines* grafischen Modells bzw. die Fokussierung auf *einen* der beiden technischen Widersprüche. Üblicherweise wird der Widerspruch gewählt, der die Ausführung der Hauptfunktion des Systems besser gewährleistet. Von nun an wird ausschließlich *dieser eine widersprüchliche Zustand* (oder Parameter) des Werkzeugs betrachtet.

I.6 Intensivierung des Widerspruchs

Der Widerspruch soll jetzt neu formuliert werden, indem der Zustand bis ins Extreme übersteigert wird.

Beispiel:
Technischer Widerspruch: hohe Steifigkeit   –   geringes Gewicht
Verstärkung: höchste Steifigkeit   –   überhaupt kein Gewicht

I.7 Formulierung des Problem-Modells

In dieser Phase werden alle vorhergehenden Schritte zusammengefasst und anhand des folgenden Musters zu einem Problem-Modell vereint:

Benennung des Werkzeugs: Werkzeug = Lösungselement
Benennung des Produkts: Produkt = Problemelement
Verstärkte Form des Widerspruchs: Widerspruch

Einführung einer neuen *X-Komponente*:
Die X-Komponente erfüllt die gewünschte Funktion, ohne negative Auswirkungen oder Konsequenzen aufzuweisen. Diese X-Komponente muss nicht notwendigerweise eine Komponente des Systems sein, sie kann ebenso aus einer Modifikation oder Änderung des Systems oder der Systemumgebung (Phasenwechsel, Temperaturänderung etc.) bestehen.

I.8 Abprüfung der 76 Standardlösungen

Für das formulierte Problem sind die *76 Standardlösungen* (s. Anhang) anzuwenden und hierin mögliche Lösungsansätze zu suchen. Eventuell zeichnet sich eine praktikable Lösung ab.

II. Analyse des Problem-Modells

Ziel der fortgesetzten Analyse des Problem-Modells ist es, alle zur Verfügung stehenden Ressourcen zu ermitteln, die im System oder dessen Umgebung vorhanden sind und deren möglichen Einsatz zur Lösung der Problemstellung zu überprüfen.

II.1 Definition des Operationsraums

Es gilt, den genauen Ort des zuvor ausgewählten Widerspruchs zu bezeichnen und zu lokalisieren. Zu diesem Zweck sollte gegebenenfalls eine ausdrucksfähige Zeichnung des betreffenden Systems angefertigt werden.

II.2 Definition der Operationszeit

Gleichfalls ist jetzt eine Operationszeit einzugrenzen und in die folgenden Abschnitte zu untergliedern:
- T_1 Zeit *vor* der Konflikt-/Widerspruchssituation,
- T_2 Zeit *während* der Konflikt-/Widerspruchssituation,
- T_3 Zeit *nach* der Konflikt-/Widerspruchssituation.

In einigen Fällen, z. B. beim Auftreten von Zerstörungen oder Explosionen, steht T_3 nicht mehr zur Verfügung.

II.3 Auflistung der Stoff-Feld-Ressourcen (SFR)

Den verfügbaren Ressourcen kommt eine große praktische Bedeutung für die Lösung des Problems zu, da diese schon im System vorhanden sind bzw. nur geringer Anpassungen bedürfen. Somit entspricht die Verwendung der verfügbaren Ressourcen der Forderung nach minimalen Systemänderungen.

Ressourcen können *Stoffe, Felder, Zeiten, Formen* oder *Eigenschaften* sein. Bei der Auflistung der Ressourcen sollte die folgende Reihenfolge eingehalten werden:

1. SFR des Operationsraumes: SFR des Werkzeugs/Produktes

2. SFR des Systems im Allgemeinen: SFR der Umgebung,
   der Umgebungsbedingungen,
   der umgebende Felder, z. B. Gravitation

3. Alle anderen SFR: SFR des Obersystems,
der Abfall- und Nebenprodukte,
der „billige" Ressourcen

Die Verwendbarkeit dieser Ressourcen zur Lösung des Problems ist genau zu untersuchen. Dabei sollte immer zuerst die Verwendung der *Ressourcen des Produkts* anhand folgender Richtlinien überprüft werden:
- Benutze das Produkt oder einen Teil des Produkts!
- Verändere das Produkt temporär!
- Verknüpfe oder verbinde das Produkt temporär mit einem Zusatz!
- Füge dem Produkt Lücken oder Hohlräume hinzu!
- Ändere das Produkt auf der Ebene des Obersystems!

8.2 Lösungsphase

Die Lösungssuche muss hochgradig systematisch erfolgen, um alle erfüllenden Lösungsprinzipien zu finden. Dies bedingt, dass alle Facetten der Aufgabe betrachtet werden.

I. Formulierung des Idealen Endresultats (IER) und des physikalischen Widerspruchs

I.1 Definition des Idealen Endresultats IER1

Die ideale Lösung wird auf der Basis des folgenden Musters beschrieben:

> Die Einführung der X-Komponente erzeugt keine Veränderung des Systems, hat keine schädlichen Auswirkungen und eliminiert *die festgestellte schädliche Auswirkung* (konkrete Beschreibung) innerhalb der Operationszeit im Operationsraum.
>
> Die Fähigkeit des Werkzeugs zur Ausübung *der nützlichen Funktion*) (konkrete Beschreibung) wird dabei nicht beeinträchtigt.

I.2 Verstärkung des IER1

Das ideale Endresultat wird dadurch eingeschränkt, dass die Einführung neuer Stoffe, Felder etc. nicht zulässig ist. Stattdessen muss die X-Komponente durch die vorhandenen Stoff-Feld-Ressourcen ersetzt werden. Alle unter Punkt II.3 (Abschnitt 8.1) aufgeführten Stoff-Feld-Ressourcen sind auf ihre Fähigkeit, dem IER1 zu genügen, zu prüfen. Dabei sollte zweckmäßigerweise die folgende Reihenfolge beachtet werden:
- Verwendung der SFR des Werkzeugs,
- Verwendung der SFR des Produkts,
- Verwendung der SFR der Umgebung,
- Verwendung anderer SFR.

I.3 Formulierung des physikalischen Widerspruchs auf der Makro-Ebene

Ein physikalischer Widerspruch entsteht dann, wenn gegensätzliche Anforderungen an den Operationsraum gestellt werden. Diese können widersprüchliche Eigenschaften oder Zustände sein.

Der physikalische Widerspruch besteht gewöhnlich auf der Makro-Ebene und kann regelmäßig wie folgt formuliert werden:

> Die Komponente oder Eigenschaft des technischen Systems (*Beschreibung der Komponente/Eigenschaft*) ist in dem Operationsraum vorhanden, um die nützliche Funktion (*Beschreibung der Funktion*) auszuführen. Gleichzeitig darf die Komponente oder Eigenschaft nicht vorhanden sein, damit die schädliche Auswirkung (*Beschreibung der schädlichen Auswirkung*) nicht verursacht wird.

I.4 Formulierung des physikalischen Widerspruchs auf der Mikro-Ebene

Ein physikalischer Widerspruch kann auch auf der Mikro-Ebene bestehen, er ist dann folgendermaßen zu formulieren:

> Die Partikel eines Stoffes (*Beschreibung des Zustandes oder der Aktion*) sind im Operationsraum vorhanden, um einen gewissen Zustand (*Beschreibung des erforderlichen Makro-Zustandes aus I.3*) hervorzurufen. Gleichzeitig sollen die Partikel nicht vorhanden sein (oder den entgegengesetzten Zustand einnehmen), um den unerwünschten Zustand (*Beschreibung des ungewünschten Makro-Zustandes gemäß I.3*) nicht hervorzurufen.

I.5 Formulierung des Idealen Endresultats IER2

Eine weitere ideale Endlösung lässt sich noch wie folgt ableiten:

> Der Operationsraum (*Beschreibung*) sorgt während der Operationszeit (*Beschreibung*) von selbst für das Erreichen der gegensätzlichen Zustände (*Beschreibung der widersprüchlichen Makro- oder Mikro-Zustände*).

I.6 Lösung des physikalischen Problems

Zur Lösung des neu formulierten physikalischen Problems unter I.5 (siehe oben) werden wiederum die 76 Standardlösungen hinterfragt und gegebenenfalls übertragen.

II. Einsatz von Stoff-Feld-Ressourcen

Im Gegensatz zu Schritt II.3 „Auflistung der Stoff-Feld-Ressourcen" (Abschnitt 8.1) werden hier die verfügbaren Ressourcen auf ihre Anwendbarkeit durch geringfügige Veränderungen untersucht. Die zentrale Fragestellung lautet für diesen Abschnitt: *Wie können durch minimale Änderungen der zur Verfügung stehenden Ressourcen neue Ressourcen ohne großen Aufwand geschaffen werden, die zur Problemlösung geeignet sind?*

II.1 Simulation mit Hilfe des Zwerge-Modells

Die Funktionen des Systems werden mit vielen „kleinen Zwergen" schematisch bzw. grafisch nachgebildet. Diese Zwerge sind intelligent und haben die Fähigkeit zu kommunizieren und zu handeln. Im Hinblick auf das Problem-Modell sollten die Zwerge veränderbare Komponenten des Systems abbilden, z. B. das Werkzeug und/oder die X-Komponente.

Im Weiteren wird das Modell so abgeändert, dass diese Zwerge ohne Konflikte zusammenarbeiten können, um die nützliche Funktion zu gewährleisten.

Ziel des Zwerge-Modells ist es, die psychologische Trägheit im Hinblick auf die Problemlösung herabzusetzen. Diese Vorgehensweise ist als unterstützendes Werkzeug gedacht. Die dabei angefertigten Zeichnungen müssen klar und ohne Erklärungen verständlich sein. Weiterhin sollten sie die widersprüchlichen Zustände gut abbilden und mögliche Lösungswege aufzeigen.

II.2 Zurücktreten vom idealen Endresultat

Wenn die Zielvorstellung für das gewünschte System eindeutig bekannt ist und das Problem darin besteht, herauszufinden, wie dieses System erreicht werden kann, erzeugt ein minimaler „Schritt zurück" eine neue Perspektive bezüglich der Lösung der generellen Problemstellung. Zu diesem Zweck ist eine Skizze des idealen Systems hilfreich, wobei durch das Herbeiführen einer minimalen Änderung das System neu beschrieben wird.

Beispiel: Das ideale Endresultat eines Systems besteht in der Berührung zweier Komponenten. Ein kleiner Schritt zurück bedeutet hier, dass man einen minimalen Spalt zwischen den Komponenten zulässt und nach Möglichkeiten sucht, diesen Spalt zu überbrücken. Daraus ergibt sich die neue Aufgabenstellung: Wie kann ein Abstand überbrückt werden?

II.3 Einsatz einer Kombination von Stoff-Ressourcen

Zur Lösung des Problems sind Kombinationen aus Stoff-Ressourcen zu bilden, sofern die einzeln vorliegenden Stoffe nicht zur Lösung beitragen. Grundgedanke dieses Schrittes ist es, "neue" Stoffe durch die Kombination von vorhandenen Stoffen einzuführen, ohne dafür zusätzliche Stoffe zuführen zu müssen. Dadurch wird sichergestellt, dass das System nicht an Komplexität zunimmt und das Problem durch minimale Änderungen am System gelöst wird.

II.4 Einsatz von Freiräumen

Es ist zu untersuchen, ob Stoff-Ressourcen durch "Freiräume" oder eine Kombination aus Stoffen und Freiräumen ersetzt werden können (Verwendung von Schaum, Hohlräumen, porösen Substanzen, Blasen, etc.).

II.5 Einsatz abgeleiteter Ressourcen

Abgeleitete Ressourcen können durch den Übergang in einen anderen Zustand, z. B. durch Phasenänderung, erzeugt werden. Diese abgeänderten Substanzen können weiterhin miteinander kombiniert werden (im Sinne von "Einsatz von Freiräumen"), um zur Problemlösung beizutragen.

II.6 Einsatz elektrischer Felder

An Stelle des Einsatzes von Stoffen ist die Verwendung eines elektrischen Feldes oder mehrerer interagierender Felder in Erwägung zu ziehen.

II.7 Einsatz eines Feldes in Zusammenhang mit sensitiven Stoffen

Zur Problemlösung wird der Einsatz von Feldern in Zusammenhang mit Substanzen oder Additiven, die auf das Feld ansprechen, vorgeschlagen. Beispiele dafür sind Magnetfelder mit ferromagnetischen Substanzen, Hitzefelder und Shape-Memory-Materialien, ultraviolettes Licht und lumineszierende Substanzen.

III. Einsatz der Wissensbasis

III.1 Anwendung der 76 Standardlösungen

Unter Berücksichtigung der Stoff-Feld-Ressourcen ist das System der Standardlösungen auf die Lösung des Problems, das durch das Ideale Endresultat 2 (IER2) beschrieben wurde, anzuwenden.

III.2 Berücksichtigung analoger Probleme

Die Problemstellung, dargestellt durch das IER2, ist unter Berücksichtigung des Einsatzes der SFR (S. 92, Abschnitt 8.2.II) unter Anwendung von bekannten Lösungskonzepten für analoge Probleme zu lösen. Zu diesem Zweck ist der physikalische Widerspruch mit analogen Widerspruchsaufgaben zu vergleichen und zu überprüfen, ob Lösungsansätze bekannter Widersprüche auf das vorliegende Problem angewendet werden können.

III.3 Auflösung des physikalischen Widerspruchs

Der physikalische Widerspruch ist durch die Anwendung der Separationsprinzipien (Raum, Zeit, Bedingungswechsel, Separation innerhalb eines Objekts und seiner Teile) zu lösen.

III.4 Anwendung physikalischer Effekte

Zur Lösung des Problems ist eine Datenbank physikalischer Effekte zu nutzen.

IV. Überprüfung der Problemstellung

Oftmals können zu Beginn eines Problemlösungszyklus die Randbedingungen einer Problemstellung aufgrund der psychologischen Trägheit, „Betriebsblindheit" oder der Komplexität der Aufgabenstellung nicht präzise definiert werden. Dieser Abschnitt des ARIZ impliziert ein iteratives Vorgehen, durch das die Aufgabenstellung jeweils hinterfragt und neu formuliert wird. Dieses Vorgehen fördert bei komplexen Problemen die Fähigkeit, Denkbarrieren zu überwinden und die Aufgabenstellung einfach und doch zielgerichtet zu beschreiben.

IV.1 Übergang zur technischen Lösung

Sofern das Problem gelöst werden konnte, ist es in Form einer Funktionsbeschreibung sowie mit einer schematischen Darstellung oder Skizze festzuhalten.

IV.2 Unterteilung der Problemstellung in Sub-Probleme

Sofern das Problem bisher nicht gelöst wurde, ist an dieser Stelle zu prüfen, ob unter Punkt I.1 „Formulierung des Problems" (Abschnitt 8.1) eine Kombination mehrerer Teilprobleme beschrieben wurde. Ist dies der Fall, sind die einzelnen Sub-Probleme zu untersuchen und die sich ergebenden Hauptproblemstellungen zu lösen.

IV.3 Änderung der Problemstellung

Kann das Problem trotzdem nicht gelöst werden, so ist aus Punkt I.4 (Abschnitt 8.1) der zweite technische Widerspruch auszuwählen und dieser zu analysieren.

IV.4 Ersetzen der Problemstellung

Sollte das Problem bis hierhin immer noch ungelöst sein, so ist gemäß Punkt I.1 (Abschnitt 8.1) eine neue Formulierung des Mini-Problems hinsichtlich des Obersystems vorzunehmen. Diese Neuformulierung ist gegebenenfalls für mehrere nächsthöhere Obersysteme durchzuführen.

8.3 Bewertungsphase

Erfahrungsgemäß ist die erste Lösung oft nicht die beste. Daher hat die Bewertungsphase einen Optimierungsanspruch zu beinhalten.

I. Analyse des Lösungskonzeptes

ARIZ erfordert die Überprüfung der gefundenen Lösungskonzepte. Die Lösung des physikalischen Widerspruchs sollte dem Konzept der Idealität möglichst nahe kommen, sodass eine kostengünstige Umsetzung der Lösungskonzepte mit möglichst hoher Effektivität gewährleistet ist. Oftmals ist es sinnvoll, mehr Zeit in die Entwicklung von Konzeptvarianten zu investieren, die einen höheren Grad der Idealität abdecken. Diese Vorgehensweise erspart nachträgliche Anpassungen oder Ausgaben für die Verbesserung eines in Serie gegangenen Systems.

I.1 Überprüfung des Lösungskonzeptes

Jede neu in das System eingebrachte Substanz und jedes Feld sollten noch einmal genau untersucht werden:

Ist es möglich, vorhandene Ressourcen oder abgewandelte Ressourcen anzuwenden?
Kann eine Substanz verwendet werden, die die Fähigkeit zur Selbstkontrolle besitzt?

Das Lösungskonzept ist hinsichtlich dieser Fragestellungen zu überprüfen.

I.2 Vorläufige Beurteilung des Lösungskonzeptes

Zur Beurteilung der gefundenen Lösung sind folgende Kontrollfragen zu bearbeiten:
- Erfüllt das Lösungskonzept die Anforderung gemäß des IER1?
- Welcher physikalische Widerspruch wurde durch das Lösungskonzept gelöst?

- Beinhaltet das System mindestens ein leicht kontrollierbares Element?
  - Welches Element erfüllt diese Anforderung?
  - Auf welche Weise wird das Element kontrolliert?
- Ist das Lösungskonzept unter realen Betriebsbedingungen funktionsfähig?

I.3 Überprüfung des Neuheitsgrades des Lösungskonzeptes

Zur Einstufung der Lösung hinsichtlich des Grades der Innovation ist eine Patentrecherche für das betreffende System durchzuführen.

I.4 Analyse von Sub-Problemen

Es ist zu bedenken, welche Nachfolge-Probleme bei der Entwicklung des Systems entstehen können. Innerhalb dieses Abschnitts sollten die Aspekte Design, Produktionsabläufe und Organisationsstrukturen berücksichtigt werden.

II. Maximierung der Verwendbarkeit der Lösungsansätze

Es sollte überprüft werden, ob durch die gefundenen Lösungskonzepte weitere analoge Problemstellungen gelöst werden können. Auf diese Weise kann der maximale Nutzen aus dem entwickelten System gezogen werden.

II.1 Änderungen des Obersystems

An dieser Stelle werden die notwendigen oder möglichen Änderungen innerhalb des Obersystems definiert.

II.2 Neue Anwendungsgebiete des abgeänderten Systems

Es ist zu klären, in welchen Bereichen sich das entwickelte System bzw. Obersystems zusätzlich einsetzen lässt.

II.3 Allgemeine Anwendung des Lösungskonzeptes

Im Zuge des Aufbaus einer eigenen Wissensdatenbank sollten die folgenden Schritte berücksichtigt werden:
- Verallgemeinerte Formulierung des Lösungskonzeptes in Form eines Lösungsprinzips.
- Wie ist die direkte Anwendbarkeit des entwickelten Lösungsprinzips?

- Kann das Lösungsprinzip umgekehrt und auf weitere Problemstellungen angewendet werden?
- Erstellung einer morphologischen Matrix mit allen denkbaren Änderungen des Lösungskonzeptes. Jede Kombination innerhalb der Matrix sollte analysiert werden.
- Welche Auswirkungen hat die Maximierung oder Minimierung der Dimensionen des Systems oder der Systemelemente? Welche Ergebnisse werden durch unendlich kleine oder unendlich große Maße erzielt?

III. Analyse des Problemlösungsprozesses

Der Weg der Lösungsfindung sollte eingehend untersucht und überprüft werden, um aus der Vorgehensweise Erfahrungen für nachfolgende Problemlösungszyklen abzuleiten.

III.1 Untersuchung des Problemlösungs-Ablaufs

Die theoretischen Abläufe sind mit den realen Prozessen der Lösungsumsetzung zu vergleichen. Alle Abweichungen sollten dokumentiert und bei nachfolgenden Projekten berücksichtigt werden.

III.2 Analyse der gefundenen Lösungsprinzipien

Die bei der Lösung der Problemstellung gefundenen Prinzipien sind mit denen der TRIZ-Wissensbasis (76 Standardlösungen, Separationsprinzipien, Effekt-Datenbank) zu vergleichen. Unter Umständen kann das neugefundene Prinzip der Wissensbasis hinzugefügt werden, sofern es tatsächlich allgemein anwendbar ist.

8.4 ARIZ-Kompakt-Anwendung

Die Vorgehensweise von ARIZ soll anhand eines kurzen Beispiels[20] gezeigt werden:

Betrachtet wird eine Pipeline zur Beförderung von Dampf unter hohem Druck und u. U. hoher Temperatur. Sollte ein Riss in einem der Rohre entstehen, besteht das Problem darin, ein Reparaturstück (*Patch*) anzubringen, mit der Schwierigkeit, dass Dampf mit hohem Druck ausströmt und das Reparaturstück wegdrückt. Mit ARIZ soll eine Präventivlösung für den Eventualfall entwickelt werden.

---

[20] Das Beispiel ist eine Abwandlung aus einer Publikation von Invention Maschine Corporation.

A. Definitionsphase

I. Problemanalyse

I.1 Formulierung des Mini-Problems

Das technologische System *Pipeline* mit der Funktion *Transport* von *Dampf* besteht aus den Elementen
- Rohrleitung,
- Reparaturstück/Patch,
- Dampf,
- Umgebungsluft,
- Baum.

Die Elemente *Umgebungsluft* und *Bäume* sind beispielhaft für eine externe Wirkung aufgenommen werden.

Beschreibung der sich verändernden Parameter während des Anbringens des Reparaturstücks:
- sich *verbessernder* Parameter: Menge des ausströmenden Gases mit der Entfernung zwischen Patch und Rohrleitung
- sich *verschlechternder* Parameter: Kraftbetrag zum Anbringen des Patches

Widerspruch:

- Technischer Widerspruch 1 (TW1):
  Durch die *Verbesserung des Abstands* zwischen Patch und Riss (geringer Abstand) *verschlechtert sich der Druck* auf den Patch (hoher Druck).

- Technischer Widerspruch 2 (TW2):
  Eine *Verbesserung des Drucks* auf den Patch (geringer Druck) bedeutet gleichermaßen eine *Verschlechterung des Abstands* zwischen Patch und Riss (großer Abstand).

Untersuchung der Relevanz aller Systemelemente:
Fragestellung: Ist das Problem immer noch vorhanden, wenn das Element eliminiert wird?

- Rohrleitung: Problem eliminiert =   wichtiges Element
- Reparaturstück: Problem eliminiert =   wichtiges Element
- Dampf: Problem eliminiert =   wichtiges Element
- Umgebungsluft: Problem bleibt bestehen = unwichtiges Element (bezüglich TW1 u. 2)
- Baum: Problem bleibt bestehen = unwichtiges Element (bezüglich TW1 u. 2)

8.4 ARIZ-Kompakt-Anwendung

Im Hinblick auf die Problemstellung bleiben also drei wesentliche Elemente bestehen: *Rohrleitung*, *Reparaturstück* und *Dampf*.

Ziel ist es, den *Abstand zwischen Riss und Reparaturstück* sowie den *Druck auf das Reparaturstück* mit minimalen Änderungen am System zu verbessern.

Mini-Problem:

> Es ist notwendig, die Funktion *Dampf am Austreten zu hindern* mit *geringster oder gar keiner Änderung* am System zu gewährleisten.

I.2 Identifikation der Konfliktelemente Werkzeug und Produkt

- *Produkt* der Problemstellung: Dampf
- *Werkzeug* der Problemstellung: Reparaturstück/Patch

Es existieren zwei gegensätzliche Anforderungen an das Werkzeug:

- Technischer Widerspruch 1 (TW1):
  Der Patch soll *nahe a*m Riss sein.

- Technischer Widerspruch 2 (TW2):
  Der Patch soll weit en*tfernt* vom Riss sein.

I.3 Grafische Modellierung der Problemstellung

TW1

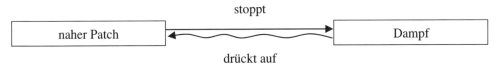

TW2

Die Aufgabenstellungen für die Widersprüche lauten demzufolge:

- Technischer Widerspruch 1 (TW1):
  Wie kann der Druck auf den Patch eliminiert werden?

- Technischer Widerspruch 2 (TW2):
  Wie kann der weit entfernte Patch den Dampf stoppen?

Die Widersprüche können nun mit Hilfe der Widerspruchsmatrix oder der 76 Standardlösungen bearbeitet werden.

I.4 Auswahl eines Widerspruchs-Modells

In dem vorliegenden Fall kann die Funktion in Widerspruch TW1 besser erfüllt werden (Funktion Dampf stoppen). Aus diesem Grund wird zur weiteren Betrachtung TW1 ausgewählt.

I.5 Intensivierung des Widerspruchs

Extremsituationen: nahtlos anliegender Patch
                       unendlich hoher Druck des Dampfes

Die Situation beschreibt die Funktion zu 100 % richtig, die Formulierung trägt jedoch im vorliegenden Fall nicht wesentlich zur Problemlösung bei.

I.6 Formulierung des Problem-Modells

- Benennung des Werkzeugs: Patch
- Benennung des Produkts: Dampf
- Verstärkte Form des Widerspruchs: nahtlos anliegender Patch ist unendlich hohem Druck des Dampfes ausgesetzt

Einführung einer neuen X-Komponente:

Die X-Komponente erfüllt die Funktion Stoppen des Dampfes, ohne negative Auswirkungen oder Konsequenzen hervorzurufen.

I.7 Anwendung der 76 Standardlösungen

Anwendung möglicher Lösungsansätze aus dem Katalog der 76 Standardlösungen überprüfen.

II. Analyse des Problem-Modells

II.1 Definition des Operationsraums

Zur Definition des Operationsraumes muss gefragt werden: *Wo stoppt der Patch den austretenden Dampf?*

Dieser Raum sollte anhand von Skizzen in mehreren Ansichten dargestellt werden.

II.2 Definition der Operationszeit

Die Operationszeit gliedert sich in folgende Bereiche:
- T_1 Zeit *vor* Annäherung an den Riss,
- T_2 Zeit *während* Anbringen des Patches,
- T_3 Zeit *nach* dem Wegdrücken des Patches durch den Dampf (die negative Auswirkung ist eingetreten).

II.3 Auflistung der Stoff-Feld-Ressourcen (SFR)

1. SFR des Werkzeugs (Patch):	Substanzen	Material des Patches
		magnetische Eigenschaften
		Form des Patches (gebogen)
	Felder	Gewicht des Patches
		Temperatur des Patches
2. SFR des Produktes (Dampf):	Substanzen	Wasser
	Felder	Temperatur
		Druck
		kinetische Energie
3. Andere SFR:	Rohr	Gewicht
		Material
		Form
		Struktur
	Umgebungsluft	chemische Zusammensetzung
	Sonstiges	Erdmagnetfeld etc.

- Benutze das Produkt oder einen Teil des Produktes: Kann der Dampf selber Funktionen zum Abdichten des Risses entfalten?
- Verändere das Produkt temporär: Änderung der Eigenschaften des Dampfes (Kühlung, vereisen etc.)?

- Verknüpfe oder verbinde das Produkt temporär mit einem Zusatz: Zugabe von Additiven zum Dampf, die für eine Abdichtung des Risses sorgen?
- Füge dem Produkt Lücken oder Hohlräume hinzu: Ausschäumen der Rohrleitung?
- Ändere das Produkt auf der Ebene des Obersystems: Umleiten des Dampfes? Abschalten der Zuleitung?

B. Lösungsphase

I. Formulierung des Idealen Endresultats (IER) und des physikalischen Widerspruchs

I.1 Definition des Idealen Endresultats IER1

Die ideale Lösung wird bezüglich der X-Komponente beschrieben:

> Die X-Komponente erzeugt keine Veränderung des Systems, hat keine schädlichen Auswirkungen und eliminiert das *Wegdrücken des Patches* innerhalb der Operationszeit im Operationsraum. Die Fähigkeit des Werkzeugs zum *Abdichten des Risses* wird dabei nicht beeinträchtigt.

I.2 Verstärkung des IER1

An Stelle der X-Komponente werden nun die Stoff-Feld-Ressourcen des Systems gesetzt. Alle Ressourcen sind auf ihre Eignung zur Problemlösung zu überprüfen.

1. Verwendung der SFR des Werkzeugs:	Substanzen	Material des Patches das Material des Patches erfüllt die Funktion *Abdichten des Risses* und eliminiert das *Wegdrücken durch den Dampfdruck*, usw.
		magnetische Eigenschaften
		Form des Patches (gebogen)
	Felder	Gewicht des Patches
		Temperatur des Patches
2. Verwendung der SFR der Umgebung:	Rohr	Gewicht
		Material
		Form
		Struktur
	Umgebungsluft	chemische Zusammensetzung

3. Verwendung anderer SFR:	Sonstiges	Erdmagnetfeld etc.
4. Verwendung der SFR des Produktes (Dampf):	Substanzen Felder	Wasser Temperatur Druck kinetische Energie

I.3 Formulierung des physikalischen Widerspruchs auf Makro-Ebene

Die Komponente oder Eigenschaft des technischen Systems *undurchlässiger Patch* ist im Operationsraum vorhanden, um die nützliche Funktion *Abdichten des Risses* auszuführen. Gleichzeitig darf die Komponente oder Eigenschaft nicht vorhanden sein, um die schädliche Auswirkung *Wegdrücken des Patches* nicht zu verursachen.

Eine weitere Möglichkeit ist: Der Patch soll *groß* und gleichzeitig *klein* sein.

Die physikalischen Widersprüche können bekanntlich mit Hilfe der Separationsprinzipien bearbeitet werden, beispielsweise wie folgt: Der Patch soll während der Annäherung an den Riss klein sein, zum Abdichten soll er jedoch eine große Fläche aufweisen. Dafür könnte eine regenschirmartige Funktionsweise angewendet werden.

I.4 Formulierung des physikalischen Widerspruchs auf Mikro-Ebene

Die Partikel eines Stoffes *Material des Patches* sind im Operationsraum vorhanden, um den Zustand *Abdichten des Risses* hervorzurufen. Gleichzeitig sollen die Partikel nicht vorhanden sein (oder den entgegengesetzten Zustand einnehmen), um den Zustand *Druck auf den Patch* nicht hervorzurufen.

I.5 Formulierung des Idealen Endresultates IER2

(Dieser Punkt wird hier nicht diskutiert, weil die vorstehende Lösung umgesetzt werden soll.)

I.6 Lösung des physikalischen Problems

Aus B.I.4 ergibt sich die physikalische Problemstellung, wie die Eigenschaften des Patch-Materials hinsichtlich der Durchlässigkeit bzw. Porosität geändert werden können. Diese Problemstellung könnte mit Hilfe der Effekte-Datenbank bearbeitet werden.

Die erforderlichen Lösungsschritte werden analog bearbeitet und je nach Anforderung durch Neuformulierung der Problemstellung iterativ verfeinert. Da der spezifische Umfang des ARIZ-Problems den Rahmen dieses Beispiels sprengen würde, soll an dieser Stelle die Weiterführung bis zu einer realen Lösung[21] nicht ausgeschmückt werden.

---

[21] Eine Lösung besteht beispielsweise darin, einen Rohrstutzen mit einem integrierten Absperrschieber aufzuschweißen und den Schieber zu schließen.

9 Problemformulierung und Funktionsmodell

Die Bedeutung einer abgesicherten Aufgabenstellung ist schon ganz früh als sehr wichtig herausgestellt worden. Eine hierauf begründete Aufgabenanalyse hat die offenen und verdeckten Konflikte sichtbar zu machen. Wenn diese Konflikte nicht offensichtlich und eindeutig sind, müssen die bestehenden Widersprüche mit ihren möglichen Wechselwirkungen transparent gemacht werden.

Innerhalb von TRIZ wird dazu eine spezielle Funktionsmodellierungstechnik benutzt, welche darauf ausgerichtet ist, die Ursache-Wirkungs-Beziehungen schnell herauszuarbeiten.

9.1 Funktionsklassen

Der Funktionsbegriff wird innerhalb von TRIZ sehr weit gefasst und kann Zweck, Wirkung, Ereignisse wie auch Abläufe, um ein Ziel zu erreichen, beschreiben. Allgemein wird eine Funktion durch ein *Substantiv,* ein *aktives Verb* (die Reihenfolge ist dabei beliebig) und gegebenenfalls eine *Limitierung* angegeben. Eine Besonderheit von TRIZ ist die Unterscheidung in
- nützliche Funktionen (NFs), so genannte *useful functions* und
- schädliche Funktionen [SFs], so genannte *harmful functions*,

die es fallweise zu verstärken oder zu eliminieren (PNF = primär NF oder PSF = primär SF) gilt.

Da die Funktionsmodellierung ein grafisches Analyseverfahren im Vorfeld der Konzeption ist, sollte hierzu eine abgestimmte Symbolik benutzt werden, wie beispielsweise:
- Nützliche Funktionen können vereinfacht kreisförmig und schädliche Funktionen rechteckig umrandet werden.
- Die Verbindung der Funktionen soll durch Pfeile mit einer kodierten Hierarchie erfolgen.

In der *Abb. 9.1* ist ein Vorschlag für eine Codierung wiedergegeben, die so ähnlich auch in anderen Publikationen und Softwaremodulen benutzt wird.

Symbol	Bezeichnung	Bedeutung	Wirkung
⟶	normaler Pfeil	sorgt für (provides)	nützliche Funktion sorgt für eine weitere nützliche Funktion
⟹	Doppelpfeil	verursacht (causes)	schädliche oder nützliche Funktion verursacht eine schädliche Funktion
⟶|	durchgestrichener Pfeil	beseitigt (eliminates)	nützliche Funktion wird eingeführt, um eine schädliche Funktion zu beseitigen
⟹|	durchgestrichener Doppelpfeil	behindert (hinders)	schädliche oder nützliche Funktion behindert eine nützliche Funktion

Abb. 9.1: *Verknüpfungsprinzipien zwischen Funktionen nach [MON 00]*

Die Technik der Funktionsanalyse ist auch aus der Wertanalyse (WA) bekannt. Sie zielt darauf ab, eine Funktionshierarchie aufzubauen. Dafür werden Frageketten generiert:
- *Was* ist Ziel und Zweck eines Systems/Objekts/Elements?
- *Warum* ist eine Funktion notwendig?
- *Wie* hängen die Funktionen zusammen?
- *Wie* sieht die Minimal-Realisierung aus?

Letztlich kann hieraus ein Funktionsbaum entwickelt werden, der das Zusammenwirken aller Teile mit den Funktionen zeigt.

Einen ersten Eindruck von der Nützlichkeit der Funktionsanalyse soll durch eine kleine Anwendung vermittelt werden:

Für das Mondprojekt LUNA-16 wurden Lampen benötigt, die bei der Landung als Scheinwerfer dienen sollten.
Infolge der Belastungsannahmen hatte man Panzer-Leuchten vorgesehen. Diese waren aber so schwer, dass man mittels einer Funktionsanalyse Optimierungspotenziale suchen wollte.
Hierzu wurde ein WA-äquivalentes Funktionsschema entwickelt. Im Mittelpunkt stand dabei das Objekt und weiter die Komponenten, die als Funktionsträger wirken.
Stellt man an einem Funktionsträger die Frage „Warum?", so führt dies zum Objekt bzw. zur Hauptfunktion. Die Fragestellung „Wie?", weist immer auf die Neben- bzw. Teilfunktionen und deren Realisierung hin.
Die Analyse zeigte, welche Funktionsträger welche Teilfunktion ausführten und wie das Zusammenwirken zur Hauptfunktion war.

9.1 Funktionsklassen

Funktionsträger	Funktion	notwendig/überflüssig
Lampe	Licht erzeugen	
Heizfaden	Elektrizität wird in Licht umgewandelt	ja
Birne	Vakuum um Heizfaden erhalten	nein! (Mond = Vakuum)
Dichtung	Abdichtung zur Fassung	nein!
⋮		

Abb. 9.2: Funktionsanalyse des Mondprojekts LUNA-16

Bei den Teilfunktionen war zu klären, welchen Stellenwert die Funktion hat. Hiermit verbunden waren die Zweck-Fragen:
- Was kostet eine Teilfunktion?
- Ist die Teilfunktion überhaupt notwendig?
- Kann die Teilfunktion von anderen Funktionsträgern übernommen werden?
- Wie ändert sich dann die Gesamtfunktionalität?

Ziel war es, Funktionen zusammenzufassen und ein Integrationsprinzip (Einstückigkeit) zu verfolgen.
Mit dem Entfallen von Teilfunktionen waren auch weniger Teile nötig (Schnittstelle zur Idealität: Ein bereits vorhandener Funktionsträger übernimmt eine Funktion), d. h., das System verlor an Komplexität, wurde einfacher und kostengünstiger.

Mit der TRIZ-basierten Funktionsanalyse sollen darüber hinaus Schwachstellen offen gelegt werden, um diese innovativ zu überwinden. Am Beispiel der Aufgabenstellung „Verbesserung des Brandschutzes von Archiven" soll dies demonstriert werden. Detailaufgabe sei hier, eine Metalltüre gegen einen Metallrahmen absolut luftdicht zu verschließen. Die zu entwickelnde Abdichtungseinrichtung muss hierbei hitzebeständig (250 °C, ca. 30 Minuten) sein und im Brandfall Wärme vom Türblatt über den Rahmen zur kälteren Seite abgeben können. Nach kurzem Nachdenken kann man die in der *Abb. 9.3* dargestellte Folge von NFs aufstellen.

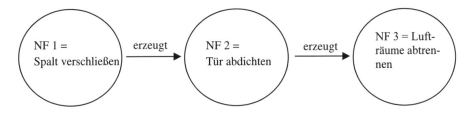

Abb. 9.3: Kette der primär nützlichen Funktionen

Die Kette der *nützlichen Funktionen* ist konsequent unter Nutzung der abgeleiteten Frage „erzeugt (weiter)?" hergeleitet worden. Dies ist nicht zufällig so, sondern man hat herausgefunden, dass ein bestimmtes Fragengerüst geeignet ist, logische Verknüpfungen herauszuarbeiten. In der TRIZ-Terminologie sind dies die *vier Standardfragen* zur Funktionsmodellierung. Gemäß der Struktur in der *Abb. 9.4* sind diese Standardfragen systematisiert. Hierbei kann man den Blick entweder auf die nützlichen oder schädlichen Funktionen richten.

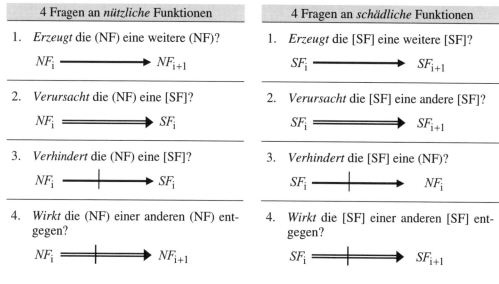

Abb. 9.4: *Fragengruppen zur Hinterfragung von Funktionen*

Zuvor ist die wohl nahe liegendste Vorgehensweise des Ausgehens von den nützlichen Funktionen gewählt und die vorstehenden Fragen sind gestellt worden. Natürlich ist jede andere Vorgehensweise auch möglich und wird einen etwa gleichen Erkenntnisgewinn haben.

Den kritischen Pfad zum Systemausfall findet man durch Fokussierung auf das Funktionsereignis, welches den Versagensfall auslöst. In der Kette der hiervon abgeleiteten Funktionen wird man so auch auf den ausschlaggebenden Widerspruch stoßen, der anfänglich nicht so erkannt und formuliert werden konnte. Dieses Prinzip ist umseitig in der *Abb. 9.5* exemplarisch gezeigt.

Der Blickpunkt ist hierbei auf die Abdicht- bzw. Schließfunktion gerichtet, die durch eine verstärkte Dichtung unter den gegebenen Bedingungen zu gewährleisten ist.

9.1 Funktionsklassen

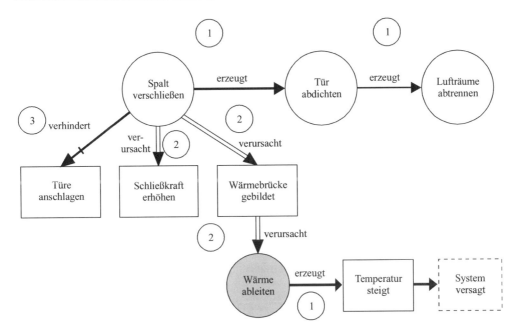

Abb. 9.5: Funktionsmodellierung für die Spaltabdichtung bei einer Brandschutztüre (eingekreiste Ziffern verweisen auf die Fragegruppe)

Im vorliegenden Fall besteht der Widerspruch für ein Dichtungssystem oder eine Dichtung in der Findung einer Möglichkeit, einen Türspalt zu verschließen, wobei neben der Dichtungsfunktion gleichzeitig eine Wärmeleitungsfunktion bis zu hohen Temperaturen zu realisieren ist.

Der innovative Ansatz verlangt deshalb: Die zu verwendende Dichtung darf sich nicht zersetzen oder verbrennen, sondern muss bis zu hohen Temperaturen beständig sein.

Hieraus sind die Widerspruchsparameter

- Technischer Widerspruch 1:
  Temperatur(verhalten) verbessern

- Technischer Widerspruch 2:
  (äußere) negative Einflüsse gleichhalten

abzuleiten.

Lösungsansätze für diese Aufgabenstellung können wieder mit der Widerspruchsmatrix erzeugt werden:

WSPs	(30) äußere negative Einflüsse auf das Objekt →
(17) Temperatur ↑	22, 33, 35, 2

Die aufgeführten IGPs 35 (Veränderung des Aggregatzustandes) und 2 (Abtrennung) weisen einen Lösungsweg, wie er zuvor schon im Kapitel 6.5.1 alternativ als physikalisches Widerspruchsproblem gefunden wurde. Das ist zumindest eine Bestätigung, dass der methodische Ansatz richtig war.

Oftmals ist ein Widerspruch im Funktionsplan durch die in *Abb. 9.6* gezeigten Konfigurationen gegeben und insofern aus dem Funktionszusammenhang herauszuschälen.

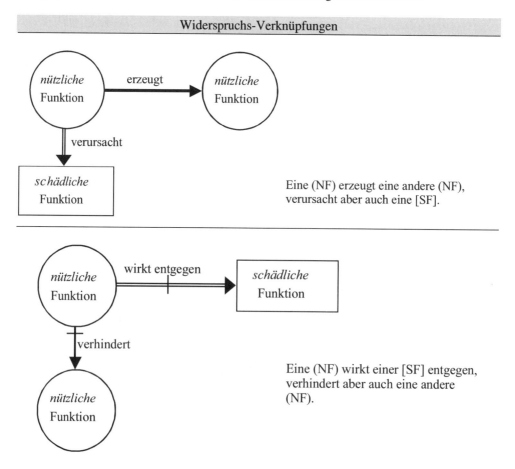

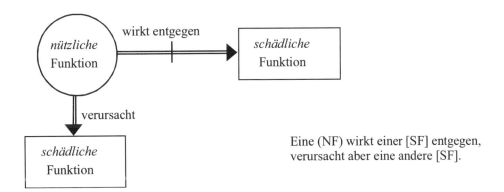

Abb. 9.6: Typische Widerspruchsfälle

9.2 Funktionsmodellierung

In den beiden originären TRIZ-Softwarepaketen ist die Funktionsmodellierung ein wesentliches Element zur Problemlösung. Ein Nutzer kann die von ihm erkannten Funktionen (NF und SF) interaktiv erstellen und mit der eingeführten Pfeilehierarchie verknüpfen. Das rechnerinterne Funktionsmodell stellt dann die Basis für die Problemlösungsprozedur dar.

Die einzelnen Verknüpfungen interpretiert das Programm als Teilprobleme, die es aufzulösen gilt. Hierzu werden Kontrollfragen genutzt, die auf jede abgebildete Verknüpfung gerichtet werden. Der im Programm *Innovation Work Bench* benutzte Fragendialog ist in der *Abb. 9.7* wiedergegeben. Der Dialog nutzt immer die Formulierung:

„Finde eine Möglichkeit oder finde einen Weg!"

Die Auflösung erfolgt sukzessive im Problemformulator.

Der Formulator erzeugt Lösungsvorschläge, die aus den 40 innovativen Grundprinzipien abgeleitet sind. Damit entsteht das neue Problem, aus der Vielzahl der Vorschläge eine Richtung auszuwählen. Dies ist gleichbedeutend mit einer Priorisierung und der Entwicklung einer tragfähigen Lösung. Bisher unterstützen die Programme den Selektionsprozess nicht algorithmisch, sondern überlassen dem Nutzer die Wahl der weiteren Konkretisierungsrichtung. Hier gibt es sicherlich noch Verbesserungspotenzial, welches den Prozess neutraler und erfolgreicher machen kann.

1. Finde eine Möglichkeit, um (NF_i) zu verbessern.
2. Finde einen alternativen Weg, um (NF_i) zu ermöglichen, der nicht (NF_{i-1}) voraussetzt.

3. Finde eine Möglichkeit, um $[SF_i]$ zu vermeiden oder zu vermindern, unter der Bedingung, dass $[SF_{i-1}]$ erfolgt.
4. Finde eine Möglichkeit, von $[SF_i]$ zu profitieren.

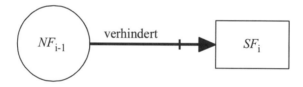

5. Finde einen alternativen Weg, um $[SF_i]$ zu vermeiden oder zu vermindern, der nicht (NF_{i-1}) voraussetzt.
6. Finde eine Möglichkeit, von $[SF_i]$ zu profitieren.

7. Finde eine Möglichkeit, (NF_{i-1}) zu vermeiden.

8. Finde eine Möglichkeit, $[SF_i]$ zu vermeiden oder zu vermindern, unter der Bedingung, dass (NF_{i-1}) erfolgt.

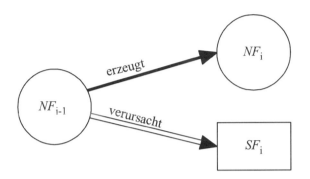

9. Finde eine alternative Möglichkeit für (NF_{i-1}), die (NF_i) ermöglicht und nicht $[SF_i]$ verursacht.
10. Finde einen Weg, den Widerspruch aufzulösen: (NF_{i-1}) ermöglicht (NF_i), ohne $[SF_i]$ zu verursachen.

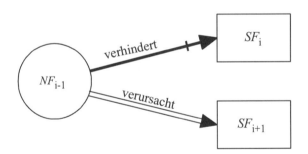

11. Finde eine alternative Möglichkeit für (NF_{i-1}), die $[SF_i]$ vermeidet oder vermindert und nicht $[SF_{i+1}]$ verursacht.
12. Finde einen Weg, den Widerspruch aufzulösen: (NF_{i-1}) vermeidet oder vermindert $[SF_i]$, ohne $[SF_{i+1}]$ zu verursachen.

Abb. 9.7: Auszug aus dem Problemlösungsdialog zur Auflösung von Teilproblemen mit dem Programmsystem Innovation Work Bench

10 WEPOL-Analyse

Die WEPOL-Analyse[22] geht im Kern auf den russischen Mathematiker Pyotr Demianovich Ouspensky[23] zurück und ist im Stadium der Konzeptfindung und Systemkreation anwendbar.

Altschuller sieht in der WEPOL-Analyse ein ergänzendes TRIZ-Element, in dem er die grundlegende Verknüpfung von

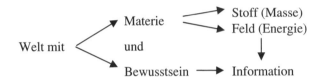

als weiteren Problemlösungszyklus der Realisierung erkannt hat.

10.1 Technische Minimalsysteme

Die Basis der WEPOL-Analyse ist die Kernaussage:
Ein technisches Minimalsystem besteht aus zwei miteinander in Wechselwirkung stehenden Stoffen und einem Feld.

Stoff bezeichnet beliebige Objekte unabhängig von ihrem Kompliziertheitsgrad. Eis und Eisbrecher, Schraube und Mutter, Seil und Last – alles ist demnach als Stoff anzusehen.

Wechselwirkung ist die universelle Form der Verbindung von Körpern oder Erscheinungen, die sich in ihrer wechselseitigen Veränderung äußert.

Feld ist in der Physik eine Form der Materie, die eine Wechselwirkung zwischen Stoffteilchen hervorruft. Man unterscheidet mehrere Arten von Feldern: elektromagnetisches Feld, Temperaturfeld, Schwerefeld, Feld der Zentrifugalkräfte, akustisches Feld, mechanisches Feld der Wechselwirkungen etc. Man erkennt hierbei eine sehr breite Ausdeutung.

---

[22] Gebildet aus den Silben der Wörter *vescestvo* (Stoff) und *pole* (Feld), im Allgemeinen auch als Stoff-Feld-Analyse bezeichnet.

[23] P. D. Ouspensky (1878–1947) war ein in Russland bekannter Mathematiker, Schriftsteller und Journalist.

Man wird derartige Systeme sowohl in der Natur als auch in der gesamten Technik finden, was exemplarisch in *Abb. 10.1* herausgestellt worden ist.

Diese Erkenntnis kann sowohl analytisch als auch synthetisch auf Aufgabenstellungen angewandt werden, indem Systeme auf ihre Funktionsfähigkeit überprüft oder alternative Konzepte abgeleitet werden können. In diesem Sinne ermöglicht die WEPOL-Systematik einen „Patentschirm" über alle denkbaren Lösungen aufzuspannen.

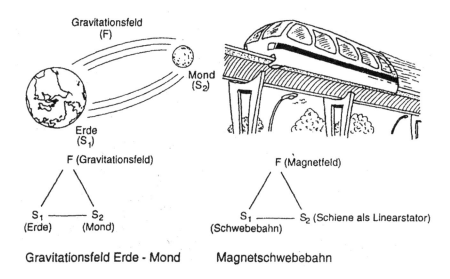

Abb. 10.1: Minimalsystem in Natur und Technik in WEPOL-Darstellung nach [TEU 98]

Um den Nutzen darzulegen, sollen zunächst zwei kleine Aufgabenstellungen (nach [ALT 98]) analysiert werden:

1. Aufgabe: Gesucht wird ein Verfahren, welches es erlaubt, schnell und genau Undichtigkeiten von Kühlaggregaten festzustellen.

   Patentanm.: In die Kühlflüssigkeit wird ein Leuchtstoff eingemischt und das Aggregat in einem verdunkelten Raum mit ultraviolettem Licht angestrahlt. Durch die Leuchtstoffspur wird die Leckstelle sichtbar.

2. Aufgabe: Bei der Herstellung eines Kunststoffproduktes soll jeweils der zeitabhängige Erhärtungsgrad des Produktes festgestellt werden.

   Patentanm.: Zur Kalibrierung von Kunststoffschmelzen wird ein Magnetpulver eingemischt und die Änderung seiner Permeabilität beim Erhärtungsvorgang gemessen.

10.1 Technische Minimalsysteme

Das Gemeinsame an diesen Problemlösungen ist: Es ist ein Stoff gegeben, dem ein zweiter Stoff und ein Feld hinzugefügt werden. Warum? Der zweite Stoff wird mithilfe des Feldes nunmehr zum Informationsträger, sodass die gewünschte Wirkung hervorgerufen wird.

Bei einer WEPOL-Analyse verwendet man eine bestimmte Symbolik, und zwar bezeichnet F das *Feld*, S_1 den ersten und S_2 den zweiten *Stoff*. Die inneren Verbindungen werden mit Pfeilen (Doppelpfeil gibt die Richtung von „gegeben" zu „erhalten" an) dargestellt.

Das Lösungsschema für die beiden Aufgaben lautet sodann:

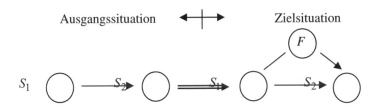

An der Lösung sind also immer drei Komponenten beteiligt:
- der Stoff S_1, der verändert, bearbeitet, umgewandelt, kontrolliert usw. werden muss,
- der Stoff S_2, der als Werkzeug, Instrument oder Medium dient, und
- das Feld F, welches eine Kraft oder Energie erzeugt, das also die Wirkung von S_2 auf S_1 sichert.

Verallgemeinert lässt sich feststellen: Bei den beiden Problemen gab es nur ein Objekt. Dieses kann die gewünschte (Zusatz-)Funktion alleine nicht ausführen. Erst durch das Hinzuführen eines weiteren Objektes und die Erzeugung einer Wechselwirkung (Abgabe, Aufnahme oder Umwandlung von Energie) ist eine zweckbestimmte Wirkung möglich.

Die beiden Stoffe und das Feld können in ihrer Vollständigkeit sehr verschieden sein, sie sind jedoch notwendig und hinreichend für die Bildung eines minimalen technischen Systems.

In den WEPOL-Formeln schreibt man gewöhnlich nur die Felder am Eingang und am Ausgang, d. h. die Felder, die in Erscheinung treten werden, in dem sie gesteuert, eingeführt, entdeckt, verändert oder gemessen werden. Die Wechselwirkung zwischen den Stoffen wird in der Regel ohne Hinweis auf die Art der Wechselwirkung angegeben.

Bei Analysen stößt man regelmäßig auf *vier Grundmodelle* von technischen Systemen:
- vollständige Systeme,
- unvollständige Systeme, die komplettiert oder durch ein neues System ersetzt werden müssen,

- vollständige, aber uneffiziente Systeme, die verbessert werden müssen, sowie
- vollständige, aber schädliche Systeme, bei denen der negative Effekt eliminiert werden muss.

Die WEPOL-Analyse ermöglicht somit, Systeme überhaupt funktionsfähig oder effizienter zu machen. Neben einigen Grundregeln existiert mittlerweile ein Katalog mit 76 Standardlösungen zur Optimierung von WEPOL-Strukturen.

10.2 Variable Symbolik

Die bei WEPOL-Strukturen verwendeten Symbole sind im Wesentlichen:

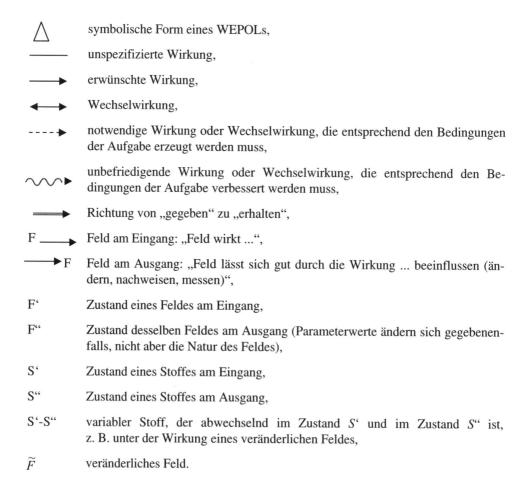

△	symbolische Form eines WEPOLs,
——	unspezifizierte Wirkung,
—→	erwünschte Wirkung,
←→	Wechselwirkung,
----→	notwendige Wirkung oder Wechselwirkung, die entsprechend den Bedingungen der Aufgabe erzeugt werden muss,
∿∿→	unbefriedigende Wirkung oder Wechselwirkung, die entsprechend den Bedingungen der Aufgabe verbessert werden muss,
⇒	Richtung von „gegeben" zu „erhalten",
F —→	Feld am Eingang: „Feld wirkt ...",
—→ F	Feld am Ausgang: „Feld lässt sich gut durch die Wirkung ... beeinflussen (ändern, nachweisen, messen)",
F'	Zustand eines Feldes am Eingang,
F''	Zustand desselben Feldes am Ausgang (Parameterwerte ändern sich gegebenenfalls, nicht aber die Natur des Feldes),
S'	Zustand eines Stoffes am Eingang,
S''	Zustand eines Stoffes am Ausgang,
S'-S''	variabler Stoff, der abwechselnd im Zustand S' und im Zustand S'' ist, z. B. unter der Wirkung eines veränderlichen Feldes,
$\widetilde{F}$	veränderliches Feld.

In WEPOL-Formeln sollen die Stoffe horizontal und die Felder darüber oder darunter angeordnet werden, um so die Wirkung mehrerer Felder auf ein und denselben Stoff darstellen zu können.

10.3 Aufbau und Umwandlung von WEPOL-Analysen

Überprüfende WEPOL-Analysen werden gewöhnlich in vier Schritten durchgeführt:

1. Identifizierung der Einzelelemente.
2. Konstruktion des Modells.

Nach diesen beiden Schritten muss die Vollständigkeit und Effektivität des Systems bewertet werden. Fehlt ein Element, dann muss es jetzt identifiziert und zielgerichtet dem Modell hinzugefügt werden.

3. Entwicklung von Lösungs- oder Optimierungsideen, gegebenenfalls unter Nutzung des Repertoires der 76 Standardlösungen.
4. Konzeption zur Realisierung einer technischen Lösung.

Hinter diesen Maßnahmen steht die Bestrebung, das „WEPOL-Grundgesetz" zu erfüllen:

„Ein Nicht-WEPOL-System (nur ein Element: Stoff oder Feld) oder ein unvollständiges WEPOL-System (nur zwei Elemente: Stoff und Feld oder zwei Stoffe ohne Feld) müssen zur Erhöhung der Wirksamkeit oder Lenkbarkeit zu einem vollständigen WEPOL-System (drei Elemente: zwei Stoffe und ein Feld) ergänzt werden."

Zu der Forderung der WEPOL-Ergänzung seien die folgenden Fälle diskutiert:

1. Fall: Äste und Knüppelholz werden zu Späne zerkleinert. Es entsteht ein Gemisch aus Rindenteilchen und Holzspäne. Zum Zweck der Herstellung von Pressholzplatten muss jedoch reine Holzspäne gewonnen werden.

   Problemanalyse: In dem vorliegenden Fall sind also zwei Stoffe gegeben. Um das Problem zu lösen, fehlt ein Feld.

   Für dieses Problem sind Patentanmeldungen mit folgender Technik bekannt:
   a) Auf das Schüttgut Holzspäne wird ein elektrisches Feld[24] angebracht. Die Rinde wird hierbei negativ aufgeladen und die Kernholzspäne positiv. In einem Abscheider lässt sich die Späne dann zuverlässig trennen.

---

[24] Genauso wird auch Kunststoff getrennt.

b) Auf die Äste werden vor der Zerkleinerung ferromagnetische Teilchen aufgeschlemmt, sodass in einem Magnetfeld Rinden- und Kernholzspäne getrennt werden können. Die WEPOL-Formel lautet für diesen Fall:

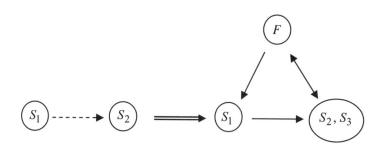

Anhand der vereinbarten Symbolik lässt sich die Darstellung auch rückwärts interpretieren: Es liegt ein Gemisch von zwei Stoffen S_1, S_2 vor, aus dem S_1 abgeschieden werden soll. Eine Lösung liegt darin, an Stelle von S_2 einen anderen Stoffverbund (S_2, S_3) zu bilden, der mithilfe eines Feldes F dann S_1 abtrennt.

Die zuvor schon bearbeitete Aufgabe 1 (s. S. 116) kann jetzt mittels der WEPOL-Darstellung ebenfalls sehr gut analysiert werden, und zwar durch den folgenden Graphen, der in gewisser Weise eine Standardlösung darstellt:

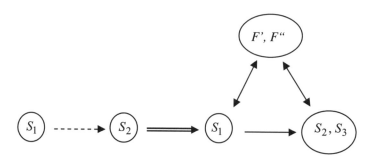

Hierin bezeichnen:
- S_1 das Kühlaggregat, gesamtheitlich,
- S_2 die Kühlflüssigkeit,
- S_3 den Leuchtstoff,
- F' das Feld am Eingang (unsichtbare ultraviolette Strahlung),
- F'' das Feld am Ausgang (sichtbare Strahlung des Leuchtstoffs).

10.3 Aufbau und Umwandlung von WEPOL-Analysen

Um die Grafiken einfach zuhalten, sollte man Funktionen möglichst zusammenfassen.

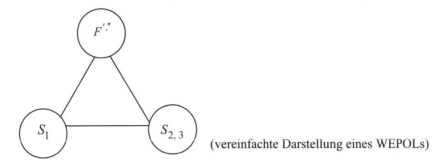

(vereinfachte Darstellung eines WEPOLs)

Darüber hinaus gibt es noch weitere Modifikationsregeln für WEPOL, die noch kurz angesprochen werden sollen:

Ein häufiges Problem besteht darin, dass zwischen zwei Objekten eine unerwünschte Wechselwirkung besteht. In diesem Fall ist es erforderlich, den allgemeinen WEPOL (zweite Grundregel der WEPOL-Zerstörung) anzupassen. Die bewährte Variation ist dann das Zerstören einer Bindung und/oder das Hinzufügen eines dritten Stoffes.

Bei einem großen Kreis von Problemen hat es sich als besonders effektiv gezeigt, wenn *der dritte Stoff eine Modifikation der beiden schon vorhandenen Stoffe* ist.

Als Anregung für diese Richtung soll das folgende Problem [ALT 98] dienen.

2. Fall: In älteren Lichtpausemaschinen wurde das die Zeichnung tragende Transparentpapier, auf das das Lichtempfindliches Papier gepresst wird, über einen Glaszylinder gezogen. Dabei zerbrach oftmals das Glas. Dieses Festigkeitsproblem konnte durch organisches Glas behoben werden. Es zeigte sich aber, dass diese Änderung eine negative Wirkung hatte, in dem jetzt das Transparentpapier bei der Bewegung aufgeladen wurde und am Glas haften blieb.

Als man noch nicht mit WEPOL arbeitete, wird man sich vermutlich darauf konzentriert haben, die Aufladung zu verhindern, ohne die Belichtung zu beeinträchtigen. Man kann erahnen, dass das Gerät komplizierter wurden.

Nun erinnern wir uns an das obige Prinzip der Hinzufügung eines dritten Stoffes, d. h., zwischen dem Glas und dem Transparentpapier muss ein dritter Stoff eingeführt werden. Dieser Stoff sollte eine Modifikation des Glases oder des Transparentpapiers sein. Als am kostengünstigsten würde sich dabei ein modifiziertes Transparentpapier erweisen. Der Graf sähe dann wie folgt aus:

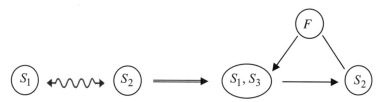

S_1 = Transparentpapier, S_2 = Glaszylinder, S_3 = zusätzlicher Stoff

Die Lösung des Problems bestand in der Praxis darin, dass der Glaszylinder mit einem zusätzlichen Transparentpapier ummantelt wurde (welches nun aufgeladen wird), sodass eine Zwischenschicht zum Zeichnungstransparent entstand, welches somit selbst nicht mehr aufgeladen werden konnte.

Nach der Altschuller'schen-Denkweise enthält dieses Problem den physikalischen Widerspruch:

„Ein dritter Stoff *muss existieren* und *darf nicht existieren.*"

Die Lösung muss deshalb darin gesucht werden, schon Vorhandenes zu benutzen. Insofern ist die WEPOL-Analyse ebenfalls ein Werkzeug, bestehende Probleme innovativ zu lösen.

10.4 Konzept der Standardlösungen

Ein weiteres Bestreben bei der Lösung von Entwicklungsaufgaben sollte es sein, Standardprinzipien zu dokumentieren, die dann auf ähnliche Aufgaben übertragen werden können. In der erfassten TRIZ-Literatur hat man mittlerweile 76 *Standardlösungen* festschreiben können. Diese geben relativ konkrete Hinweise, wie bestimmte Aufgabentypen zu behandeln sind. Die bisher bekannten *Standardlösungen* zielen auf *Nachweisaufgaben*, *Mess- und Steuerungsaufgaben*, *Zuverlässigkeitsaufgaben* und *Bearbeitungsaufgaben* und werden oft bei WEPOL-Variationen benutzt. Exemplarisch seien hier einige Standards wiedergegeben (die vollständige Liste finden Sie im Anhang, siehe „Die 76 Standardlösungen...", S. 242) :

SL1: Wenn ein Objekt zu einem bestimmten Zeitpunkt schwer nachzuweisen ist, man ihm aber vorher Zusätze beifügen kann, dann sollte die Aufgabe durch solche Zusätze gelöst werden, die ein leicht nachweisbares Feld schaffen oder mit der Umwelt leicht in Wechselwirkung treten, sodass durch ihren Nachweis auch das Objekt nachgewiesen wird.

⋮

10.4 Konzept der Standardlösungen

SL3: Wenn sich zwei zueinander bewegende Stoffe berühren und dabei eine schädliche Erscheinung auftritt, kann das Problem gelöst werden, indem zwischen diesen Stoffen ein dritter Stoff eingeführt wird, der möglichst eine Modifikation eines der Stoffe sein soll.

SL4: Wenn die Bewegung eines Objektes gesteuert werden soll, kann man diesem einen ferromagnetischen Stoff zusetzen und ein Magnetfeld anwenden.

Analog lassen sich Aufgaben zur Formung eines Stoffes, zur Bearbeitung von Oberflächen, zur Zerkleinerung, zum Mischen, zur Veränderung der Viskosität, Porosität etc. lösen.

SL5: Wenn die technischen Kennwerte eines Systems (Masse, Abmessungen, Geschwindigkeit usw.) erhöht werden sollen, dies aber auf grundsätzliche Hindernisse (nicht vorhandene spezifische Eigenschaften) stößt, muss das System als Untersystem in ein anderes komplexeres Obersystem einbezogen werden. Die Entwicklung des Untersystems hört auf, sie wird durch eine intensivere Entwicklung des komplexeren Obersystems ersetzt.

⋮

SL9: Wenn es notwendig ist, die Kennwerte eines Systems (Genauigkeit, Geschwindigkeit usw.) zu erhöhen und dies auf grundsätzliche Hindernisse stößt, dann wird die Aufgabe durch den Übergang von der Makroebene zur Mikroebene gelöst: Das System (oder ein Teil) wird durch einen Stoff ersetzt/ergänzt, der bei Wechselwirkung mit einem Feld die erforderliche Wirkung ausüben kann.

SL10: Wenn es notwendig ist, Zusätze einzuführen, dies aber nach den Bedingungen der Aufgabe unerwünscht ist, dann müssen Umgehungswege gesucht werden, wie z. B.:
- Anstelle eines Stoffes wird ein Feld benutzt.
- Anstelle eines inneren wird ein äußerer Zusatz benutzt.
- Der Zusatz wird nur temporär eingeführt.
- Als Zusatz wird ein Teil des vorhandenen Stoffes verwendet, der in einem anderen Zustand überführt werden kann.
- Anstelle des Urobjektes wird eine Kopie benutzt.
- Der Zusatz wird als chemische Verbindung erst gebildet.

⋮

SL79: Wenn Stoffpartikel benötigt werden, so setze zum Zerlegen stets einen ähnlichen Stoff ein.

Es kann ohne Weiteres sein, dass auch eine Standardlösung neue Widersprüche hervorruft, diese lassen sich aber meist mit einer anderen Standardlösung oder durch eine Kombination von Standardlösungen auflösen.

10.5 Lösungsvariationen mit WEPOL-Systemen

Aufgabe (nach [HER 98]) eines zu überarbeitenden Bohr-Schlagwerkes sei es, größere Steine oder Brocken zu zertrümmern. Da das Grundprinzip bekannt ist, sollen weiter nur Modifikationen oder Varianten zur Effizienzsteigerung des Systems diskutiert werden. Es bietet sich dafür die WEPOL-Systematik an:

1. Identifizierung des Einzelstoffes:
   S_1 = Stein

   Ergänzung um einen in Wechselwirkung stehenden Stoff und ein Feld
   S_2 = eventuell Hammer

   F = notwendige Energieressource

2. Konstruktion des WEPOLs:

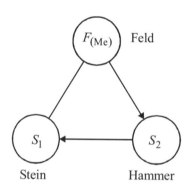

Die Energieressource muss ein Feld sein, und zwar ist grundsätzlich Folgendes möglich:

$F_{(Me)}$ – mechanisch $\qquad F_{(Th)}$ – thermisch

$F_{(Ch)}$ – chemisch $\qquad F_{(E)}$ – elektrisch

$F_{(M)}$ – magnetisch $\qquad F_{(G)}$ – Gravitation

Der erstellte WEPOL ist vollständig, er kann aber trotzdem auf zweierlei Art nicht optimal sein, d. h.:
- Es kann ein schädlicher Effekt auftreten, oder
- die Effizienz des Systems ist noch unbefriedigend.

10.5 Lösungsvariationen mit WEPOL-Systemen

3. Variation von WEPOL:

3.1 Verbesserung eines Systems mit *unbefriedigender Wirkung* unter Nutzung von Standardvariationen:

a) Annahme sei, die Wechselwirkung zwischen den beiden Stoffen S_1 und S_2 ist völlig unbefriedigend und soll verbessert werden.

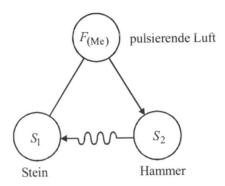

Es sind folgende WEPOL-Ergänzungen möglich:

b) Einführung eines zusätzlichen Stoffes S_3 mit einer anderen Eigenschaft (z. B. ein Meißel).

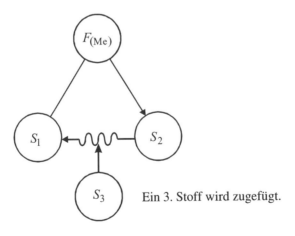

Ein 3. Stoff wird zugefügt.

Der 3. Stoff, der zugeführt werden soll, ist in seiner Ausprägung (Werkstoff, Form etc.) aber noch offen.

c) Einführung eines zusätzlichen Feldes F, welches zerstörend auf den Stoff S_1 wirkt.

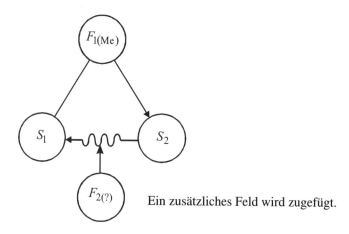

Ein zusätzliches Feld wird zugefügt.

Die Art des zusätzlichen Feldes ist aber noch offen: Wenn F_1 ein linear pulsierendes Feld ist, könnte F_2 ein rotierendes, mechanisches oder ein hydraulisches Feld (Wasserhochdruck) sein.

3.2 Optimierung eines *ineffizienten Systems* unter Nutzung von Standardvariationen:

a) Annahme sei, die Wechselwirkung zwischen S_1 und S_2 soll verbessert werden.

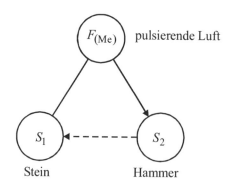

10.5 Lösungsvariationen mit WEPOL-Systemen

b) Austausch des Stoffes S_2 durch einen anderen Stoff S_3 (schwererer Hammer oder ein wirkoptimiertes Hammerwerkzeug).

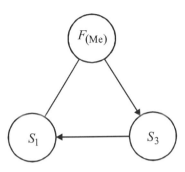

c) Ergänzung um ein unterstützendes, aber andersartiges Feld speziell für die zwischen den Stoffen bestehende Wechselwirkung.

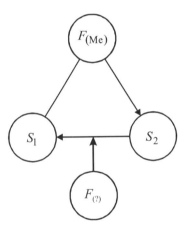

z. B. $F_{(CH)}$ Chemikalie, die Sprödbruch erzeugt oder $F_{(hydraulisch)}$ als Hochdruckwasserstrahl; denkbar wäre auch ein elektrisches Feld (pulsierende Wellenabstrahlung.

Sowohl S_3 als auch das zusätzliche Feld F werden zu einer verbesserten Wechselwirkung mit S_1 führen.

d) Duplizierung durch ein weiteres Feld und einen zusätzlichen Stoff zum Zweck der Leistungssteigerung eines Systems.

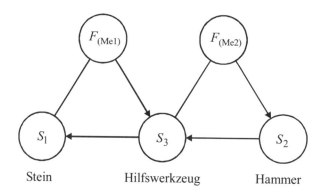

        Stein   Hilfswerkzeug   Hammer

4. Die mit WEPOL entstandenen Lösungsstrukturen müssen in einem weiteren Schritt in technische Konzeptionen überführt werden

Nach den vorgenommenen Variationen besteht ein guter Überblick über die Entwicklungswege und deren erfolgversprechende Realisierung.

10.6 Entwicklung von Konzeptalternativen

Den praktischen Sinn von WEPOL-Variationen soll die folgende aktuelle Aufgabe zeigen.

Problemstellung: Ein Lkw erzeugt infolge ungünstiger Strömungsverhältnisse während der Fahrt unerwünschten Spritzwassernebel.

Entwicklungsziele: Der unerwünschte Effekt des Austretens von Spritzwasser soll durch eine Detailmaßnahme am Lkw behoben werden. Erwünscht ist eine Anbaulösung.

IER: Ein beliebiger Lkw-Kotflügel lässt sich durch einen Einsatz so umgestalten, dass Spritzwasserbildung vollständig verhindert wird.

10.6 Entwicklung von Konzeptalternativen

WSP: „Die Form soll verbessert werden" und „nachteilige Nebeneffekte sollen *verringert* werden."

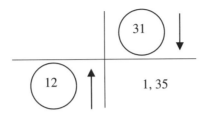

Lösungsvorschläge:
IGP 1: Prinzip der Zerlegung bzw. Segmentierung.
IGP 35: Prinzip der Veränderung des Aggregatzustandes.

Diskussion der Suchrichtungen mit Hilfe der WEPOL-Analyse:

Ausgangssituation am Lkw:

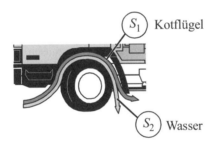

Anm.: S_1 kann kein Rad sein, da dieses nicht verändert werden kann, F ist die Luftströmung.

1. Vollständiger WEPOL:

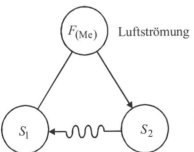

D. h., die unbefriedigende Wirkung zwischen S_1 und S_2 soll verbessert werden.

Die vorhandenen Modifikationsmöglichkeiten sind:

2. Einführung eines 3. Stoffes:

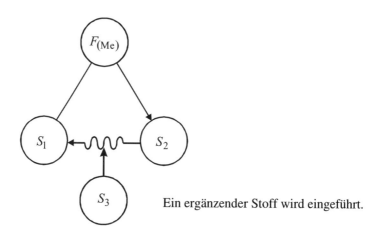

Ein ergänzender Stoff wird eingeführt.

Die Lösung nach dem 2. WEPOL ist bereits patentiert worden, sodass das Lösungsfeld weiter zu untersuchen ist.

3. Einführung eines zusätzlichen Feldes F:

4. Austausch von S_1 gegen eine neuen Stoff S_3:

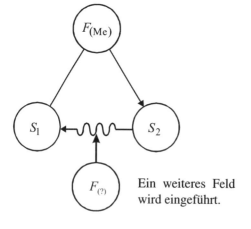

Ein weiteres Feld wird eingeführt.

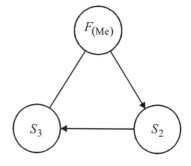

Der vorhandene Stoff wird modifiziert.

5. Modifikation mittels eines zusätzlichen Stoffes S_3 und eines weiteren Feldes:

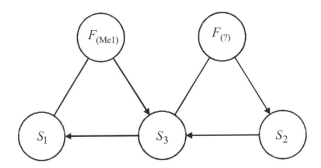

Damit sind alle denkbaren Varianten abgeklärt. Meist können hieraus weitere Patentansprüche abgeleitet werden.

10.7 WEPOL-Realisierungen

Mit offenen Augen wird man jetzt feststellen, dass man WEPOL-Realisierungen in vielen Anwendungen erkennen kann, wobei meist ein Problem innovativ (auch im Sinne von unkonventionell) gelöst ist.

Beispiel: Schuhe putzen

> In vielen Hotels wird dem Gast ein Schwamm zur Schuhreinigung geboten. Das reine Auflegen des Schwamms auf den Schuh ist wirkungslos. Erst durch ein mechanisches Bewegungsfeld wird die gewünschte Wirkung hervorgerufen.
>
> Falls der Reinigungseffekt verstärkt werden soll, erhält der Schwamm eine zusätzliche Microfaserschicht (3. Stoff), die effektiver ist. Es ist auch eine Duplizierung möglich, in dem die Microfaserschicht mit Politur getränkt wird.
>
> Auch in der konventionellen Art des Schuheputzens kann man einen funktionsfähigen WEPOL erkennen: S_1 = Schuh, S_2 = Politur, S_3 = Bürste und F = mechanisches Feld.

Beispiel: Reinigung von Filtereinsätzen durch Druckstöße

> Ölfilter in Aggregaten neigen bei zunehmender Partikelabscheidung zur Verstopfung. Das Problem wird durch das gezielte Aufbringen von Druckstößen gelöst, die fest sitzende Partikel durch den Filtereinsatz zwingen (s. *Abb. 10.2*).

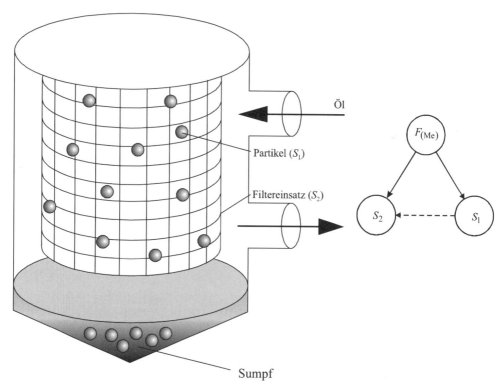

Abb. 10.2: Prinzip der Filterreinigung

Die folgenden Beispiele sind von ihrer Art her analog:

Beispiel: Reinigung von Filternetzen durch Druckluft

> Aus Papieraufschlämmungen wird im Recyclingverfahren Zellstoff gewonnen. Dieser wird über Plattensiebe ausgefiltert. Im kontinuierlichen Betrieb neigen die Siebe zur Verstopfung. Durch periodisch einsetzende Druckluftdüsen werden die Filter wieder frei gemacht.

Beispiel: Aufbringen von Ladung

> Beim Buchdruck müssen aufeinander liegende Papierbögen schnell zur Bindestation transportiert werden. Um ein Auffächern und Versetzen zu verhindern, werden die Papierbögen elektrostatisch aufgeladen.

usw.

Allen vier Beispielen ist gemeinsam, dass zwei Stoffe vorliegen, aber erst das fehlende Feld zu einer effizienten Wirkung führt.

11 Evolutionswege technischer Systeme

Alle biologischen und technischen Systeme weisen typische Lebenslinien auf, die in Form einer S-förmigen Kurve von der Geburt bis zum Tod dargestellt werden können.

11.1 Lebenslinie

Auf der Lebenslinie lassen sich charakteristische Abschnitte eingrenzen, die Niveaus der Höherentwicklung beinhalten.

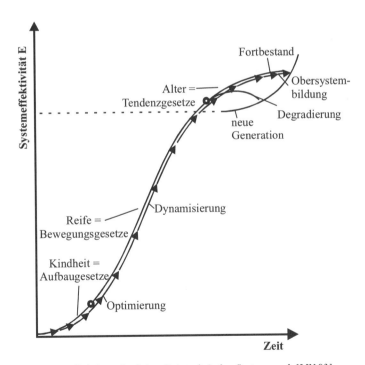

Abb. 11.1: Evolutionsgesetzmäßigkeiten oder Lebenslinie technischer Systeme nach [LIN 93]

Der erste Abschnitt umfasst dabei die „Kindheit", d. h., das technische System wird funktionsbestimmt entwickelt.

Danach tritt die Zeit der „Reife" ein, d. h., das technische System wird vervollkommnet und es unterliegt der Anwendung. Ab einem bestimmten Zeitpunkt geht die Weiterentwicklung zurück, d. h., das System beginnt zu „altern". In der Folge sind zwei Verhaltensweisen möglich: Entweder wird das technische System degradiert und durch ein grundlegend neues System abgelöst, oder es bleibt lange Zeit auf dem erreichten Stand stehen und stirbt.

Ähnlich wie bei der Qualifizierung von Menschen durch Ausbildung kann also mittels der Lebenslinie hinterfragt werden, welche Qualifizierungsstufen schon durchlaufen wurden und welche noch möglich sind. Damit ist die Basis für eine Höherentwicklung gelegt.

Ein System hat dann gute Chancen in seiner Funktionalität langfristig zu überleben, wenn es in ein Obersystem überführt werden kann. Beispiele hierfür sind:
- Der Pkw-Fensterheber wurde als Element in ein Türmodul integriert.
- Seitentürschloss und Schlüssel sind nur Subsystemelemente von Pkw-Türen, die Weiterentwicklung wird sich auf der Ebene „Zugangsberechtigung" für einen Pkw abspielen. Stichworte sind hier die intelligente Türe und elektronische Schlüssel.

Die Kenntnis dieser Gesetzmäßigkeiten in Verbindung mit dem Entwicklungsverlauf ermöglicht innerhalb der Pflege von Produkten ein zielgerichtetes und systematisches Vorgehen und Eingreifen. Außerdem ist es möglich zu ergründen, ob ein technisches System noch über Entwicklungsmöglichkeiten oder ein Verbesserungspotenzial verfügt bzw. ob ein grundsätzlich neues System geschaffen werden muss.

Ein vorausschauendes Produktmanagement, welches die Aufgabe der Unternehmenssicherung zu verfolgen hat, muss stets dafür sorgen, dass das Wechselspiel zwischen Geburt und Tod von Produkten einen nicht endenden Kreislauf darstellt.

11.2 Entwicklungsgesetze

Im Verlauf der Lebenslinie können noch drei charakteristische Wirkstadien mit bestimmten Gesetzmäßigkeiten abgegrenzt werden, die bestimmten Gesetzmäßigkeiten unterliegen. Hierzu sind zu zählen:
- Aufbaugesetze,
- Bewegungsgesetze und
- Tendenzgesetze.

Die nachfolgende *Abb. 11.2* gibt eine Übersicht über die zusammenwirkenden Einzelgesetze mit einer Effektivitätstendenz zu höherer Vollkommenheit von Objekten.

11.2 Entwicklungsgesetze

Die Einzelgesetze sind grundlegend und notwendig und erst in ihrem Zusammenwirken entscheidend. Viele Entwickler nutzen die Bausteine intuitiv, ohne sich jemals der Logik und des Ursprungs bewusst zu sein. Für Lernende sind die Entwicklungsgesetze ein Leitstrahl für das unbedingt Erforderliche, um ein Produkt funktional, wirtschaftlich und attraktiv für Nutzer zu machen.

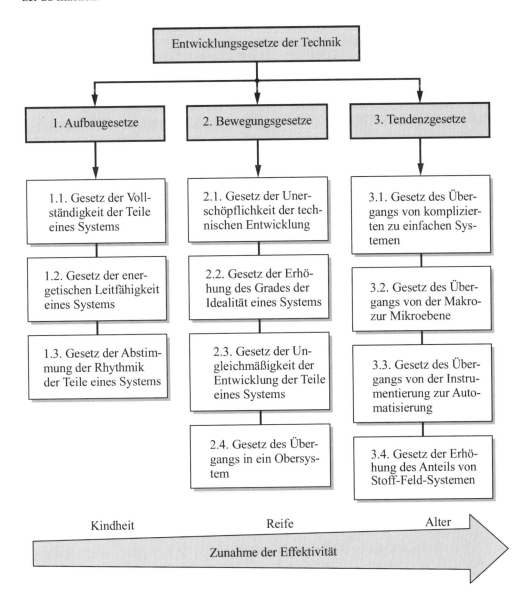

Abb. 11.2: Gesetzmäßigkeit der Technikentwicklung

1. Aufbaugesetze

Die Aufbaugesetze (AUG 1–AUG 3) umfassen die Gesetze, die die Arbeitsfähigkeit und Funktionssicherheit eines Systems zu gewährleisten haben. Demgemäß ist das Vorhandensein ganz bestimmter Teile eines Systems und ihr Zusammenwirken zu einem sinnvollen Ganzen notwendig.

Diese Gesetze bestimmen insbesondere die Anfangsperiode der Entstehung technischer Systeme und sind Grundvoraussetzung für *leistungsfähige Arbeitssysteme*.

AUG 1: Gesetz der Vollständigkeit der Teile eines Leistungssystems
Notwendige Bedingung für die zugedachte Funktionserfüllung eines technischen Leistungssystems ist das Vorhandensein von *fünf Teilsystemen*, und zwar dem Stütz- und Hüllsystem, dem Steuersystem, dem Arbeitssystem, dem Übertragungssystem und dem Antriebssystem.

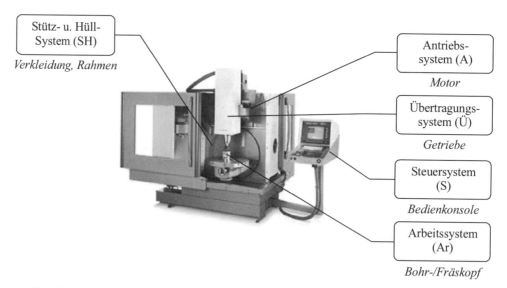

Abb. 11.3: *Funktionseinheiten einer NC-Maschine*

AUG 2: Gesetz der energetischen Leitfähigkeit eines Systems
Notwendige Bedingung für die Funktionserbringung innerhalb eines technischen Leistungssystems ist der Energiefluss durch alle seine Teilsysteme. D. h., vor dem Arbeitssystem muss ein Antriebs- und Übertragungssystem existieren, welches die erzeugte Energie zur Verrichtung von Arbeit „leitet".

11.2 Entwicklungsgesetze

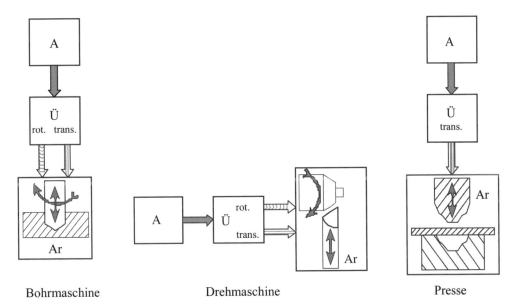

Abb. 11.4: Vollständige Leistungssysteme

AUG 3: Gesetz der Abstimmung der „Rhythmik" der Teile eines Systems
Voraussetzung für eine störungsfreie Funktionserfüllung eines technischen Systems ist die zeitliche Koordination aller Teilfunktionen eines Systems.

Herkömmlich:
manuelle Koordination
der Steuerbewegung

Fly-by-Wire:
automatisierte Koordination der
Steuerbewegung durch Computer

Abb. 11.5: Fehleroptimierte und verzögerungsfreie Steuerung eines Systems

2. Bewegungsgesetze

Als Bewegungsgesetze sollen jene Gesetze (BWG 1-BWG 4) bezeichnet werden, die unabhängig von speziellen technischen und naturgesetzlichen Faktoren die Weiterentwicklung technischer Systeme in ihrer Gesamtheit bestimmen.

BWG 1: Gesetz der Unerschöpflichkeit der technischen Entwicklung

Die Entwicklung technischer Systeme ist niemals abgeschlossen. In jeder Lebensphase bieten neue Technologien neue Chancen. Die Übernahme neuer Lösungen sichert den Bestand einer Technologie.

Abb. 11.6: Weiterentwicklung der Telefonkommunikation

BWG 2: Gesetz der Erhöhung des Grades der Idealität eines Systems

Bei der Entwicklung technischer Systeme ist als Endziel absolute Idealität zu verfolgen. Das heißt, für die Erfüllung einer bestimmten Funktionalität sollte der Aufwand an Stoff, Energie, Raum oder Zeit stetig minimiert werden.

Abb. 11.7: Ideales Transportmittel, welches transportiert oder befördert (von selbst), ohne Raum oder Energie zu verbrauchen

11.2 Entwicklungsgesetze

BWG 3: Gesetz der Ungleichmäßigkeit der Entwicklung der Teile eines Systems

In jedem technischen System befinden sich stets Teile oder Einheiten, die gegenüber anderen Teilen oder Einheiten in ihrem Entwicklungsniveau zurückgeblieben sind. Erfahrungsgemäß sind die Niveaus um so ungleichmäßiger, je komplexer die Teile oder Einheiten sind.

Eine Leistungssteigerung erfordert die Begradigung der Entwicklungsniveaus und ein Hochschaukeln des Niveaus.

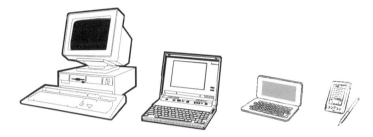

Abb. 11.8: Miniaturisierung der mechanischen und elektronischen Bauteile

BWG 4: Gesetz des Übergangs in ein Obersystem

Die Entwicklungsmöglichkeiten von Einzelsystemen stoßen irgendwann an Grenzen. Ihre Effektivität kann nur durch die Übernahme in ein geeignetes Obersystem erhöht werden. Falls ein solches Obersystem noch nicht besteht, muss es entwickelt werden.

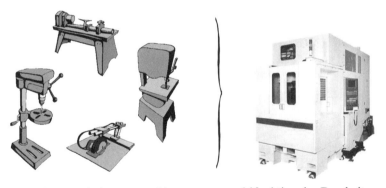

einzelne Bearbeitungsmaschinen ⟶ multifunktionales Bearbeitungszentrum

Abb. 11.9: Einzelsysteme werden zusammengefasst zu einem Obersystem

3. Tendenzgesetze

Die Tendenzgesetze (TEG 1–TEG 4) verknüpfen die Historie mit der Gegenwart und sollen einen Leitstrahl für die Zukunft geben. D. h., Systeme entwickeln sich auf einem vorgezeichneten Leitstrahl weiter zu höherer Leistungsfähigkeit. Hiermit ist die Bildung „neuer Generationen" verbunden. Auch für jede neue Generation beginnt die Lebenslinie wieder in der Kindheit und folgt im übertragenen Sinne den Entwicklungsgesetzen.

TEG 1: **Gesetz des Übergangs von komplizierten zu einfachen Systemen**
Die technische Entwicklung verläuft in Richtung ständiger Vereinfachung auf der Grundlage einer höheren Effektivität. Hierbei werden technisch komplizierte Systeme durch Orientierung an Selbstorganisationsprinzipien zu einfacheren Systemen weiterentwickelt.

Druckverfahren nach Gutenberg:

Übergang von komplett geschnitzten Druckvorlagen zu einzelnen Lettern   heute DV-Fotosatz

Abb. 11.10: Auflösung komplizierter Systeme zu einfacheren Systemen und Technologien

TEG 2: **Gesetz vom Übergang von der Makroebene zur Mini-, Mikro- und Nanoebene**
Die Entwicklung der Wirkprinzipien technischer Systeme auf der Makroebene ist begrenzt. Ihre Weiterentwicklung zur höheren Effektivität erfolgt durch den Übergang zur Miniaturisierung. Die Grenze der Effektivität wird auf der Makroebene früher erreicht als auf den Miniaturisierungsebenen.

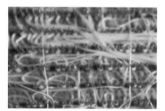 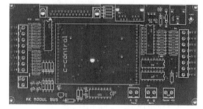

herkömmliche Verdrahtung   gedruckte Schaltungen

Abb. 11.11: Fortschreitende Miniaturisierung in der Elektronik

11.2 Entwicklungsgesetze

TEG 3: Gesetz des Übergangs von der manuellen Instrumentierung zur Automatisierung

Technische Systeme und Prozesse durchlaufen in ihrer Entwicklung alle Stufen von der menschlichen Interaktion, der Teilautomation bis zur Vollautomation. Ziel ist es, dass am Ende die Erledigung der Arbeit „von selbst" (z. B. durch Roboter) steht.

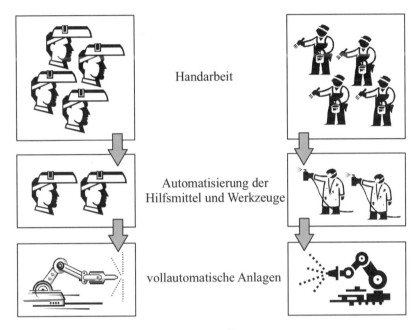

Abb. 11.12: Stufen von der Handarbeit bis zur Vollautomation

TEG 4: Gesetz der Erhöhung des Anteils an Systemen mit Stoff-Feld-Wechselwirkung

Die Entwicklung technischer Systeme verläuft in Richtung einer Erhöhung der Stoff-Feld-Wechselwirkungen innerhalb und außerhalb der Systemwelten. Diese Tendenz ist durch die Ablösung aufwändiger technischer Systeme mit komplizierten mechanischen Wirkmechanismen durch effektiver wirkende Felder gekennzeichnet, wodurch die Systeme generell vereinfacht werden.

Beispiel: Haushaltsofen mit dem Übergang von Stoffen zu Feldern
- großer gusseiserner Holzofen zum Kochen und Heizen
- kleinerer gasbeheizter Herd
- elektrisch beheizter Herd (erster Einsatz von Feldern)
- Mikrowellen-Herd (gezielter Einsatz von Feldern)

Abb. 11.13: Entwicklungsstufen vom Kohle- über den Elektroofen bis zur Mikrowelle

12 Produktive Kreativität

Bei der Ausdeutung der innovativen Grundprinzipien stellt man sehr schnell fest, dass der reale Erfolg unmittelbar vom kreativen Leistungspotenzial eines Problemlösungsteams abhängig ist. Je talentierter die Denkstrukturen der Teammitglieder sind und je höher das Abstraktionsvermögen ist, umso größer ist die Wahrscheinlichkeit, dass die vorgezeichnete Suchrichtung in tragfähige Konzepte umgesetzt werden kann.

12.1 Konzeptstadium

Altschuller hält in diesem Zusammenhang die Methode *Brainstorming* in allen Ausprägungsrichtungen für wenig effizient (Sie entspricht seiner Meinung nach der „Suche nach der Nadel im Heuhaufen" durch Umdrehen aller Halme). Dies deckt sich nicht mit den Erfahrungen des Autors, der in einzelnen TRIZ-Phasen durchaus die Notwendigkeit der Einbindung von Brainstorming sieht und hiermit gute Erfolge erzielt hat. Dies gilt besonders im Stadium der *Ideen-Konkretisierung* von konstruktiven Entwürfen. Altschuller hingegen favorisiert die Idee der „Zwerge" (VKF = Verfahren der kleinen Figuren [ALT 98]) und der „MZK-Operatoren" (Maße, Zeit, Kosten nach [TER 98]). Die Grundidee hierzu sei folgendermaßen zusammengefasst:

- Der Physiker James C. Maxwell[25] hat viele von ihm entdeckte Phänomene realisiert, in dem er sich menschenähnliche Dämonen vorgestellt hat, die letztlich die Umsetzung bewerkstelligten. Nach Altschuller sollte man mit *Zwergen* versuchen, die Problemdurchführung zu planen und dann eine technische Analogie für die Umsetzung suchen.

- Die Technik der *MZK-Operatoren* besteht darin, dass man einen gefundenen Konzeptansatz einem weiteren Gedankenexperiment unterwirft. Hierzu werden die folgenden Leitfragen benutzt:
  - Was verändert sich, wenn das System immer mehr *verkleinert* oder *vergrößert* wird?
  - Was verändert sich, wenn die im System ablaufenden Vorgänge *verlangsamt* oder *beschleunigt* werden?
  - Was verändert sich, wenn die vorausgeplanten Realisierungskosten gesenkt oder erhöht werden?

---

[25] James Clerk Maxwell (1831–1879), britischer Physiker und Begründer der elektromagnetischen Lichttheorie (Maxwell'sche Theorie).

Beide Vorgehensweisen sollen Assoziationen auslösen und helfen, Lösungsmuster im Umfeld zu entdecken, um diese übertragen zu können.

12.2 Zwerge-Methode

Altschuller gibt in seinem Buch „Erfinden" [ALT 98] eine Begebenheit wieder, wie ein Team die Aufgabe, ein neues Konzept für einen Eisbrecher zu finden, diskutierte:
- Das Team benutzte hierbei die Synektik-Methode von William Gordon[26], die davon ausgeht, dass man sich selbst als Objekt fühlen soll, um gewissermaßen aus dem Inneren heraus das Problem zu lösen. In besagtem Fall versetzte sich ein Teammitglied in die Rolle des Eisbrechers. Er trat an einen Tisch heran und sagte: „Das ist das Eis, ich bin der Eisbrecher." Er drückte auf den Tisch (Eis) und versuchte mit den Beinen unter den Tisch (Eis) zu gehen. Diese Analogie führte letztlich nicht weiter, weil der menschliche Rumpf die Lösung erschwerte.
- In einem neuen Anlauf benutzten die Teammitglieder den Ansatz der Zwerge: Eine Anzahl „Zwerge" stieg auf den Tisch (das Eis), während andere unter das „Eis" krabbelt. Die Lösung bestand nun darin, die agierenden „Zwerge" durch eine Konturlinie (Schiffsrumpf) zu verbinden.

Bei einem anderen von Altschuller gewählten Beispiel für die Zwerge-Methode ging es um die Entwicklung einer Schleifscheibe, die beliebige Werkstückkonturen schleifen kann. In der *Abb. 12.1* ist eine Situation dargestellt, bei der konkave Oberflächen zu bearbeiten sind.

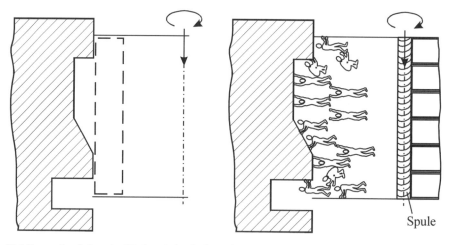

Abb. 12.1:Zwerge bearbeiten eine Werkstückoberfläche nach [ALT 98]

---

[26] W. Gordon hat in den 1940er Jahren das Prinzip der Synektik (Verfremdung durch Analogiebildung) als eine spezielle Kreativitätsmethode begründet.

12.2 Zwerge-Methode

Voraussetzung der Aufgabenerfüllung ist, dass die äußere Kontur von der Schleifscheibe abgetrennt wird und die Bearbeitung von „Zwergen" durchgeführt wird. Welche Realisierungsideen können hieraus abgeleitet werden?
- Die Oberfläche muss einen Anpassungsmechanismus erhalten, der beliebig einstellbar ist. Dazu muss die Oberfläche segmentiert und verstellbar gemacht werden.
- Wie können die Segmente raus- und reingefahren werden? Beispielsweise dadurch, dass die Schleifscheibe wie ein Magnet aufgebaut wird, wobei der innere Kern fein gegliederte äußere Segmente über ein Feld abstößt.
- Bei einem Schleifscheibenhersteller hat die Diskussion dieses Problems die Assoziation ausgelöst, eine Schleifscheibe für die Feinbearbeitung in Form einer Bürste auszubilden.

Ein abschließendes Beispiel für das Gedankenmodell der „Zwerge" soll in der Oberflächenlackierung von Zylindern bestehen, bei denen der Lack in einem manuellen Verfahren stets zu dick aufgetragen wird. Die strichierte Linie stellt die ideale Lackschicht dar.

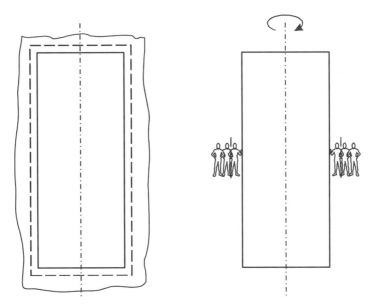

Abb. 12.2: Zwerge als ausgebildete Lackschicht nach [ALT 98]

Die Zwerge bilden in diesem Fall die Lackschicht ab. Der innere Zwerg muss sich zunächst besser an der Oberfläche festhalten können bzw. die anderen beiden Zwerge müssen ihre Bindung lösen. Welche Realisierungsideen können nun dieses Problem auflösen?
- Eine Möglichkeit besteht darin, durch Rotation und die entstehende Fliehkraft den überschüssigen Lack abzustreifen.

- Eine weitere Möglichkeit besteht darin, die Lackierung magnetisch mittels eines pulverförmigen Verfahrens oder elektrostatisch[27] aufzutragen.

Praktikern wird die Idee der „Zwerge" oder der „kleinen Menschen" meist lächerlich vorkommen, dennoch lässt sich durch Fallstudien belegen, dass hiermit teilweise sehr schnell praktikable Lösungen gefunden werden konnten, was ein abschließendes Beispiel aus dem Automobilbau untermauern soll.

Hier ging es darum, großflächige Karosseriebleche mit Dämmmatten zu bekleben. Dazu benötigte man regelmäßig viele Hände, nämlich erst zur Fixierung und dann zum Glattstreichen. Da dieser manuelle Arbeitseinsatz kostenmäßig nicht mehr zu vertreten war, sann man auf eine leicht umzusetzende Abhilfe.

In der TRIZ-Denkweise besteht die Problemstellung darin, dass der Bedienkomfort/die Automatisierung oder die Produktivität verbessert werden muss, sich aber die Haltbarkeit/Zuverlässigkeit und die Fertigungsfreundlichkeit im Niveau nicht verschlechtern dürfen bzw. gleich bleiben müssen.

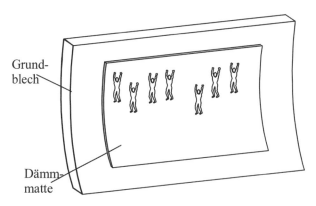

Abb. 12.3: *Zwerge beim Aufbringen eines Dämmstoffes auf ein Karosserieblech*

In einer ersten Verbesserungsmaßnahme wurden für die Fixierung Saugnäpfe eingeführt. Nachteilig war hierbei, dass durch Quetscherscheinungen eine gewisse Welligkeit hervorgerufen wurde. Angeregt durch die Zwerge und die Widersprüche (Prinzip der Selbstbedienung, Nutzung zusammengesetzter Stoffe, Ersatz mechanischer Wirkprinzipien = Magnetismus) entstand die Idee, die Dämmmatten mit einer dünnen Folie zu versehen, die mit Bariumferrit (BaFe) magnetisch gemacht wird. Die Matten können somit von einer Person angebracht werden, und der aufgetragene Kleber kann längere Zeit aushärten.

---

[27] Das lösungsmittelfreie, elektrostatische Pulverlackieren hat sich mittlerweile in der ganzen Automobilindustrie durchgesetzt.

12.3 MZK-Operatoren

Unter dem Werkzeug der MZK-Operatoren werden heute zwei Ansätze zusammengefasst, und zwar
- die sechs Gedankenexperimente und
- die Operatorenverknüpfungen.

Innerhalb von TRIZ sind diese beiden Ansätze geeignet, ein grobes Lösungskonzept zu verfeinern oder einen bestehenden Lösungsansatz schrittweise zu optimieren.

Bei dem Gedankenexperiment beginnt man gewöhnlich damit, die Hauptparameter (nicht notwendigerweise alle Parameter) zu variieren. Dies läuft gewöhnlich in zwei Schritten ab:
1. Man *verkleinert/vergrößert* die Parameter und verfolgt die Tendenz bis zu einem bekannten Lösungsmuster.
2. Man führt eine Rücktransformation des Lösungsmusters in die ursprünglichen Dimensionen durch und sucht eine praktikable Lösung.

Die sechs Variationen kommen durch drei Vergrößerungen und drei Verkleinerungen zu Stande, die sich jeweils auf einen Operator, d. h. M, Z oder K, beziehen. In [HER 98] wird hierzu ein Beispiel für die Entwicklung einer neuartigen Pipeline gegeben durch die das Öl vom Bohrloch zu Sammelstelle transportiert werden kann.

1. Mit dem *Gedankenexperiment* (Minimierung von der Makro- über die Mini- zur Mikroebene) der Verkleinerung durchläuft man die folgenden Stufen:
   a) großes Stahlrohr in dem Erdöl fließt,
   b) dünnes Rohr wie ein Schlauch,
   c) Rohr so dünn wie ein Haar,
   d) Rohr so klein wie ein Molekül oder Atom.

2. Wie sieht das Molekül aus? – *Beschreibung*: Es hat einen Kern und eine Schale.

3. *Eigenschaften*: Moleküle können kontrahieren und expandieren, wenn elektrische Ladung anliegt. Übertragen heißt dies: Ein Rohr könnte selbstpumpend gestaltet werden, wenn eine Relativbewegung zwischen Wandung und Kern erzeugt werden könnte.

4. *Variationen*: Moleküle können getrennt werden. Bei der Exploration von Öl fällt zunächst ein Öl-Wasser-Gemisch an. Können also mit einem ringförmigen Aufbau Öl und Wasser getrennt werden? – Da Rohöl etwas schwerer als Wasser ist, ist dies prinzipiell über die Dichte möglich, wenn beispielsweise ein Rohrabschnitt mit exzentrischem Kern aufgebaut würde. Im Kern könnte das schwere Öl[28] gesammelt werden, während in der Ringschale das leichtere Wasser abgeschieden und transportiert wurde.

---

[28] Dichte von Rohöl 1.1–1.2 kg/dm^3, Dichte von Wasser 0.98–0.99 kg/dm^3 (temperaturabhängig).

Man erkennt, dass mit dieser Art der Problemlösung immer auch neue Gesichtsfelder einhergehen, die natürlich immer noch technisch (s. *Abb. 12.4*) umgesetzt werden müssen.

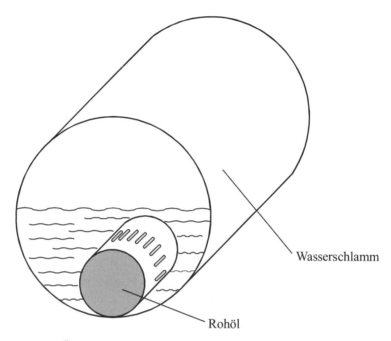

Abb. 12.4: Segmentiertes Ölrohr

Mit der Software *Innovation Work Bench* ist mit den verknüpfbaren Operatoren ein weiterer strukturierter Ansatz realisiert worden, der und weitestgehend automatisch benutzt werden kann. In Abb. 12.15 ist das Prinzip noch mal übersichtlich dargestellt.

12.3 MZK-Operatoren

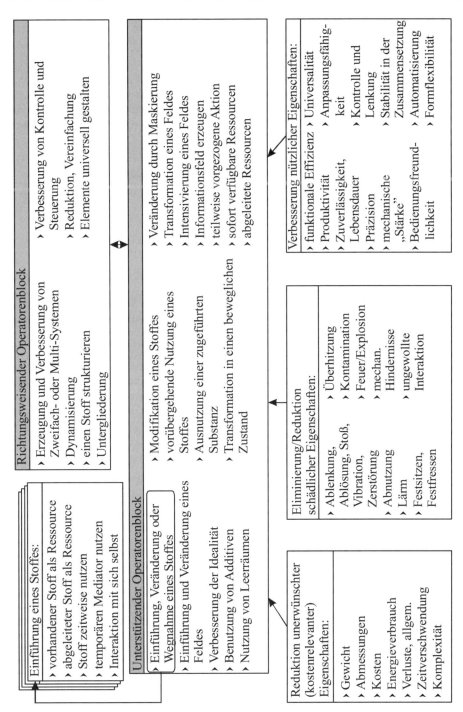

Abb. 12.5: Operatoren/Operatorenfelder

Das Bild zeigt eine Auswahl aus 4.000 vorhandenen Operatoren. Die einzelnen Operatoren werden in Felder zusammengefasst, welche als
- universelle,
- generelle und
- spezielle

bezeichnet werden. Die Handhabung der Operatorenfelder beginnt auf der unteren Stufe der speziellen Operatoren und wird nach oben hin verdichtet. Es ergeben sich somit Initiierungsketten, beispielsweise bei der Fragestellung nach der:

- Reduktion der unerwünschten Eigenschaft „zu hohes Gewicht" eines Bauteils → Wie? Durch:
  - Modifikation eines Stoffes → wie?
  - Untergliederung des Bauteils → wie?
  - Nutzung von Leerräumen (komprimieren) → wie?
  - Elemente universeller gestalten → wie?
  - Wegnahme eines Stoffes (überflüssige Komponenten?) → wie?
  - Verfeinerung der Struktur etc.

- Lösung eines praktischen Problems: An einem E-Motor sollen Kosten durch weniger Material eingespart werden:
  - Gewicht (Material) reduzieren,
  - Wegnahme von Stoffen,
  - Elemente universeller gestalten,
  - Nutzung von Unsymmetrie.

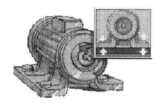 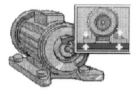

Abb. 12.6: Unsymmetrische Fußbefestigung eines E-Motors nach Ideation International

Das Arbeiten mit Operatoren erweist sich manuell als sehr umständlich und hat daher nur eine geringe Verbreitung gefunden. Rechnerunterstützt kann der MZK-Operatorenansatz jedoch wirksam und wirtschaftlich genutzt werden, weil sich softwaretechnisch alle Strukturierungsebenen eindeutig miteinander verknüpfen lassen.

13 Streben nach Idealität

Jede Realisierung einer Produktidee muss heute im Spiegelbild der Kosten-Nutzen-Situation gesehen werden. Es ist eine Erfahrungstatsache, dass Entwickler ihre Idee meist zu komplex umsetzen. Nachgeschaltete Wertanalysen oder DFMA-Studien offenbaren dann regelmäßig Kostensenkungspotenziale von 15–30 %[29]. Die Ursache sind meist zu viele oder unnötige Funktionen, welche wiederum viele Teile erfordern. Trotz des enormen Fortschritts in der Technik ist dies ein bleibendes Problem, das die Ingenieurwissenschaft schon seit Jahrzehnten beschäftigt.

13.1 Ideale Verhältnisse

Auch Altschuller hat das Problem der Überkomplexität bewegt und die Zielrichtung „Anstreben von Idealität" bei der Umsetzung postuliert. In der TRIZ-Philosophie liegt dann ein materielles *IDEAL* vor, wenn letztlich kein System mehr existiert, seine Funktion aber trotzdem ausgeführt wird. Somit stellt sich die Frage: Ist dies eine Fiktion oder ist dies möglich?

Eine einfache Antwort hierauf ist:
- durch Nutzung physikalischer Effekte und
- durch Funktionsintegration[30]

lässt sich ein Ideal erreichen.

Tatsächlich existieren in der Natur eine Vielzahl von physikalischen Effekten (Reibung, Fliehkraft, Hebel/Keil, Piezoeffekt, Induktion etc.), die kosten- und aufwandslos genutzt werden können. Der zweite Ansatzpunkt ist die Integration, d. h. das Zusammenfassen von Funktionen in einem Teil. Durch beide Maßnahmen wird man letztlich einem *realen Ideal* (im konstruktiven Sinne) sehr nahe kommen.

---

[29] In einem Forschungsprojekt wurden an der TU-Darmstadt NC-Bearbeitungszentren untersucht. Diese hatten durchschnittlich 330 Teile, die minimal erforderliche Teilzahl liegt bei 31; mit 90 Teilen ist aber die gleiche Funktionalität zu erreichen.

[30] „Vollkommenheit entsteht nicht dann, wenn man nichts mehr hinzuzufügen hat, sondern wenn man nichts mehr wegnehmen kann". (Antoine De Saint-Exupery)

13.2 Definition der Idealität

Um Idealität (im Sinne von Effektivität) transparent und messbar zu machen, versucht man, in TRIZ eine Kennziffer auszuweisen:

$$\text{Idealität} = \frac{\sum \text{aller nützlichen Funktionen}}{\sum \text{aller schädlichen Funktionen}} \to \text{MAX.!}$$

Ein im Sinne des Gebrauchs und des Kundennutzens gutes System sollte eine hohe Idealität aufweisen. Demgemäß sind die in dem Quotienten I = Z/N angedeuteten Tendenzen möglich.

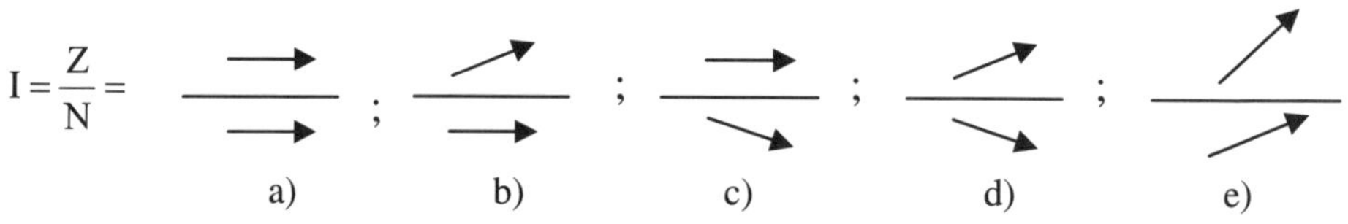

$$I = \frac{Z}{N} =$$

a)   b)   c)   d)   e)

Abb. 13.1: Quantifizierbare Handlungsalternativen zur Verbesserung der Idealitätskennziffer

Anzumerken ist hierzu: Alle unnötigen Kosten, alle Formen von Abfall und von Umweltverschmutzung werden als schädliche Funktionen angesehen. Auch Platzverbrauch, Lärmemission und Energieverbrauch sind kostenbehaftet und daher als schädlich anzusehen. Jede Systemänderung, die zu einer Vergrößerung des Zählers führt oder den Nenner verkleinert, ist eine Maßnahme, die zu unterstützen ist, da die Idealität vergrößert wird.

Folgende Fälle sind somit zu einer gesteuerten Erhöhung der Idealität denkbar:
a) Ausgangssituation mit gegebenem Design belassen,
b) Erhöhung des Zählers durch Hinzufügen von Funktionen bzw. Verbesserung einiger oder gezielt der wesentlichen Funktionen,
c) Nenner durch Eliminierung unnötiger Funktionen verkleinern,
d) kombinierte Maßnahmen wie beispielsweise die vorhandene Funktionen zu verbessern und schädliche Funktionen abzuschwächen,
e) Zähler durch besonders effektive Eingriffe in die nützlichen Funktionen schneller erhöhen als den Nenner.

Im Weiteren sollen hierzu die einzelnen Ansätze aufgezeigt werden.

13.3 Die sechs Wege zur Idealität

Die TRIZ-Leitsätze für ideale Konstruktionen orientieren sich an folgenden Maßnahmen:

1. Eliminiere unterstützende (Hilfs-)Funktionen
2. Minimiere die Anzahl der Teile
3. Erkenne Selbsttätigkeitspotenziale
4. Ersetze Einzelteile, Baugruppen oder das ganze System
5. Ändere das Funktionsprinzip
6. Nutze vorhandene Ressourcen

Hierzu sind in [HER 98] einige Interpretationen gegeben:

zu 1.: Eliminiere unterstützende Funktionen oder verändere sie
Innerhalb von Konzepten unterscheidet man Haupt- und Nebenfunktionen. Nebenfunktionen (= Teilfunktionen oder unterstützende Funktionen) tragen gewöhnlich nur mittelbar zur zentralen Funktion (Hauptfunktion) eines Systems bei. Oftmals lassen sich daher unterstützende Funktionen mit den ihnen zugeordneten Bauteilen eliminieren, ohne dass die Hauptfunktion beeinträchtigt wird.

Beispiel: Lösungsmittelfreies Lackieren

Beim herkömmlichen Lackieren von Karosserieteilen werden Lacke benutzt, in denen die Farbpigmente in einem Lösungsmittel gebunden sind. Durch Temperatureinwirkung wird das Lösungsmittel verflüchtigt, was den Prozess aber unter Umwelt- und Gesundheitsaspekten sehr problematisch macht. Als neues Verfahren nutzt das Pulverlackieren den physikalischen Effekt der elektrischen Ladung. Die Farbpigmente werden positiv geladen und die Karosserie negativ. Dadurch kann die schädliche Hilfsfunktion Lösungsmittel durch ein Feld eliminiert werden.

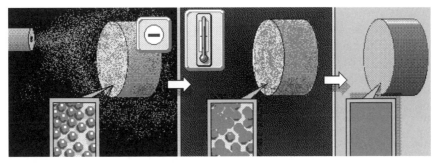

Abb. 13.2: Vom Spritzlackieren zum Pulverlackieren nach Ideation International [HER 98]

zu 2.: Minimiere die Anzahl der Teile
Einzelne Teile eines Systems lassen sich oftmals eliminieren, wenn deren Funktion auf allgemein verfügbare Ressourcen (bzw. natürliche Effekte wie Selbsthemmung etc.) übertragen wird. Ressourcen sind in diesem Sinne stoffliche Ressourcen, funktionale Ressourcen und Felder.
Die verfügbaren Ressourcen lassen sich charakterisieren durch:
- Stoffliche Ressourcen beinhalten jedwedes Material, das in einem System und dessen Umgebung verfügbar ist, wie Abfall/Verschnitt, Rohmaterial, Wasser, Luft.
- Stoffveränderungen (Phasenübergänge, chemische Reaktion, physikalische Effekte, Wärmebehandlung, Mischungsbildung, Zugabe von Additiven, bewegter Stoff),
- Funktionale Ressourcen beinhalten die Fähigkeit eines Subsystems oder dessen Umgebung, zusätzliche, übergreifende oder überraschende Funktionen zu erfüllen. Hierzu bieten sich an:
  - Erweiterte Nutzung bereits vorhandener Funktionen,
  - Ausnutzung von Übereffekten,
  - Abwandlung schädlicher Funktionen.
- Felder können als Ressource einzelne Teile des Systems ersetzen.

zu 3.: Erkenne Selbsttätigkeitspotenziale
Systeme sollten auf nutzbare Möglichkeiten zur Selbstversorgung oder Selbstregelung untersucht werden. Unter diesem Blickwinkel ist Ausschau zu halten nach Funktionen, die synergetisch mit anderen Funktionen erfüllt werden können. Des Weiteren ist zu analysieren, ob die zur Ausführung einer Hilfsfunktion notwendigen Mittel gleichfalls auch zur Ausführung der Hauptfunktion genutzt werden können.

Beispiel: Selbstversorgung eines Systems

Kugelgelagerte Rotoren von Turbinen oder großen Elektromotoren sind sehr empfindlich gegen Stöße oder Vibrationen beim Transport. Damit sich die Kugeln unter derartigen Punktlasten nicht in die Laufringe eindrücken, müssen Schrittmotoren angebracht werden, die dafür sorgen, dass der Rotor sich beständig und langsam dreht.

Unter dem Blickwinkel der Selbstversorgung ist zu überlegen, ob dieser große Aufwand nicht durch einen Effekt bewerkstelligt werden kann, der gewissermaßen „umsonst" zu haben ist. Tatsächlich kann man die benötigte Wirkung durch den Anbau von Pendel-Ratschen erzielen. Zu diesem Zweck wird auf der Rotorwelle ein Pendel zur Verstärkung der Rotation und eine Ratsche mit einseitiger Sperrfunktion aufgesetzt. Das Problem kann somit durch systemimmanente Selbstversorgung gelöst werden.

Die äußere Anregung wird über das Pendel in eine verstärkte Eigenbewegung umgewandelt. Gleichzeitig sorgt die Ratschenfunktion für ein kontinuierliches Weiterdrehen. Der externe Verstellmotor mit seinem aufwändigen Equipment wird somit überflüssig.

Selbstversorgung ist weiterhin zu finden in der Massenträgheit, Reibbremsung etc.

13.3 Die sechs Wege zur Idealität

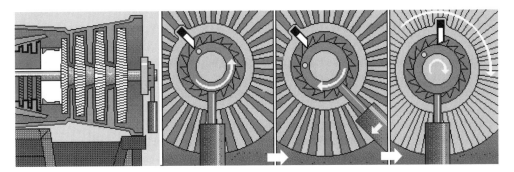

Abb. 13.3: Realisierung einer Pendel-Ratsche nach Ideation International [HER 98]

zu 4.: Ersetze Einzelteile

Bei Systemen ist zu beachten, dass diese immer komplexer werden, bis sie kaum noch zu beherrschen sind. (Schon Antoine de St. Exuperie ist zu der Erkenntnis gelangt: „Technik entwickelt sich vom Einfachen zum Komplexen und dann wieder zum Einfachen hin.")

Ziel muss es somit sein, Teile zu reduzieren und Funktionen zu vereinfachen. Eine Reduzierung erreicht man durch Zusammenfassung von Teilen, Integration von Funktionen und Vereinfachung, in dem man möglichst auf physikalische, chemische oder elektrische Naturgesetzlichkeiten (Fliehkraft, Magnetismus etc.) zurückgreift.

zu 5.: Ändere das Funktionsprinzip

Systeme oder Prozesse lassen sich meist nur grundlegend vereinfachen, wenn das Funktionsprinzip verändert wird. Einfache Funktionen haben regelmäßig auch einen einfachen Aufbau, sind sicher und kostengünstig.

zu 6.: Nutze vorhandene Ressourcen

Dem Ziel der Idealität und Wirtschaftlichkeit kommt man nahe, wenn bei einem System nichts mehr Externes zugefügt werden muss. Man sollte daher immer danach suchen, ob schon Vorhandenes durch Modifikation weitergenutzt werden kann. Leitlinie sollte es daher sein, nur ein Energieprinzip zu nutzen oder nur eine Getriebeart einzusetzen etc.

13.4   Einfachheit als Zielsetzung

In der heutigen Zeit der Hochtechnologie ist ein Trend zum Komplexen festzustellen. Systeme werden immer komplexer, um Universalität zu erfüllen. Andererseits schließen sich Komplexität und Zuverlässigkeit weitestgehend aus und auch die Entwicklungsgesetze zeigen, dass Komplexität sich wieder zurück zur Einfachheit entwickelt. Das Streben nach Idealität ist damit gleichbedeutend mit der Suche nach Einfachheit.
- Hoch komplizierte Systeme können nur noch von Spezialisten bedient und gewartet werden.
- Hoch komplizierte Systeme verlangen einen enormen Entwicklungsaufwand und sind teuer in der Herstellung.
- Hoch komplizierte Systeme sind anfällig und haben meist nur eine geringe Lebenserwartung.

Es ist insofern zu beobachten, dass der Hang zur maßvollen Einfachheit (nicht Primitivität) eine beständige Strömung ist und deshalb Entwicklungen zurückgedreht werden. In der Konstruktion von Bauteilen gilt generell, dass das Bemühen um Idealität nicht im Widerspruch zur
- Eindeutigkeit,
- Einfachheit und
- Sicherheit

stehen darf.

Die Grundregel der *Eindeutigkeit* betrifft im Wesentlichen die Funktionen, das Wirkprinzip und die Auslegung, die eben nicht mehrdeutig sein sollen, um nicht ungewollte Zwangszustände (z. B. Durchschlagen, Instabilität von Gelenkgetrieben) zu erzeugen, in deren Folge erhöhte Kräfte, Verformungen und gegebenenfalls Zerstörung eintreten.

Mit der Grundregel der *Einfachheit* soll herausgestellt werden, dass möglichst nicht zusammengesetzt, übersichtlich und mit geringem Aufwand die Realisierung angestrebt wird. Eine konstruktive Lösung erscheint uns als einfach, wenn sie mit wenigen Komponenten oder Teilen verwirklicht und auch die Gestaltung einfach ist. Hiermit ist immer wenig Herstellaufwand, weniger Verschleiß und geringe Wartung verbunden. Ein markantes Beispiel hierfür findet man bei Fahrzeugsitz-Verstellungen, wo gemäß *Abb. 13.4* eine kostengünstige Einfachheit angestrebt wird.

Zur Grundregel der *Sicherheit* ist die zuverlässige Funktionserfüllung und Minimierung von Gefahren für Mensch und Umwelt zu zählen. Ideal ist es, wenn eine Lösung Gefahren überhaupt nicht aufkommen lässt oder geeignete Vorkehrungen für Eventualfälle getroffen worden sind.

Ferner gilt es noch, die Komplexität beherrschbar zu machen. Darunter fallen auch die Gesetzmäßigkeiten von Ed Murphy (s. *Abb. 13.5*), der sich als Flugsicherheitsingenieur mit allen unmöglichen Gegebenheiten auseinander setzten musste. Viele mögen seine spitz formulierten Feststellungen als Satire einordnen wollen, andere wiederum werden darin die tägliche Praxis erkennen.

13.4 Einfachheit als Zielsetzung

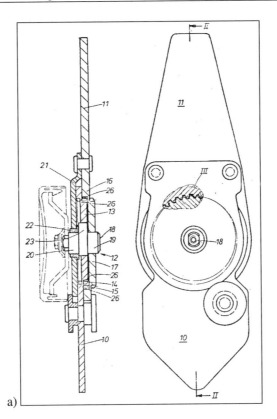

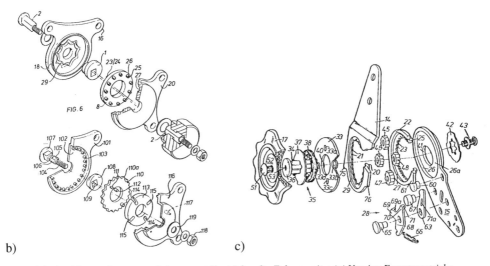

Abb. 13.4: Ausführungsformen von Lehnenverstellgetrieben für Fahrzeugsitze (a) Version Exzentergetriebe, b) Version Cyclo-Drive, c) Version Wolfromgetriebe

Murphys Motto lautet: Wenn etwas schief gehen kann, dann wird es auch schief gehen.
- Der Nutzen von Teambesprechungen ist eins durch Teilnehmer.
- Bei vielen Entwicklungsaufgaben hat man gerade das entscheidende, entgegenstehende Patent übersehen.
- Eine wesentliche Kundenforderung ist nicht im Anforderungskatalog aufgenommen worden.
- Der Terminplan kann nicht gehalten werden, weil die Lizenz der Simulationssoftware gerade abgelaufen ist.
- Das Muster funktioniert nicht, weil ein Werkstoff verwechselt worden ist.

usw.

Murphys Gesetze

I. Ein fallen gelassenes Werkzeug fällt dorthin, wo es den größten Schaden anrichtet.
II. Ein beliebiges Rohr ist nach dem Kürzen immer zu kurz.
III. Nach dem Auseinanderbauen und Zusammenbauen irgendeines Systems bleiben immer einige Teile übrig.
IV. Die Anzahl der vorhandenen Ersatzteile ist reziprok zu ihrem Bedarf.
V. Wenn irgendein Teil einer Maschine falsch eingebaut werden kann, so wird sich immer jemand finden, der dies auch tut.
VI. Alle hermetisch dichten Verbindungen sind im entscheidenden Fall undicht.
VII. Bei einer beliebigen Berechnung wird ein Ergebnis, dessen Richtigkeit für alle offensichtlich war, stets zur Fehlerquelle.
VIII. Die Notwendigkeit, an Konstruktionen prinzipielle Änderungen vorzunehmen, steigt stetig in dem Maße, je näher der Abschluss eines Projektes heranrückt.
IX. Alle Einrichtungen, die überhaupt versagen können, werden auch früher oder später mit absoluter Sicherheit versagen.
X. Die Natur ergreift immer die Partei des versteckten Fehlers.

Abb. 13.5: Auszug aus den situativen Bewertungen nach E. Murphy (http://userpage.chemie.tu-berlin.de)

In der Verhaltensforschung hat man herausgefunden, dass sich in den Murphy-Gesetzen der Wahrscheinlichkeitsansatz wiederfindet. Ein Prinzip der Natur, welches damit korreliert ist: Das Chaos ist gleich wahrscheinlich wie die Ordnung.

Auf das Wahrscheinlichkeitsprinzip stößt man regelmäßig bei der Schlangenbildung an Kassen von Supermärkten. Hier hat man oft das Gefühl, in der falschen Schlange zu stehen, weil irgendeine Ablaufstörung gerade jetzt eintritt. Über einen langen Zeitraum gleicht sich aber alles aus, d. h., man ist gleichoft in der schnellen wie in der langsamen Schlange.

13.5 Methodischer Komplexitätsabbau

Eines der Hauptanliegen der Wege zur Idealität ist das Bestreben, die Teilezahl eines Produktes zu minimieren. Entwickler neigen oft in der ersten Umsetzung dazu, jede Funktion eines Produktes mit separaten Teilen zu realisieren. Hierdurch wird die Komplexität erhöht. Viele Einzelteile erfordern meist unterschiedliche Herstellverfahren mit einer anspruchsvollen Logistik und einem sehr hohen Montageaufwand. Diese negativen Folgen sollten bereits am Anfang durch eine einfache Simulation bekämpft werden.

Die Kernidee des Komplexitätsabbaus durch eine konsequente Minimierung der erforderlichen Funktionsteilezahl geht auf G. Boothroyd[31] zurück. Boothroyd [BOO 02] hat sich schon in den 1960er Jahren damit befasst, den Herstell- und Montageaufwand durch Vergleichsgrößen bereits in der Produktentstehung transparent machen zu können.

Ein wesentlicher Hebel dazu ist der nachfolgende Fragenkatalog, der auf jedes Teil zu richten ist. Etwas modifiziert sind die entsprechenden Fragen zunächst auf die Befestigungs- und Verbindungsfunktion und dann weitergehend auf die sonstigen Funktionen anzuwenden:

Vorklärungsdialog
1. Dient das Teil nur zum Zweck der Befestigung anderer Teile?
    JA = Teil eliminieren / NEIN = Teil bleibt zunächst erhalten

2. Dient das Teil nur zur Verbindung anderer Teile?
    JA = Teile direkt verbinden / NEIN = Teil bleibt zunächst erhalten
---

Wenn ein Teil bisher erhalten geblieben ist, so muss es einen anderen Zweck erfüllen.

Leitfragendialog
3. Müssen sich zwei miteinander in Kontakt stehende Bauteile bei der Wahrnehmung ihrer Funktion relativ zueinander bewegen können?
4. Müssen zwei miteinander in Verbindung stehende Bauteile aus einem anderen Material sein, als die bereits montierten?
5. Muss ein Bauteil von bereits montierten Teilen getrennt sein, weil sonst die Montage oder Demontage anderer Teile unmöglich ist.

Ist das Ergebnis bei den Leitfragen 3 x NEIN(!), so handelt es sich um ein Element, das unbedingt zu eliminieren ist. D. h., die Funktion ist in einem anderen Teil zu integrieren.

---

[31] Die Professoren G. Boothroyd und P. Dewhurst haben die im Industrial Engineering bekannte Methode DFMA (Design and Anlysis for Manufacture and Assembly) entwickelt.

Ist allerdings nur eine Antwort zu den Leitfragen JA(!), so handelt es sich um ein wirklich notwendiges Teil. Die Summe der notwendigen Teile ergibt letztlich die erforderliche *minimale Teilezahl*.

Bei der Anwendung des Fragendialogs gibt es eine Einschränkung, dies ist das Basisteil. Gewöhnlich haben alle Produkte ein Basisteil, welches Träger aller übrigen Teile ist. In der Praxis wird dies ein Gehäuse oder ein Grundteil sein, auf das aufmontiert wird. Ein Basisteil kann gewöhnlich nicht entfallen, obwohl es Fälle geben kann, in denen ein anderes Teil die Basisfunktionalität übernimmt und somit das Ur-Basisteil auch entfallen kann.

Diese funktionsorientierte Betrachtung reduziert somit nicht nur die Komplexität, sondern ermöglicht es auch, die Herstellkosten deutlich zu senken. In der Anwendung verfährt man am zweckmäßigsten so, dass für ein Produkt eine Tabelle erstellt wird, in der alle Teile gelistet werden. Der Fokus liegt dabei auf der Senkung der Herstellkosten (HK) durch Teilereduzierung.

Zielsetzung: Reduzierung der Komplexität und Kosten
Produkt: xyz
SE^{32}-Team:

St.	Teil	Herstellkosten (HK (€))	min. Teilezahl NEIN	min. Teilezahl JA
1	Grundplatte	4,85	-	x
2	Schweißmuttern	0,36	x	
1	Winkel	0,22	x	
⋮				
Σ_1		Σ_2	Σ_3	Σ_4

Abb. 13.6: Produktanalyse auf minimale Teilezahl

Die Erfahrung zeigt immer wieder, dass durch diese kleine Analyse – die oft nur kurze Zeit in Anspruch nimmt – etwa 25–30 % der ursprünglich vorgesehenen Teilezahl entfallen kann. Im TRIZ-Werkzeugkasten ist daher die Funktionsanalyse ein äußerst wirksames Instrument.

---

[32] Simulations Engineering (früher: Projektteam)

14 Antizipierende Fehler-Erkennung (AFE)

Wegen des immer höheren Qualitätsanspruchs der Kunden ist eine vorbeugende Fehleranalyse bei Neuentwicklungen mittlerweile Standard geworden. In der Industrie hat sich hierzu die FMEA-Technik[33] fest etablieren können. Der Nachteil der FMEA ist die fehlende Systematik bei der Strukturierung möglicher Fehler und deren Umsetzung in Verbesserungen. Eine „sichere Konstruktion" ist daher sehr von den methodischen Fähigkeiten des Bearbeitungsteams abhängig.

14.1 Grundidee

Um das Auffinden von Fehlern viel stärker zu systematisieren [DIT 02], ist im Umfeld von TRIZ der Ansatz *Anticipatory Failure Determination (AFD)* entstanden. Hierbei liegt der Fokus auf der Erfindung von Fehlern oder deren Aufdeckung von ineffizienten Zuständen eines Systems. Im Mittelpunkt steht somit immer die Frage: Was muss man tun, oder was muss eintreten, um ein System (Produkt/Prozess) zum Versagen zu bringen? Gewöhnlich wird dazu das folgende 10-stufige Arbeitsschema (s. unter anderem [HER 98]) verwendet:
1. Beschreibung der Problemsituation,
2. Umformulierung zu einem inversen Problem,
3. Verstärkung des inversen Problems,
4. Lösungssuche für das inverse Problem,
5. Identifizierung und Nutzung von Ressourcen,
6. Suche nach verursachenden Effekten,
7. erweiterte Lösungssuche,
8. Rückinversion auf das Originalproblem,
9. Vorkehrungen zur Fehlervermeidung und
10. Erweiterung des Erfahrungsschatzes.

---

[33] FMEA (Fehlermöglichkeits- und Einflussanalyse), in der DIN 25448 genormt als „Ausfalleffektanalyse"

In den bisher bekannten Beispielen zur AFE hat sich dieser Arbeitsplan vielfach bewährt, sodass eine relativ vollständige Zusammenstellung von Fehlermöglichkeiten erfolgen konnte und die dagegen ergriffenen Maßnahmen zu stabilen Verhältnissen geführt haben.

Als Beleg für diese Aussage soll die Analyse einer Türscharnier-Konstruktion für eine große Limousine herangezogen werden. Die Ausführung ist in *Abb. 14.1* gezeigt.

Ein Türscharnier in Kraftfahrzeugen hat die Teilfunktionen zu erfüllen:
- Bildung des Drehgelenks für die Türöffnung,
- Kraftübertragungsglied zur A-Säule,
- Tragelement für die Türstruktur und
- Montageschnittstelle für die Türe.

Abb. 14.1: Prototyp eines Pkw-Türscharniers

Obwohl die Randbedingungen übersichtlich sind, stellen sich immer wieder Schwierigkeiten ein, die die Serienfreigabe verzögern. Hauptursache sind zu spät entdeckte Fehlerquellen.

14.2 AFE-Anwendungsbeispiel

Das zuvor beschriebene Ablaufschema soll jetzt exemplarisch auf das Türscharnier angewandt werden:

1. Beschreibung der Problemsituation

   Um welches Produkt bzw. System handelt es sich? Welche Funktion bereitet welches Problem? Wie ist das Umfeld um das Problem?
   - Türscharniere von Automobilen werden einem Absenktest unterworfen, um das Zusammenwirken von Tür und Schloss zu analysieren. Die Absenkung wird an einer geöffneten Tür unter vertikaler Last am Türende gemessen und darf nur 0,1–0,15 mm betragen. Ein stabiler Türverband muss so steif sein, dass die Schließfunktion auch nach dem Absenktest in allen Fällen gewährleistet ist.
   - Es kommt bei Neuentwicklungen immer wieder vor, dass ein Türscharnier den Absenktest nach der ECE-Norm R11 nicht besteht.
   - Entwicklungsziel muss es daher sein, das Türscharnier gleich so auszubilden, dass der spätere Test auf Anhieb bestanden wird.

14.2 AFE-Anwendungsbeispiel

2. Umformulierung zu einem inversen Problem

   Beschreibung des Kernproblems unter Nutzung der Formulierung: „Es besteht die Forderung ... zu erzeugen ... unter den Bedingungen ..."
   - Übertragen lautet das inverse Problem: Es besteht die Forderung, unter den Verhältnissen des normalen Einbaus mit ECE-Lasten eine übergroße Absenkung des Türscharniers zu erzeugen.

3. Verstärkung des inversen Problems

   Zur noch besseren Transparenz des inversen Problems führt meist eine extreme Übertreibung.
   - Es besteht die Anforderung, unter den vorgegebenen Lastbedingungen ein totales Versagen des Türscharniers zu erzeugen.

4. Lösungssuche für das inverse Problem

   Unter Einsatz von Kreativität besteht die Aufgabe, den verstärkten Effekt real zu erzeugen.
   - Es wird ein „glashartes Material" gewählt, das unter Belastung spröde abbricht.
   - Die Materialstärke wird „dünn" gemacht, sodass das Scharnier sich leicht verbiegt.
   - Der Scharnierstift erhält eine „Sollbruchstelle", sodass er leicht abschert.
   - Es werden zu „dünne Schrauben" eingesetzt, die sofort abreißen.
   - Die A-Säule wird so „weich gemacht", dass sie mit den Scharnieren verbiegt.
   ⋮

5. Identifizierung und Nutzung von Ressourcen

   Alle im System und in der Umwelt vorhandenen Ressourcen, die die Zerstörung des Systems begünstigen, sind zu diskutieren.
   - Korrosion verändert Material und führt zur Unterstützung des negativen Effekts.
   - Eine ungünstige Schwerpunktlage erhöht die innere Belastung.
   - Schwingungen des Fahrzeugs fördern einen Ermüdungsbruch.
   ⋮

6. Suche nach verursachenden Effekten

   Zusammenstellung weiterer chemischer, physikalischer oder mechanischer Effekte, die das System sabotieren können.
   - Eine aufgeraute Oberfläche der Scharniere begünstigt die Korrosion.
   - Eine ungünstige Werkstoffabstimmung, erzeugt ein galvanisches Element.
   - Wahl eines kerbempfindlichen Materials für die Türscharniere.

- Eine zum Schloss hin aufdickende Materialstärke des Türblechs, macht die Tür schwerer (s. Schwerpunkt).
- Der Einbau schwerer Teile in die Türe.

⋮

7. Erweiterte Lösungssuche

   Wenn unter den Punkten 4, 5, und 6 nicht genügend offensichtliche Negativansätze gefunden worden sind, kann hier mit TRIZ weitergesucht werden.
   (Zuvor sind ausreichend Lösungsansätze zusammengetragen worden, sodass Punkt 7 hier nicht bearbeitet werden braucht.)

8. Rückinversion auf das Originalproblem

   Alle Negativansätze gilt es jetzt zu kompensieren, sodass ein fehlerfreies Produkt bzw. System entwickelt werden kann.
   - Es muss ein Material gewählt werden, das ein hohes Elastizitätsmodul und eine hohe Bruchdehnung hat.
   - Der Scharnierstift muss für einen Anteil Überlast ausgelegt werden.
   - Die Anschraubstelle A-Säule/Scharnier muss besonders verstärkt werden.
   - Zur Befestigung der Scharnierteile sind hochfeste Schrauben vorzusehen.
   - Scharnier- und Karosseriewerkstoff müssen abgestimmt bzw. getrennt werden oder mit einem Überzug versehen werden, um Korrosion zu vermeiden.
   - Alle Einbauteile für die Türe müssen so nah wie möglich an den Scharnieren angebracht werden.
   - Das Türblech sollte unterschiedliche Blechdicken (am Scharnier dicker, am Schloss dünner) aufweisen.
   - Das Scharnier sollte als Schmiedeteil formoptimiert (Dickenvariation, runde Übergänge etc.) ausgeführt werden.

   ⋮

9. Vorkehrungen zur Fehlervermeidung

   Unter diesem Punkt sind Maßnahmen aufzulisten, die eine präventive Fehlererkennung ermöglichen.
   - Die Beanspruchung des Scharniers sollte durch FEM simuliert werden.
   - Das verarbeitete Material sollte eingangsgeprüft werden.
   - Auf einem Prüfstand ist das Verhalten eines Scharniers gegen Korrosion, Ermüdungsbruch, Verschleiß etc. zu prüfen.

   ⋮

10. Erweiterung des Erfahrungsschatzes

    Die gefundenen Lösungsansätze für ein robustes Produkt sollten standardisiert werden, um den Zeitaufwand für zukünftige Entwicklungen verringern zu können.

Dieses kleine Beispiel zeigt, dass mit der systematischen AFE in relativ kurzer Zeit sehr viele kritische Faktoren offen gelegt werden können. Mit einer FMEA lässt sich diese Vollständigkeit nur mit sehr viel mehr Aufwand erreichen.

14.3 AFE-Software

Bisher sind nur zwei rechnerbasierte Realisierungen des AFE-Ansatzes bekannt. Am wirksamsten kann in der Praxis sicherlich die *Ideation Failure Analysis Software* (von Ideation International Inc., Southfield/USA) angewandt werden. Durch den rechnerunterstützten Ansatz lässt sich die Anwendung erheblich vereinfachen, was positive Rückwirkungen auf die Akzeptanz hat.

Der Vorteil der IFA-Software ist die mitlaufende Dokumentation, die Möglichkeit, alle funktionalen Verflechtungen zu visualisieren, und der mögliche Zugriff auf die TRIZ-Module. In mehreren Projekten mit Unternehmen hat sich dies als sehr vorteilhaft gezeigt und zu einer deutlichen Beschleunigung in der Anwendung geführt.

Ein vergleichbarer Stand in der Fehlervermeidung ist in der Praxis nur mit sehr viel Produkt-Know-how erreichbar. Und trotzdem ist das Übersehen von Fehlerquellen normal. Dies führt dazu, dass Produkte nur in einem langwierigen Versuchs- und Irrtums-Prozess reifen. Weil dies bekanntlich nicht mehr akzeptiert wird, gewinnt die AFE immer mehr Anhänger. In den USA ist die Akzeptanz für diesen Ansatz sehr groß, sodass immer mehr Unternehmen AFE einführen.

15 Gesetzmäßigkeiten der Evolution

Die Evolutionstheorie beschäftigt sich mit allem Leben auf unserer Erde und zeigt Gesetzmäßigkeiten für das Überleben auf. Für Innovationsprozesse gelten etwa die gleichen Kernaussagen: Entwicklung findet permanent statt, schwache Lösungen überleben nicht und Populationen pflanzen sich nur unter bestimmten Voraussetzungen fort. TRIZ unterstützt diese Gesetzmäßigkeiten in vielen Lösungsprinzipien.

15.1 Übertragene Kernaussagen

In der Bionik und der Technik haben die Evolutionsgesetze weitestgehend Parallelen gefunden und sind immer zweckgerechter angepasst worden. Die Kernaussagen wurden letztlich in die „drei dialektischen Grundgesetze" transformiert, die da lauten:
1. Gesetz der Einheit und Polarität,
2. Gesetz des Umschlagens quantitativer Veränderungen in qualitative und umgekehrt
3. Gesetz der Negation der Negation.

Hieraus lassen sich für die ganze Technikentwicklung beständige Leitlinien (konform zu den Erkenntnissen von C. R. Darwin[34]) ableiten, wie sich Organismen und Systeme beständig weiterentwickeln.

---

[34] Charles Robert Darwin (1809–1882) begründete die moderne Evolutionstheorie. Seine Hypothese war: die natürliche Zuchtwahl trifft nur die Besten, die auch nur langfristig überleben.

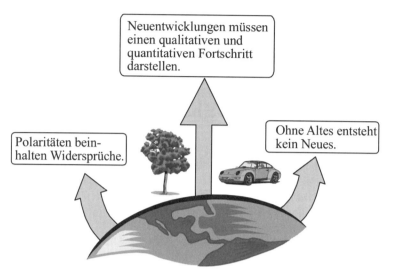

Abb. 15.1:Entwicklungsgesetze der Technik im universellen Weltbild

GG1: Gesetz der Einheit und Polarität

Die Natur verhält sich polar, d. h., alles Existierende hat zwei Seiten, ist zugleich nützlich wie schädlich. Diese Polarität kann durch die Lösung von Widersprüchen überwunden werden. Widerspruchslösungen zielen immer auf das Hervorbringen optimaler Strukturen. Die Möglichkeitsfelder für neue Strukturen liegen somit in der Auflösung von Gegensätzen. Hiermit verbunden ist

- die Veränderung und Umwandlung der Dinge und Erscheinungen,
- der Untergang des Alten und Überlebten und
- der Sieg des Neuen.

Mit der Beseitigung eines Widerspruchs tun sich in unendlicher Perspektive zugleich neue Widersprüche auf. Jede Höherentwicklung ist daher eine Kette von Widerspruchslösungen.

Beispiel: Die Assimilation[35] erfordert von Pflanzenblättern eine möglichst große Blattoberfläche, während die Regulierung des Wasserhaushaltes eine möglichst kleine Blattoberfläche erfordert. Die Pflanze löst dies durch gekrümmte Flächen und Aktivierung von Ober- und Unterfläche (3-D-Wirkung).

---

[35] Assimilation ist die Überführung der von einer Pflanze als Nahrung aufgenommene Stoffe in organische Verbindungen. Dies bedarf der Einwirkung von Licht (Fotosynthese).

15.1 Übertragene Kernaussagen

GG2: Gesetz des Umschlagens quantitativer Veränderungen in qualitative
Die Technikentwicklung zeigt einen stetigen Wechsel zwischen Evolution und Revolution. Nur Quantensprünge führen zu bahnbrechendem Fortschritt.
- Entwicklung ist nicht einfaches Wachstum (Vergrößerung oder Verkleinerung), sondern
- Entwicklung ist ein stetiger Prozess (Vergehen des Alten, Entstehen des Neuen).
- Erst durch Veränderungen entsteht eine höhere Qualität des Ganzen.

Beispiel: Das Automobil in seinen verschiedenen Ausprägungen als Pkw, Combi, SUV, Transporter, Lkw.

GG3: Gesetz der Negation der Negation
Viele bereits verworfene Prinzipien der Technik finden auf einer höheren Entwicklungsstufe eine neue Anwendung:
- Ein Entwicklungsprozess ist nicht durch eine einmalige Negation geschlossen.
- Entwicklungsprozesse sind sich dynamisch entwickelnde Vorgänge.
- Auch Neues veraltet unter zeitveränderlichen Bedingungen, es wird durch Neues einer höheren Effektivität und Qualität ersetzt.

Beispiel: Die veraltete Niettechnik des konventionellen Stahlbaus kommt im Leichtbau in Form von Stanznieten und Durchsetzfügen zu neuer Blüte.

In jedem Entwicklungsprozess treten gewöhnlich Negationen oder Rückschritte auf. Daher gleicht das kreative Voranschreiten keiner stetigen Geraden, sondern mehr einer Spirale mit mehr oder weniger großen Schleifen. Wie *Abb. 15.2* symbolisieren soll, schraubt sich das Entwicklungsniveau mit jeder Schleife nach oben. Eine wesentliche Hilfe dazu ist TRIZ bzw. jedes konstruktionsmethodische Vorgehen. Jede Nutzung von Systematik ist somit geeignet, Schleifen und Wege in dieser Spirale zu verkürzen.

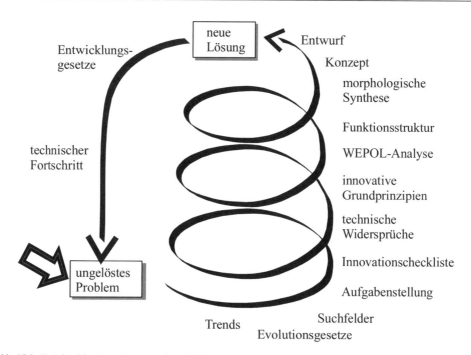

Abb. 15.2: Kreislauf des Fortschritts mit Spirale der Höherentwicklung

Die vorstehenden Evolutionsgesetze stellen gleichsam Rückblick wie Ausblick dar. In der natürlichen Evolution ist eine permanente Höherentwicklung zu erkennen. So hat sich beispielsweise in der Natur der Trend zum „erfindenden Lernen" herauskristallisiert. Man konnte bei Krähen beobachten, dass diese gezielt Werkzeuge (aus Zweigen geformte Haken) einzusetzen gelernt haben, um Insekten in Astlöchern oder Baumspalten aufzuspüren. Erst viel später begann der Mensch, Werkzeuge zur Kraftverstärkung und zur Überwindung seiner körperlichen Unzulänglichkeiten einzusetzen.

15.2 Prinzipien der Evolution

Nach dem heutigen Kenntnisstand setzt die Natur etwa *acht Strategieelemente* [HIL 99] für die Weiterentwicklung ihrer natürlichen Systeme ein. Diese sind:
1. Modularität,
2. Opportunismus und Funktionswandel,
3. Zukunftsblindheit,
4. Spezialisierung und Arbeitsteilung,
5. Multifunktionalität und Optimalitätskompromisse,
6. Dynamik,
7. Selbstorganisation und Selbstanpassung sowie
8. Sterben durch Sollbruchstellen.

Ein grundlegendes Kennzeichen von Konstruktionen in der Natur ist *Modularität* unter Verwendung von Normbauteilen. Komplexe Einheiten werden immer durch Zusammenfügen von Grundeinheiten (Modulen) aufgebaut. Beispielsweise lassen sich die Erscheinungsformen von Blüten bzw. Blütenpflanzen auf eine endliche Anzahl von Blattformen zurückführen. Weiterhin bestehen auch Organismen und Gewebe aus einer typisierten Anzahl von Zellen. Die Modularität besitzt den Vorteil, dass eine Struktur durch Anlagerung von neuen Modulen sehr gut wachsen kann und durch Variationen gänzlich andere Strukturen entstehen. Ihre Entsprechung in der Technik stellen Baureihen und Baugruppen dar.

Mit *Opportunismus* wird die Eigenart der Natur bezeichnet, für Neuentwicklungen zunächst bewährte und vorhandene Materialien und Strukturen einzusetzen. Später wird durch *Funktionswandel* die Möglichkeit zur Übernahme neuer Aufgaben geschaffen. Beispielsweise ist der Schwanz eines Vogels ursprünglich für den Flug erschaffen worden. Bei einigen Vogelgruppen sind die Schwänze modifiziert worden: Schwänze sind farblich gestaltet worden und dienen der Anlockung eines Sexualpartners, oder Schwänze sind stabilisiert worden als Sitzstütze.

Opportunismus ist in der Natur stets gepaart mit *Zukunftsblindheit*: Es werden nicht die innovativsten Materialien und Strukturen für ein evolutionäres Endprodukt gewählt, sondern diejenigen, die vorhanden sind und sich anbieten. Die Natur plant nicht voraus, sondern entwickelt Schritt für Schritt über Generationen hinweg. Diese Schwäche kann hingegen der Mensch, mit seiner Fähigkeit gezielt zu planen, leicht überwinden.

Natürliche Konstruktionen weisen die Kennzeichen der *Spezialisierung* (in Form und Funktion als harmonische Einheit auf) sowie der *Arbeitsteilung* auf. Beispielsweise hat ein Baumstamm gleichzeitig die Funktionen Festigkeit, Wasserleitung, Assimilatleitung und Wachstum zu erfüllen.

Die mit der Arbeitsteilung verknüpfte *Multifunktionalität* bewirkt andererseits, dass keine der zu erfüllenden Funktionen optimal gelöst werden können. Die Optimierungstheorie lehrt, dass jede Optimierung mit mehreren Zielen immer nur zu einem Kompromiss führen kann. Die Resultate in der Natur sind also unter mathematischen Kriterien eigentlich keine Optimallösungen, sondern stellen nur den bestmöglichen Kompromiss dar.

Hieran schließen sich fast nahtlos die *Dynamik* und die *Selbstorganisation* an. Nahezu alle biologischen Strukturen sind dynamische Konstruktionen. Merkmal ist hier die laufende Veränderung (Auf-, Ab- und Umbau durch Stoffwechsel) und Anpassung an äußere Zwänge, d. h., eine Entwicklung wird laufend verbessert.

Zur *Selbstanpassung* und Selbstorganisation gehört u. a., dass natürliche Systeme der Umgebung bestmöglich angepasst werden. Beispielsweise passt sich ein Baumstamm der äußeren Belastung durch Windkräfte oder ausladenden Astkonfigurationen an, indem der Querschnitt nach dem Axiom der gleichmäßigen Oberflächenspannung einseitig wächst. Ein Baumstamm gibt somit alle Informationen über seine Beanspruchung preis.

Die Natur hat in ihren Konstruktionen *Sollbruchstellen* vorgesehen, d. h. Konstruktionen „sterben" (im Sinne von Versagen), wenn die Konstruktion nicht mehr in ihre Umwelt passt. Mit dem *Aussterben* ist unmittelbar die Evolution angesprochen, die besser angepasste Systeme hervorbringen soll.

Alleine die Intelligenz des Menschen ist dazu in der Lage, sich diese Strategieelemente zu Nutze zu machen und in technische Konstruktionen zu übertragen.

16 Patente, Patentrecherche und Verwertung

Eine Innovation, die auf einer neuen technischen Idee beruht, wird im Allgemeinen nur dann zu wirtschaftlichem Erfolg führen, wenn sie in ein Schutzrecht mündet. Zur Erlangung eines Schutzrechtes gibt es gesetzliche Normen, deren Durchführung einem Patentamt obliegt. Als Gegenleistung zur Veröffentlichung seiner Idee erhält der Anmelder ein zeitlich befristetes Monopol zur alleinigen Ausnutzung seiner Erfindung. Da dieses den Stand der Technik weiterführt, wird davon ausgegangen, dass hiermit noch neuere Ideen angestoßen werden.

16.1 Innovationen schützen

In Deutschland werden Schutzrechte nach dem Patentgesetz (PatG), Gebrauchsmustergesetz (GebrMG), Geschmacksmustergesetz (GeschmMG) und dem Markengesetz (MarkenG) vergeben. Jedes Gesetz richtet sich auf eine intellektuelle Leistung und führt zu unterschiedlichen Ausschließlichkeitsrechten, so wie in *Abb. 16.1* zusammenfassend aufgeführt ist.

	Patent	Gebrauchsmuster	Geschmacksmuster	Marke
Wofür?	technische Erfindung	technische Erfindung (kein Verfahren)	Design	Waren- und Dienstleistungszeichen
Wie lange?	20 Jahre	10 Jahre	20 Jahre	10 Jahre mit 10 Jahren Verlängerung
Prüfung	ja	nein	teilweise	ja
Kennzeichnung	DBP/Patent	DBGM/Gebrauchsmuster	Geschmacksmuster	Name ®

Abb. 16.1: Schutzrechtmöglichkeiten

Welche Form des Schutzes gewählt wird, hängt von der Art der geistigen Leistung und der Zielplanung ab.

Um eine Erfindung durch ein *Patent* schützen zu können, müssen die folgenden Voraussetzungen erfüllt sein:
- Die Erfindung muss neu sein, d. h., sie darf aus der Auswertung des Standes der Technik nicht bekannt sein.
- Die Erfindung muss auf einer erfinderischen Tätigkeit beruhen, d. h., sie muss deutlich über den bisherigen Stand der Technik hinausragen.
- Die Erfindung muss gewerblich nutzbar sein.

Nicht geschützt werden unter anderem Entdeckungen, wissenschaftliche Theorien, mathematische Methoden, Pläne, Regeln und die Wiedergabe von Informationen.

Bei einer Patentanmeldung wird vom Patentamt geprüft, ob die Voraussetzungen der Neuheit und der erfinderischen Tätigkeit erfüllt sind. Ist dieses Ergebnis positiv, dann wird ein Patent veröffentlicht.

Für die Anmeldung zum *Gebrauchsmuster* gelten grundsätzlich dieselben Voraussetzungen wie für ein Patent. Sie sind aber nicht so streng. So darf z. B. beim Gebrauchsmuster der erfinderische Abstand zum Stand der Technik geringer ausfallen. Es gibt jedoch den Unterschied, dass sich Verfahren und Verwendungen nicht durch ein Gebrauchsmuster schützen lassen, sondern eben nur durch ein Patent.

Auch das Anmeldeverfahren ist beim Gebrauchsmuster einfacher als beim Patent, da das Patentamt nicht prüft, ob Neuheit und erfinderische Tätigkeit gegeben sind. Das Patentamt prüft insofern nur, ob formale Mängel vorliegen und ob es sich bei der Anmeldung um ein Verfahren handelt.

Patent und Gebrauchsmuster bieten bis auf die unterschiedlich lange Laufzeit den gleichen Schutz für eine Erfindung. Im Allgemeinen ist es aber sinnvoller, ein Patent schützen zu lassen.

Gegenstände des *Geschmackmusterschutzes* sind Farb- und Formgestaltungen konkreter gewerblicher Gegenstände, die bestimmt sind, den durch das Auge vermittelten ästhetischen Formensinn des Menschen anzuregen. Des Weiteren muss dieses Design zur Nachbildung geeignet sein.

Die Schutzfähigkeit eines Musters setzt voraus, dass es neu ist. Dies bedeutet, dass die Gestaltung zu diesem Zeitpunkt weder bekannt ist, noch bei einer zumutbaren Beachtung der vorhandenen Gestaltungen bekannt sein könnte.

Der Vollständigkeit halber soll auch noch kurz auf den *Markenschutz* eingegangen werden. Eine Marke ist ein Zeichen, welches geschaffen wurde, um Waren und Dienstleistungen eines Unternehmens von denen eines anderen Unternehmens zu unterscheiden. Zur Kennzeichnung können nicht nur Worte, Buchstaben, Zahlen und Abbildungen, sondern auch Hörzeichen, dreidimensionale Gestaltungen und sonstige Aufmachungen geschützt werden.

Wegen der komplizierten Rechtslage ist ein Anmelder immer gut beraten, wenn er hier auf die Hilfe eines Patentanwaltes zurückgreift.

16.2 Patentrecherche

Im Rahmen des INSTI-Projekts (Innovationsstimulierung der deutschen Wirtschaft – www.insti.de) des Bundesministeriums für Bildung und Forschung (BMBF) wurden in den letzten Jahren vielfältige neue Möglichkeiten für Erfinder und KMUs geschaffen, sich über eine Schutzrechtslage zielgerichtet und schnell informieren zu können bzw. verschiedene Hilfen zum Anmeldeverfahren entwickelt. Eine Initiative von INSTI war unter anderem die flächendeckende Einführung von Patentinformationszentren (z. B. PIZ in Kassel/Universitätsbibliothek), bei denen jeder Interessent eine Patentrecherche in Auftrag geben oder selbst durchführen kann.

Patentrecherche im Internet

Kostenlose Suche mit Download-Möglichkeit:

- Deutschland: http://www.depatisnet.de/
- Weltweit: http://de.espacenet.com/
  alternativ: http://dpma.de/suche/indexdepanet.html
- USA: http://www.uspto.gov/patft/index.html
- Frankreich: http://www.inpi.fr/inpi/accueil.htm

Kostenlose Suche, Download ist kostenpflichtig:

- Weltweit: http://www.pizbase.de/

Kostenpflichtige Recherche:

- http://www.fiz-technik.de/index.html
- http://www.questel.orbit.com/
- http://www.fiz-karlsruhe.de

Abb. 16.2: Patentrecherche im Internet

Weiterhin bemühen sich derzeit viele Organisationen, den „Weg zum Patent" zu erleichtern. Eine dominierende Quelle hierzu stellt heute das Internet dar, das zu einem Marktplatz für Informationen mutiert ist. Als markante Informationsquellen sollen exemplarisch angeführt werden:

- www.patente.bmbf.de = Patentserver des BMBF mit Informationen zum Gesamtkomplex des gewerblichen Rechtsschutzes,
- www.deutschland-innovativ.de = Informationsdienst rund um das Thema Innovationen,
- www.dpma.de = Internetangebot des Deutschen Patent- und Markenamtes mit allen Formularen und Broschüren als Download,
- www.european.patent-office.org = Informationsangebot des Europäischen Patentamtes mit Informationen zum europaweiten Schutz von Innovationen,
- www.depanet.de = Patentinformationsdienst des Deutschen und Europäischen Patentamtes, welcher die kostenlose Recherche von deutschen, europäischen und weltweiten Patentdaten (30 Mio. Patentdokumente) ermöglicht.

Die bezüglich eines Patentstandes selbst durchgeführten Recherchen sind erfahrungsgemäß aber nur so gut, wie treffend die Suchbegriffe gewählt wurden. Gegebenenfalls kann es somit sinnvoll sein, zusätzlich noch eine Profilsuche in Anspruch zu nehmen.

16.3 Verwertung von Innovationen

Die Erlangung eines Schutzrechtes ist zwar ein wichtiger Schritt, stellt aber noch keine Gewähr für einen wirtschaftlichen Erfolg dar. Nach der Einschätzung des Deutschen Patentamtes führen tatsächlich nur drei bis fünf Prozent der angemeldeten Patente zu wirtschaftlichen Erträgen und erfüllen so die Vorstellungen der Anmelder.

Die hohe Nichtdurchsetzungsrate von Schutzrechten hat meist ihre Ursache darin, dass der Erfinder *seinen Blickwinkel* als das Maß aller Dinge zugrunde legt. Entscheidend ist aber letztlich immer der Kunde, der vom Nutzen überzeugt werden muss und dann seine Kaufentscheidung trifft. Es ist insofern schon eine Binsenweisheit, dass sich im Regelfall nur Produkte oder Dienstleistungen durchsetzen, die durch ein strategisches Marketingkonzept begleitet werden. Die wesentlichen Eckpunkte eines derartigen Konzeptes sind in der *Abb. 16.3* zusammengeführt.

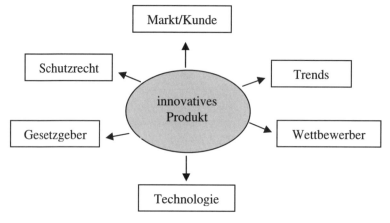

Abb. 16.3: Umfeld einer Innovation

16.3 Verwertung von Innovationen

Ein besonderer Schwerpunkt muss dabei sein, die kundenwerten Vorteile einer Innovation herauszuarbeiten. Meist werden Neukunden nicht allein dadurch gewonnen werden können, dass kleine oder vermeintliche Vorteile gegenüber bereits eingeführten Produkten herausgestellt werden. Im Marketing gilt heute die Erkenntnis, dass Erfolg nicht mehr durch Verbesserung von bereits Bekanntem erreicht wird, sondern sich nur grundlegend neue Wege (z. B. Produkt + Service + Rücknahme) am Markt durchsetzen.

Diesen komplexen Zusammenhang wird ein einzelner Erfinder oder ein kleines Unternehmen kaum ohne externe Unterstützung auflösen können. Aus diesem Grund hat das BMBF eine Patentaktion gestartet und Fördermittel (max. 15 TEuro pro Unternehmen) bereitgestellt, mit denen ein ausreichender Patentschutz erlangt und dessen Verwertung betrieben werden kann.

Eine ergänzende Aktivität besteht im „Marktplatz für Innovationen" (www.venture-management-services.de/innovation), welche von der Deutschen Börse, der Kreditanstalt für Wiederaufbau (KfW), dem BMBF und den INSTI-Partnern initiiert worden ist. Ziel ist es, Patenthaltern oder jungen technologieorientierten Unternehmen eine Plattform für die Kontaktaufnahme zu Investoren und Nutzern zu bieten.

Weitere einschlägige Adressen von Internetmarktplätzen sind:
- www.busi.de/D/inov_m.htm,
- www.deutschland-innovativ.de/index.phtml?p = Ideen,
- www.innovationen-fuer-deutschland.de
- www.technologieboerse.ihk.de,
- www.technologieallianz.de,
- www.rotec-online.de,
- www.business-channel.de,
- www.yet2.com
⋮

Die Hürden für einen Erfinder werden durch die Summe der Aktivitäten zwar kleiner, bedingen aber auch eine proaktive Haltung gegenüber Behörden, Investoren und möglichen Kooperationspartnern.

17 Structurized Inventive Thinking (SIT)

Die vorhergehenden Beispiele haben gezeigt, dass die TRIZ-Methode erfolgreich und verlässlich bei der Lösung von Problemen ist. Gleichsam ist deutlich geworden, dass die Anwendung ein bestimmtes Maß an Training benötigt und mit der Erfahrung auch die Güte der Lösungen zunimmt. Viele Erst- oder Gelegenheitsanwender, die sich nur sporadisch mit TRIZ beschäftigen, möchten das erforderliche Wissen aber nicht dauerhaft parat halten, sondern suchen nach einem TRIZ-Light. Diese Forderung befriedigt im weiten Maße SIT, welches die „40 innovativen Grundprinzipien" in einem neuen Ansatz mit nur vier Prinzipien zusammengeführt hat.

17.1 Zielgerichteter Einsatz

SIT bzw. ASIT (*Advanced Structurized Inventive Thinking*) gehen auf Horowitz, Goldenberg und Maimon[36] zurück, die diese Methodik etwa in den 1990er-Jahren an der Universität Tel Aviv, Israel entwickelt haben. Von SIT existieren zwei methodische Ausrichtungen, und zwar die Ansätze
– *Closed World* (Methode der geschlossenen Welt) und
– *Particle Method* (Teilchenmethode).

Bei der *Methode der geschlossenen Welt* steht der Funktionsaspekt im Vordergrund, und es werden Lösungen gesucht, die alleine auf Veränderungen der bestehenden Objekte in einem geschlossenen System beruhen. Dies kommt vielen realen Situationen entgegen, weil hier oftmals nur geringe Änderungen angestrebt werden.

Die *Teilchenmethode* ist zur Lösung visionärer Probleme konzipiert worden. Annahme ist hierbei, dass die ideale Endlösung gefunden ist und man nur noch die „Teil"-Lösungen beschreiben muss, die zum Endresultat führen. Dazu werden (imaginäre) Teilchen zwischen den Lösungsschritten eingeführt. Diesen Teilchen können beliebige Eigenschaften mitgegeben werden, die zum Schluss in reale Handlungsanweisungen umgewandelt werden müssen.

---

[36] R. Horowitz, J. Goldenberg und O. Maimon haben auf der Basis der Altschullerschen Erkenntnisse an der Universität Tel Aviv die nutzerfreundlichere Methode SIT entwickelt. Informationen zu SIT findet man unter www.start2think.com.

Da in der Praxis der Problemkreis der geschlossenen Welt eine hohe Relevanz hat, soll im Weiteren auch nur dieser Ansatz diskutiert werden.

17.2 Minimalistische Problemlösungen

Viele Problemlösungen zeichnen sich dadurch aus, dass bei geringem Aufwand genau der richtige Effekt erzeugt wird. Die Lösungen sind meist so einfach und nahe liegend, dass oft Verblüffung hervorgerufen wird. Eine kleine Anzahl realer Problemlösungen (aus [NN 00]) soll dies unterstreichen.

Problemsituation: Rotweinfleck
Rotweinflecken sollen möglichst vollständig von einem Teppich entfernt werden.

Lösungsansatz:
Ein übliches Vorgehen ist es zu versuchen, Rotweinflecken mit Reinigungsmitteln zu entfernen. Dies ist nur teilweise erfolgreich. Viel wirksamer ist es, Komponenten „desselben Materials" hinzuzufügen, um das Problem zu lösen. So lässt sich Weißwein dazu verwenden, Rotweinflecken zu verdünnen und zu entfernen.

Problemsituation: Nachrichtensatelliten
Um Daten auf der Erdoberfläche verteilen zu können, muss ein Nachrichtensatellit die Erde in einer erdnahen Höhe umkreisen. In dieser Höhe liegt aber immer noch verdünnte Luft vor, die so viel Reibung erzeugt, dass der Satellit abgebremst wird und somit keine konstante Bahn ziehen kann.

Lösungsansatz:
Man ist geneigt, über zusätzliche Antriebe nachzudenken. Hier wäre jedoch das Problem der permanenten Zuführung von Treibstoff nur sehr kompliziert zu lösen. In der Raumfahrt wird dieses Problem aber sehr einfach durch einen Schleppsatelliten gelöst. D. h., ein zweiter Satellit, der viel tiefer im All fliegt, schleppt mit einem Seil den Nachrichtensatelliten. Hiermit werden zwei Probleme erledigt: die Kurskonstanz und die spätere Entsorgung durch Verglühen in der Atmosphäre sind gewährleistet.

Problemsituation: Mobile Funkantenne
Im militärischen Bereich werden mobile Funkantennen genutzt, die in vorderster Front zum Abfangen von Nachrichten dienen. Da nur ein Soldat die Antenne transportieren soll, muss diese sehr leicht konstruiert sein. Im Winter tritt jedoch das Problem auf, dass die ausgefächerten Antennenstäbe leicht vereisen, wodurch der Mittelmast instabil wird, was wiederum zum Versagen der Antenne führt.

Lösungsansatz:
Eine nahe liegende Maßnahme wäre, den Mittelmast zu verstärken, wodurch aber die Antenne schwerer würde. Da die zusätzliche Steifigkeit jedoch nur im Winter benötigt wird, liegt die Lösung in der Eigenversteifung des Mastes durch Eis. Um die Eisbildung am Mast zu begünstigen, braucht dieser nur aufgeraut oder gerändelt zu werden.

Problemsituation: Verbrennungsmotor
In Verbrennungsmotoren muss das Benzin-Luft-Gemisch gezündet werden. Hierzu benötigt man einen Funken, der die Verbrennung auslöst.

Lösungsansatz:
Der die Verbrennung auslösende Funke wird taktweise durch eine Zündkerze erzeugt. Dazu braucht man als weiteres Equipment einen Verteiler, eine Hochspannungsspule und ein Kabel. Ganz anders hat dies Rudolf Diesel gelöst, indem er den Selbstzünder erfand. Durch die hohe Verdichtung eines Öl-Luft-Gemischs wird ein Selbstzündungs- und Verbrennungsvorgang ausgelöst, ohne dass es einer externen Initiierung bedarf.

Diese Liste könnte noch beliebig erweitert werden, weil die hierin implizierte Vorgehensweise recht einfach ist. In keinem Fall ist nämlich etwas völlig Neues hinzugefügt worden, sondern es sind nur Objekte oder Komponenten benutzt worden, die schon vorhanden waren.

17.3 Regeln der geschlossenen Welt

Im Vergleich zu den zuvor skizzierten Problemstellungen soll jetzt noch einmal ein Rückblick auf TRIZ gerichtet werden.

In einigen Innovativen Grundprinzipien, und zwar IGP 1, 2, 6, 24, 26 und 33 (s. S. 51 ff.), sind deutliche Hinweise auf ein abgeschlossenes System gegeben. Dies ist aber kein einengendes TRIZ-Prinzip. Grundsätzlich ist in TRIZ jede kreative Lösung zulässig, selbst wenn neue Ressourcen benötigt werden. Als Kernthese für TRIZ kann somit formuliert werden:

> Es existiert eine Problemsituation, die neuartig zu lösen ist, wobei auch zusätzliche Ressourcen herangezogen werden können.

Insofern besteht keine kreative Begrenzung hinsichtlich der Zielerreichung. SIT beruht hingegen auf Beschränkungen. Die äquivalente Kernthese lautet:

> Es existiert eine Problemsituation, die nicht beliebig veränderbar ist, d. h., es gibt eine *geschlossene Welt*, in der man sich kreativ bewegen muss.

Diesem formulierten Leitprinzip werden gewöhnlich zwei Einwände entgegengehalten:
1. Kreativität beruht auf Freiheit, denn jede Einschränkung wirkt behindernd. Hierfür gibt es jedoch keinen unumstößlichen Beweis. Ebenso können viele Situationen angeführt werden, wo kreative Lösungen nur aus oder mit dem Vorhandenen geschaffen worden sind.
2. Durch große Erfindungen (z. B. Glühlampe, Telefon, Fernseher, Laser etc.) ist gerade etwas hinzugefügt worden, was vorher nicht vorhanden war. Dies ist tatsächlich die Ausnahme: große Erfindungen überschreiten meist die Grenzen der bestehenden Technologie. Vieles, was für Erfindungen notwendig ist, lässt sich nicht provozieren, sondern ist

einzigartigen Umständen zuzurechnen. Weder TRIZ noch SIT können das Problem lösen, mühelos zu bahnbrechenden Erfindungen zu kommen.

Eine überzeugende Bestätigung, wie man völlig mühelos unter industriellen Zwängen erfolgreich sein kann, beweisen die schon seit vielen Jahren existierenden Ideenfabriken (Brain Store und IDEO), die durch rezeptartiges Vorgehen neuartige Produkt- und Problemlösungen zu definierten Aufgabenstellungen „produzieren" können. Im vorstehenden Sinne müssen sich auch diese Entwicklungsprofis an einengenden Vorgaben orientieren und trotzdem kreativ sein.

Es kann heute aber als Erfahrungstatsache gelten, dass Beschränkungen eine besondere Herausforderung für die Kreativität sind und eine Systematik, nicht nur den Prozess, sondern auch die Handlungsalternativen unterstützt sehr hilfreich als Gegenpol ist.

Beim Prinzip der geschlossenen Welt wird dies besonders deutlich, was vereinfacht in der *Abb. 17.1* zu erkennen ist. Dargestellt ist eine abstrakte Problemsituation mit ihrer Abgrenzung zur Umwelt und zum Nachbarsystem. Verboten ist, neue Objekte und Komponenten hinzuzufügen. Somit besteht der Zwang, mit dem Vorhandenen und der bestehenden Technologie auszukommen.

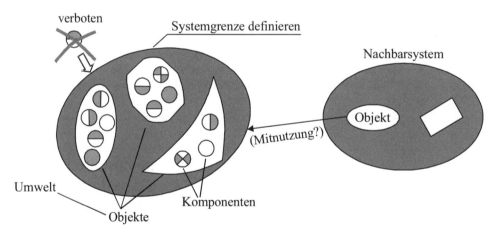

Abb. 17.1: Grenzen der geschlossenen Welt

17.4 Lösungsprinzipien der geschlossenen Welt

Nachdem zuvor die Randbedingungen und „Spielregeln" der geschlossenen Welt dargestellt worden sind, sollen jetzt deren vier Lösungsprinzipien eingeführt werden:

1. Vereinigungstechnik
2. Vervielfältigungstechnik
3. Teilungstechnik
4. Aufbrechungstechnik

Diese einfachen Techniken erweisen sich in praxisbezogenen Anwendungen als extrem erfolgreich. Zu diesen Ansätzen gibt es vielfältige Parallelen und Ideen in anderen Wissensgebieten, die bisher aber nicht mit so systematischen Handlungsanweisungen versehen waren. Als Interpretationen nach Horowitz seien gegeben:

1. Vereinigungstechnik. Die Problemlösung besteht darin, dass die in einem System *existierende Komponente neue Aufgaben bzw. Funktionen* übernimmt. Der Problemlöser hat somit danach zu suchen, unter welchen Voraussetzungen die vorhandenen Komponenten an der Lösung beteiligt werden können.

Die Komponente, die letztlich das Problem löst, ist manchmal diejenige, von der anfangs gedacht wurde, dass sie keine große Bedeutung hat. Oftmals scheint sie sogar nutzlos oder schädlich gegenüber den anderen Komponenten zu sein. Mit der neuen Funktion erhält sie eine viel höhere Wertigkeit. Die Vereinigung (im Sinne von vereint mit der Lösung) geschieht in dem Moment, in dem die Komponente eine erweiterte oder neue Funktion übernimmt. Die Komponente wird damit neu in die Lösung eingebunden.

Beispiel: Explosionsgefahr von Flugzeugen verringern

Abb. 17.2: Eigene Abgase vermindern das Explosionsrisiko nach [NN 00]

Die russische Luftwaffe hat im 2. Weltkrieg einige Flugzeuge durch Explosion unter Beschuss verloren. Um diese Gefahr einzudämmen, wurden die Abgase der Motoren durch die Treibstofftanks geleitet. Die Komponente „Abgas", die vorher als unwichtig angesehen wurde, löste das Problem.

2. Vervielfältigungstechnik. Die Problemlösung erfolgt dadurch, dass eine in einem System schon *vorhandene Komponente dupliziert* wird. Es entsteht eine neue, abgeleitete Komponente, die entweder unverändert oder verändert übernommen wird. Der Problemlöser hat also danach zu suchen, wie eine Wechselwirkung zwischen einer Komponente und einer Aktion hergestellt werden kann.

Beispiel: Polio-Schutzimpfung

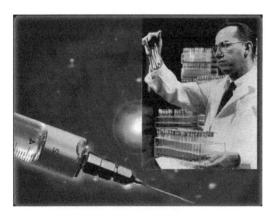

Abb. 17.3: Entwicklung eines Impfstoffs nach [NN 00]

Jonas Salk[37] fand wohl auf kreativem Wege ein Impfstoff gegen Kinderlähmung. Er nutzte eine schwache Form des Polio-Virus, um immun gegen das Polio-Virus zu machen. Im Wesentlichen besteht also die Idee in der Duplizierung.

3. Teilungstechnik. Die Problemlösung soll in einem erweiterten Nutzen für eine oder mehrere Komponenten bestehen. Dazu ist ein als Einheit erscheinendes System aufzubrechen und in seinen *Komponenten* ganz *neu* zu *arrangieren*. Hierbei können auch neue Subsysteme gebildet werden. Der Problemlöser hat also danach zu suchen, wie ein System zergliedert werden kann und wie die gewonnen neuen Komponenten die Aufgabe erfüllen können.

---

[37] Jonas Edward Salk (1914–1995), US-amerikanischer Arzt und Immunologe, entwickelte die Schutzimpfung gegen Poliomyelitis, kurz Polio.

17.4 Lösungsprinzipien der geschlossenen Welt

Beispiel: Mehrstufenrakete

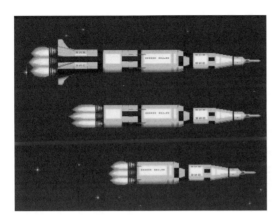

Abb. 17.4: Mehrstufige Rakete löst das Gewichtsproblem nach [NN 00]

Um mit einer Rakete in den Weltraum vorzustoßen, muss eine bestimmte Fluchtgeschwindigkeit erreicht werden. Hierzu wird sehr viel Treibstoff benötigt, was eine einstückige Rakete zu schwer machet. Die Lösung besteht in einer mehrstufigen Rakete. Wurde die Rakete vorher als Systemeinheit angesehen, so sind jetzt neue Subsysteme gebildet worden. Viele Komponenten sind zusätzlich dupliziert worden.

4. Aufbrechungstechnik. Die Problemlösung besteht darin, *bestehende Situationen der Einheit* und/oder *Symmetrie* zu *erkennen und* diese *aufzubrechen*.

Innerhalb von SIT können drei Arten von Einheitlichkeit abgegrenzt werden:
- *Einheit unter Komponenten*, d. h., es existieren identische Komponenten innerhalb eines Problems,
- *Einheit innerhalb von Komponenten*, d. h., verschiedene Teile der Komponenten haben identische Eigenschaften (z. B. gleiche Geometrie, gleiches Material etc.),
- *Zeitliche Einheit*, d. h., die Komponenten haben jeweils zum gleichen Zeitpunkt gleiche Eigenschaften.

Aufbrechen bedeutet, dass jede Komponente für sich betrachtet werden muss und nicht von vornherein als unveränderlich angesehen werden darf. Der Problemlöser muss die Lösung also in der sich ergebenden Asymmetrie suchen.

Beispiel: Überlandleitungen

Abb. 17.5: Variierte Kabellängen verhindern das Aufschaukeln nach [NN 00]

Elektrokabel von Überlandleitungen werden durch Windböen angeregt. Infolge der Erregung können zeitgleiche Resonanzen austreten, die dann das System zerstören. Um dem Versagen entgegenzuwirken, muss das symmetrische System in ungleiche Komponenten aufgebrochen werden. Hieraus folgt, dass jedes Kabel eine andere Länge bzw. Vorspannung erhalten muss, um die Eigenfrequenzen zu entzerren.

Um die vorstehenden Techniken anwenden zu können, bedarf es natürlich auch einer gewissen Systematik, die mit einer Informations- und Analysephase beginnen sollte. Erst wenn ein Problem mit ein bis zwei Sätzen beschrieben werden kann, ist es reif für eine ASIT-Lösung.

Eine vielfach bestehende Schwierigkeit scheint in der Abgrenzung der Systemwelt und der Objekte zu bestehen. Die Regel, dass keine neuen Objekte eingeführt werden dürfen, ist gegebenenfalls aufzuweichen, wenn ohne Zusatzaufwand die Umwelt (z. B. Luftströmung als Kühlung) oder bestehende Objekte aus Nachbarsystemen mitgenutzt werden können. Das Erkennen des „wahren" Problems ist danach wesentlich für die Güte einer Lösung.

18 TRIZ-Werkzeuge in der Anwendung

In den vorstehenden Kapiteln wurden die wesentlichen TRIZ-Werkzeuge erläutert und jeweils die Übertragung auf unterschiedliche Problemstellungen gezeigt. Offen ist jedoch noch eine vergleichende Bewertung bezüglich der Stärken und Schwächen der Tools und die Zusammenbindung zu einer Lösungsstrategie. In der nachfolgenden *Abb. 18.1* ist eine Übersicht gegeben, welche die Verknüpfungen zwischen den einzelnen Tools herstellt:

18.1 Zusammenwirken der Werkzeuge

Zur **Aufgabenstellung** sind im engeren Sinne die Evolutionstrends, das Ideale Endresultat und die Funktionsmodellierung zu zählen. Es ist natürlich selbstredend, dass zu jedem Entwicklungsauftrag die Problemstellung in Form eines Lastenheftes zu beschreiben ist. Das Lastenheft erfasst gewöhnlich die Kundenforderungen (Wunschfunktionalität, günstigste Limits, Schnittstellen etc.), die weiter in Entwicklungsziele (Sollfunktionen, genaue Spezifizierung, Randbedingungen etc.) zu überführen sind. Die daraus abzuleitende Aufgabe ist nur dann zukunftsbezogen, wenn sie auf dem Pfad des *Evolutionsmusters* vorwärts orientiert ist, denn eine rückwärtsgerichtete Entwicklung stellt keinen Fortschritt da. Hier spielt auch die Vorstellung vom *Ideal* eine große Rolle, die den Fixpunkt für das letztendlich zu erreichende Ziel abgibt.

Ein sehr wichtiges Hilfsmittel für ein zielgerichtetes Vorgehen ist die **Innovationscheckliste**, welche bei absoluten Neuentwicklungen eingesetzt werden sollte. Meist wird die Wirksamkeit der Innovationscheckliste unterschätzt, weil man den Aufwand für zu groß hält. Dabei gilt:

„Eine richtig formulierte Aufgabe ist bereits mehr als die halbe Lösung."

18 TRIZ-Werkzeuge in der Anwendung

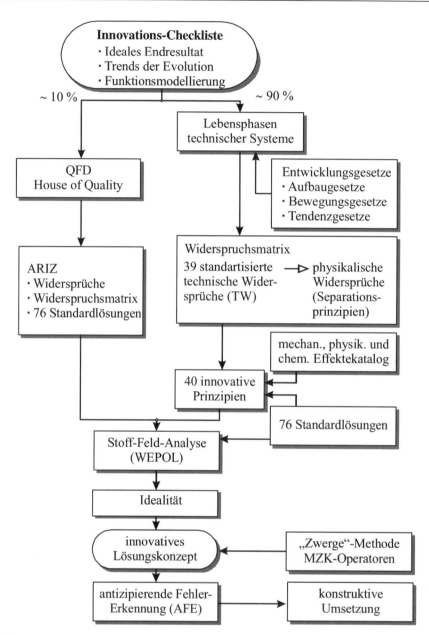

Abb. 18.1: *Zusammenhang der TRIZ-Werkzeuge*

18.1 Zusammenwirken der Werkzeuge

Denn bereits durch das Beschäftigen mit der Aufgabe[38] und ihren Randbedingungen wird ein Weg vorgezeichnet, der meist auf dem Lösungspfad liegt oder zumindest Hinweise für das Lösungsprinzip aufzeigt.

Oft sind die Einzelprobleme so miteinander verwoben, dass der innovative Ansatz bzw. der entscheidende Widerspruch nicht sofort offensichtlich ist. Eine Hilfstechnik, um zum Kern vorzudringen, ist dann die *Funktionsmodellierung*. Unter Benutzung der zugehörigen Fragesystematik an die nützlichen bzw. schädlichen Funktionen führt dies letztlich zum zu überwindenden Widerspruch.

Die Pfade im Flussdiagramm weisen auf alternative Lösungsstrategien hin. Der linke Pfad bündelt die Strategieelemente zu einer *konvergenten Vorgehensweise*, d. h., er zielt auf eine nahe liegende richtige Antwort und produziert meist nur eine einzige neue Lösung, die etwa bei 10 % aller Aufgabenstellungen zweckgerecht ist. Merkmal ist hier, dass eine schnelle Lösung nicht in Sicht ist, weil das Umfeld noch zu intransparent ist.

Ein wichtiges Prinzip bei dieser Vorgehensweise stellt das **Quality Function Deployment (QFD)**, die Qualitätsplanung, dar. Ziel des Verfahrens ist die Konzeption und Herstellung von Produkten, die der Kunde wirklich wünscht. Hierzu wird ein Abgleich zwischen An-Forderungen und Umsetzungs-Forderungen vorgenommen. Die Forderungen werden dabei gewichtet und fokussiert, sodass die Kunden- und Marktaspekte dominant berücksichtigt werden. Damit soll vorgebeugt werden, dass nicht die „vergoldeten" Vorstellungen des Entwicklers realisiert werden.

ARIZ (Algorithmus des erfinderischen Problemlösens) stellt innerhalb von TRIZ ein sehr anspruchsvolles Werkzeug zur Problembearbeitung dar. Wegen des generalisierten Ansatzes eignet sich ARIZ aber nur für solche Aufgaben, die durch den punktuellen Einsatz einzelner TRIZ-Werkzeuge nicht sofort zu einer ganzheitlichen Lösung geführt werden können. Erfahrungsgemäß wird dies nur auf eine kleine Klasse von praktischen Aufgaben zutreffen, bei der es um absolute Neuentwicklungen in einem komplexen Umfeld geht. ARIZ wird daher nur von geübten Anwendern sinnvoll eingesetzt werden können. Sehr schnell wird dann ersichtlich, dass der Ansatz hochgradig universell ist und auf alle Arten von „unlösbaren" Problemen angesetzt werden kann.

Der rechte Pfad beinhaltet eine divergente Vorgehensweise, d. h., er zielt auf eine Mannigfaltigkeit von Antworten durch wiederholte Richtungswechsel ab. Bei etwa 90 % aller Aufgabenstellungen sind die Randbedingungen so transparent, dass sofort mit der kreativen Lösung begonnen werden kann.

---

[38] „Wenn ich 1 Stunde Zeit hätte ein Problem zu lösen, von dem mein Leben abhängt, dann würde ich
- 40 Minuten damit verbringen, das Problem zu analysieren,
- 15 Minuten damit, die Problemlösung zu überprüfen und
- 5 Minuten damit verbringen, die Lösung umzusetzen."

(A. Einstein)

Als effizientestes TRIZ-Werkzeug kann die **Widerspruchsmatrix** (39 × 39 mit 1.201 Standardlösungen) angesehen werden. Diese wird wirksam eingesetzt, wenn ein *technischer Widerspruch* (*TW*) lokalisiert worden ist, den es innovativ zu überwinden gilt. Hierzu werden 40 abstrahierte Lösungsprinzipien angeboten, die in der Vergangenheit ein derartiges Problem überwunden haben. Durch die Abwandlung auf eine spezielle Aufgabenstellung entstehen meist neuartige Produktkonzepte.

Die Erfahrung zeigt, dass die vierzig innovativen Grundprinzipien wie ein fokussierter Leitstrahl in den Lösungsraum hineinwirken und ein kreatives Team hieraus mit einer sehr hohen Erfolgswahrscheinlichkeit ein neues Lösungsprinzip kreieren kann.

Technische Widersprüche liegen stets auf einer sehr konkreten Ebene. Dieser übergeordnet sind *physikalische Widersprüche*, die mit Separationsprinzipien aufgelöst werden können. Gesucht sind dann alternative Systemlösungen.

Lösungsprinzipien sind immer dann besonders einfach, wenn ein physikalisches Grundprinzip genutzt werden kann. Bei der Realisierung eines Grundprinzips benötigt man erfahrungsgemäß immer wenige Teile und der Effekt ist sicher reproduzierbar. Da die etwa 5.000 *mechanischen, physikalischen* und *chemischen* Effekte kaum noch zu überblicken sind, hat man für TRIZ einen *Effektekatalog* geschaffen. Intention ist es dabei, zutreffende Effekte aufgabenbestimmt recherchieren zu können.

Zur Überprüfung der Leistungsfähigkeit, Einfachheit und Unempfindlichkeit von Systemen bzw. Systemkonzepten dienen weiterhin noch die WEPOL-Strukturen, die Idealität, die gelenkte Kreativität und die AFE.

Mit der Technik der **Stoff-Feld-Analyse** (russisch **WEPOL**) lassen sich zu Konzeptideen konkrete Realisierungsrichtungen entwickeln. Ziel ist dabei, Idealität zu erreichen und minimale Systemlösungen (2 Stoffe und 1 Feld) zu kreieren. Hierzu existieren die in der *Abb. 18.2* dargestellten Variationsmöglichkeiten, die regelmäßig zu effizienten Systemen führen. Die Variationsansätze ermöglichen es, zu jeder Konzeptidee ein Patentschirm zu erstellen, weil das ganze Lösungsfeld systematisch aufgedeckt werden kann.

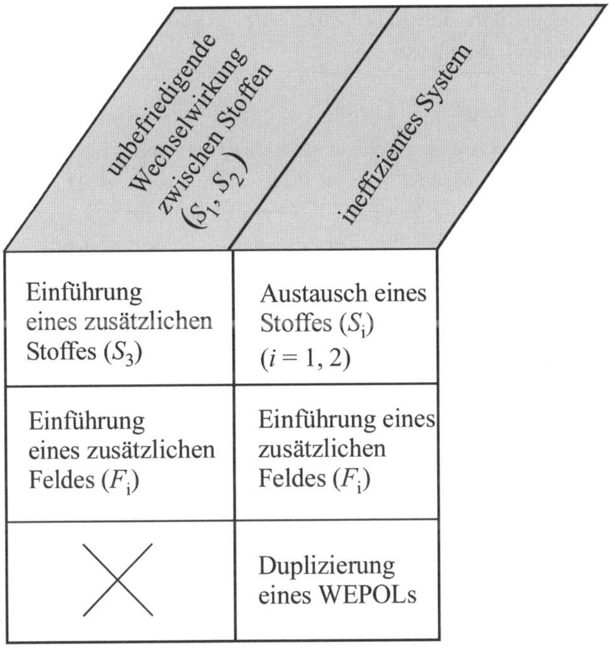

18.1 Zusammenwirken der Werkzeuge

unbefriedigende Wechselwirkung zwischen Stoffen (S_1, S_2)	ineffizientes System
Einführung eines zusätzlichen Stoffes (S_3)	Austausch eines Stoffes (S_i) ($i = 1, 2$)
Einführung eines zusätzlichen Feldes (F_i)	Einführung eines zusätzlichen Feldes (F_i)
✕	Duplizierung eines WEPOLs

Abb. 18.2: Häufige WEPOL-Variationen

Weiterhin verfolgt TRIZ mit dem Ansatz der **Idealität** die Idee der Wirtschaftlichkeit. Wirtschaftlichkeit liegt insofern vor, wenn sich die notwendige Funktionalität mit einem Minimum an Aufwand erzeugen lässt. Hierzu werden sechs Grundregeln (s. S. 152 ff.) angeboten, die ähnlich auch in der Konstruktionsmethodik verwandt werden und eine enge Orientierung bei der konstruktiven Konkretisierung von Konzepten geben sollen.

Auf allen TRIZ-Stufen wird den Anwendern immer wieder Kreativität und ein **innovatives Lösungskonzept** abverlangt. Unterstützt durch die Fiktion des Idealen Endresultats (IER) spielen hier Techniken des so genannten „talentierten Denkens" (Querdenkens) bzw. der „produktiven Kreativität" eine wichtige Rolle. Der Terminus „produktiv" soll dabei hervorheben, dass die Kreativität fokussiert wird und nicht wie beim Brainstorming einen weit gespannten Lösungsraum umfasst. Die somit zur Anwendung kommenden Methoden sind unter den Begriffen *Verfahren der kleinen Figuren (VKF)/Zwerge-Methode* und *MZK-Operatoren* bekannt.

Die menschlichen Zwerge werden gedanklich genutzt, wenn für eine Handhabung oder ein Vorgang eine Umsetzungsanalogie gesucht wird: Mit Zwerge kann es so gemacht werden – Wie sieht die technische Realisierung aus?

Ein weiterer Gedankengang kann mit den MZK-Operatoren entwickelt werden, wobei wieder der Zweck verfolgt wird, für eine Lösungsrichtung eine einfache Realisierung zu finden. Meist bewegt man sich dabei durch Vergrößerung oder Verkleinerung im Feld der Analogien zu natürlichen Systemen.

Nachdem bisher ein Weg gewiesen worden ist, Ideen in Konzepte oder Prototypen umzusetzen, können TRIZ-Werkzeuge auch weiter dazu herangezogen werden, den bestimmungsgemäßen Gebrauch zu planen. Hierzu bietet sich das Tool *AFE (Antizipierende Fehler-Erkennung)* an. Im Gegensatz zur FMEA – wo es um die Erkennung von potenziellen Fehlern geht – besteht bei der AFE die Vorgabe darin, Fehler zu finden, um ein System zu torpedieren. Wenn diese systematisch aufgelistet werden, müssen im Weiteren Maßnahmen ersonnen werden, die das Eintreten dieser Fehler faktisch unmöglich machen. Dieses unkonventionelle Herangehen an die Fehlerquellen hilft in der Praxis, überdurchschnittlich zuverlässige Konzepte zu schaffen.

Resümierend lässt sich feststellen, dass die zweck- und zielgerichtete Anwendung von TRIZ mit seinen Werkzeugen es regelmäßig ermöglicht, etwas Neues zu generieren. Trotz des breiten Fortschritts der Technik kann dies auch heute noch zu patentfähigen Lösungen führen.

18.2 Handlungsleitfaden

Bei der Übertragung der vorgenannten Werkzeuge auf eine konkrete Aufgabenstellung ergibt sich immer das Problem: „Wie wendet man die Werkzeuge folgerichtig an?" und „Wie können diese in einem Lösungsprozess gebündelt werden?" Nachfolgend ist dazu ein Anwendungsleitfaden mit *zehn Arbeitsschritten* aufgestellt worden, der sich in der praktischen Projektarbeit bewährt hat.

Jeder Schritt steht hierbei für sich und erzeugt unter Verwendung der vorhergehenden Tools ein wichtiges Zwischenergebnis. Zusammen ergeben diese eine Mannigfaltigkeit von Ideen und Einzellösungen zu einer definierten Aufgabenstellung. Innerhalb des Ablaufs werden diese bewertet, selektiert und konkretisiert, sodass das erhoffte Ergebnis methodisch entwickelt wird. Erfahrungsgemäß kann zumindest *eine* neuartige Lösung erzeugt werden. Wird die Lösung als unbefriedigend empfunden, muss der Bearbeitungsablauf mit neuen Eingangsparametern wiederholt werden.

Meist entstehen mit TRIZ *nur Konzepte*, die sich jedoch so weit ausfeilen lassen, dass unmittelbar hierauf eine erfolgreiche Ausarbeitung und Realisierung erfolgen kann. Der anschließende Prozess ist vielfach effizienter als bei anderen bekannten Entwicklungsmethoden.

Trotzdem darf man „keine Wunder" erwarten. Eine systematische Herangehensweise an Probleme benötigt auch mit TRIZ ihre Zeit. Die Zeitangaben im Ablaufleitfaden sollen daher ein Gefühl für erzielbare Fortschrittsraten vermitteln.

18.2 Handlungsleitfaden

TRIZ-Ablaufleitfaden

1. Teambildung

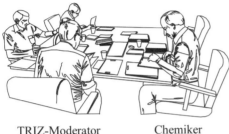

Physiker   Ingenieur

TRIZ-Moderator   Chemiker

Inventive Ideen liegen meist außerhalb des eigenen Erfahrungsschatzes, deshalb ist Interdisziplinarität wichtig.

Zeitbedarf

Vorber.

2. Innovations-Checkliste

ICL	Projekt
1. Informationen über das Objekt	
2. Verfügbare Ressourcen	
3. Informationen zur Situation	
4. Veränderbarkeit des Objektes	

Am Anfang steht die Aufgabenstellung. Lösungsprozesse ohne Aufbereitung und Voranalyse werden nie erfolgreich sein. Eine kurze ICL ist besser als gar keine.

3–5 Std.

3. Stufen der Evolution/S-Kurve

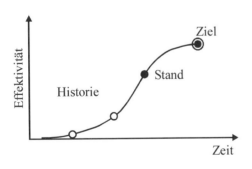

Wo steht die derzeitige Lösung? *Was* war in der Vergangenheit? *Wie* entwickelt sich der Wettbewerb? *Wohin* geht der Trend?

Eine Aufgabe muss immer nach „vorne" ausgerichtet sein, eine Orientierung nach „hinten" ist stets ein Rückschritt.

Die Entwicklungsgesetze weisen sicher den Weg.

4. Vision

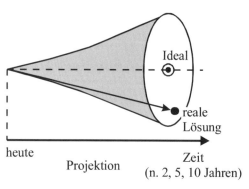

| | | Schaffung eines Bildes von der idealen Lösung (IER) bzw. der noch akzeptablen Lösung (über den derzeitigen Horizont hinaus). | 1 Std. |

Heute/Zukunft
- Wie entwickelt sich die Umwelt?
- Welche neuen Forderungen werden kommen?
- Erfüllt das IER diese Forderungen?
- Muss eine Alternative her?

Vorausschau sollte Zukunftsfähigkeit des IER absichern!

5. Abstraktion der Standardwidersprüche

WSP ↑↓→ / Anf. d. Aufgabe	↑		↓
	⑧		⑰
1. ...	✗		
2. ...			✗

Ein Prinzip von TRIZ ist die Abstraktion. Dazu müssen aus der ICL die Hauptanforderung extrahiert und in Standardwidersprüche transformiert werden.   1–2 Std.

6. Auflösung der Widersprüche
6.1 Widerspruchsmatrix

WSP− ↓ / ↑ WSP+	①	⑩	⑭	
①				
②		8,10, 19,35	28,2, 10,27	

Zur Auflösung der Widersprüche wird die Widerspruchsmatrix benutzt. In dieser Matrix sind 1.201 standardisierte Lösungen katalogisiert.

18.2 Handlungsleitfaden

6.2 Widerspruchsverknüpfungen

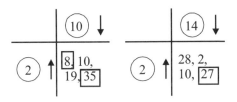

Alle oder die wesentlichen Widersprüche sind untereinander zu verknüpfen.

2–3 Std.

6.3 Realisierungschancen

Die je Widerspruch ermittelten Lösungen können, müssen aber nicht zwangsläufig erfolgreich sein. Eine weitere Selektion ist notwendig.

7. Lösungsverdichtung

IGP	Häufigkeit
8	I
27	III
35	IIII I
⋮	
40	II

Durch die Widerspruchsverknüpfungen entsteht ein großes Lösungsfeld. Dieses ist zu ordnen, um Häufigkeiten zu erkennen.

1 Std.

8. Lösungskonkretisierung

IGP 35?
IGP 27?

stärkste Häufigkeit = größte Lösungswahrscheinlichkeit

Die Lösungsverdichtung gibt einen Hinweis auf die beste „innovative Lösung". Entsprechend des Ranges werden diese diskutiert und skizzenhaft ausgearbeitet.

1–2 Std.

9. Selektion

↱	A	B	C
A	–	2	1
B	0	–	1
C	1	1	–

Legende:
A, B, C etc. = Lösungsideen
Bewertung = 0, 1, 2

Eine Diskussion wird eine Vielzahl von Ideen hervorbringen. Gemäß den in der ICL festgelegten Kriterien (Neuheit, Machbarkeit, Kosten etc.) erfolgt eine Selektion mittels „paarweisem Vergleich", um die Favoriten zu ermitteln.
Z. B.: A unwichtiger (= 0), gleich wichtig (= 1) oder wichtiger (= 2) als B.

1 Std.

10. Konzeption

Teil-funktionen	alternative Ausprägungen		
1. TF	□	△	○
2. TF	○	□	△

Favorit

Die Favoriten sind auszuarbeiten, wobei die Anwendung der Morphologie zweckmäßig ist.
Vor der Realisierung sollte eine „WEPOL-Prüfung" durchgeführt werden.

3–5 Std.

∑ 13–20 Std.

(Neue innovative Problemlösung)

Die Zeitangaben im Ablaufdiagramm sind Erfahrungswerte aus mehreren Industrieprojekten. In der Praxis werden oft „Durchbrüche" in kurzer Zeit erwartet. Wie bei jeder systematischen Vorgehensweise erfordert die Erarbeitung von Lösungen aber regelmäßig mehr Zeit, als man eingeplant hat. Insgesamt besteht jedoch eine große Wahrscheinlichkeit, mit TRIZ eine neuartige Lösung zu finden.

19 Nutzung von Synergien

In einer Unternehmensstudie der FHG[39] wurde festgestellt, dass zwischen proaktiven und passiven Unternehmen erhebliche Unterschiede [FRA 99] messbar waren:
- Die Umsatzrenditen innovativer Unternehmen waren zwei- bis dreifach so hoch und das Umsatzwachstum regelmäßig zweistellig.
- Die Aufwendungen für F & E[40] und Methodenadaption waren bei proaktiven Methoden mehr als doppelt so hoch.
- Bei proaktiven Methoden wurden je F & E-Mitarbeiter durchschnittlich acht Mal mehr Patentanmeldungen p. a. angemeldet.

19.1 Methodenkette

Erfolgreiche Unternehmen waren und sind auch heute neue Methoden gegenüber aufgeschlossen

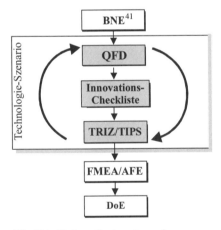

Abb. 19.1: Moderne Engineeringwerkzeuge

Bzgl. der Wirksamkeit der Methoden wurden in derselben Studie QFD und FMEA eine sehr große Bedeutung und DoE eine große Bedeutung zugewiesen, während TRIZ/TIPS und AFE überwiegend noch unbekannt waren. Unter Anwendern werden demgegenüber QFD, TRIZ als primäre Kernwerkzeuge und AFE, DoE als unterstützende Kernwerkzeuge angesehen. Damit besteht die Aufgabe, die in der nebenstehenden *Abb. 19.1* aufgezeichnete Methodenkette in einem effizienten Produktentwicklungsprozess zu verankern.

---

[39] FHG = Fraunhofer Gesellschaft, Stuttgart

[40] FE = Forschung und Entwicklung

[41] BNE = Bottleneck Engineering; dies ist eine Technik, mithilfe derer aus Kundenanforderungen neue Produktentwicklungsziele abgeleitet werden.

Am Anfang von Innovationsprojekten sollte immer der Kunde und dessen Bedürfnisse stehen. Das adäquate Instrument hierzu ist die Engpassfindung, *Bottleneck Engineering* (BNE), eine Technik, die Kundenwünsche und -anforderungen direkt zu erfassen und hieraus Entwicklungsziele abzuleiten.

Die Idee von Bottleneck Engineering besteht darin, zu einem realen oder geplanten Produkt die emotionalen Kundenreaktionen vor Ort einzuholen. Dies geschieht gewöhnlich so, dass alle Äußerungen der Kunden einfach nur gesammelt werden. Im nachfolgenden Reflexionsschritt wird analysiert: „Was meint der Kunde genau?" und „Welche Anforderungskategorien sind in den Äußerungen enthalten?" Man gewinnt somit eine Struktur der Anforderungen oder das Spektrum der originären Entwicklungsziele. Im Allgemeinen gilt: Aus 10 Kundenaussagen kann *ein neues* Entwicklungsziel generiert werden.

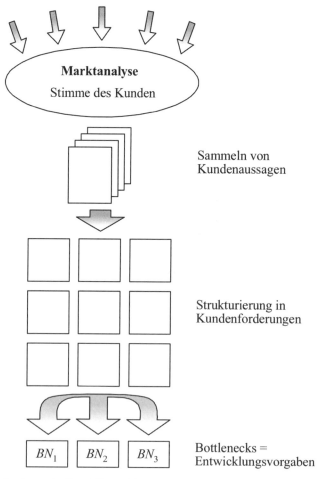

Abb. 19.2: *Kundenwünsche werden Entwicklungsziele*

Diese Entwicklungsziele können in QFD (Quality Function Deployment) weiterverarbeitet bzw. als Eingangsgrößen des ersten Qualitätshauses (HoQ I, s. *Abb. 19.3*) benutzt werden. Beim ersten Qualitätshaus geht es darum, für eine BNE-spezifizierte Produktvision die charakterisierenden Qualitätsmerkmale im Sinne von Alleinstellungsmerkmalen zu entwickeln. Die Qualitätsmerkmale sind wiederum die Eingangsgrößen in das zweite Qualitätshaus, bei dem die Designmerkmale (Konstruktionsanforderungen) abgeleitet werden. Damit ist das Umfeld für die Stellung einer innovativen Aufgabe bereitet, die nunmehr mit der Innovationscheckliste (ICL) detailliert hinterfragt und weiter aufbereitet werden kann.

TRIZ baut hierauf auf und kann höchst effizient die aufgeworfenen Widersprüche lösen. Das Ergebnis wird idealerweise ein Anforderungsprofil oder eine Konzeptvorstellung für ein neues Produkt sein. Je nach Perspektive von Entwicklungsvorhaben sollte bei langfristigen Zeithorizonten die Szenariotechnik eingebunden werden, die dann als Klammer um QFD, ICL und TRIZ zu sehen ist. Mit einem Szenario soll sichergestellt werden, dass eine Entwicklung auch zukunftsgerecht ist.

Hieran sollte – wenn es sich um Produkte mit Seriencharakter und bestimmten Anforderungen an die Zuverlässigkeit handelt – eine FMEA (Fehler-Möglichkeit- und Einfluss-Analyse) angeschlossen werden. Im TRIZ-Methodenspektrum werden mit der AFE (Antizipierenden Fehlererkennung oder der Subversiven Fehleranalyse von der Ausrichtung her ähnliche Instrumente angeboten, die jedoch noch nicht die Akzeptanz der FMEA erreicht haben. Ziel einer FMEA (insbesondere der Konstruktions-FMEA) ist es, im vorliegenden Zusammenhang die in einer Konstruktion versteckten Fehler zu erkennen, diese zu bewerten und infolgedessen die Konstruktion so lange zu überarbeiten, bis die Fehler eliminiert sind und sich nicht mehr schädlich auswirken können.

Ergänzend ermöglicht zum Schluss noch die DoE-Technik (Design of Experiments oder statistische Versuchsmethodik) die Leistungsmerkmale eines Produktes (z. B. Wirkungsgrad, Zuverlässigkeit, Verschleiß o. Ä.) zu optimieren. Hierzu wird ein abgestimmtes Versuchsprogramm erstellt, welches mithilfe simultaner Versuche (Minimierung des Versuchsaufwandes) die Optimierungsrichtung und die quantitative Bedeutung aller Merkmalsparameter hinsichtlich einer Zielvorgabe offen legt.

Die vorgezeichnete Methodenkette ist hiernach geeignet, in stringenten Abläufen bedürfnisgerechte, innovative, robuste und wirtschaftliche Produkte zu entwickeln. Der höhere Aufwand wird gewöhnlich durch einen größeren Erfolg am Markt wieder kompensiert. Im Umkehrschluss kann man feststellen, dass die vermeintlich schnellere Versuchs- und Irrtums-Methode nur zufällig zu einem erwünschten Ergebnis führt.

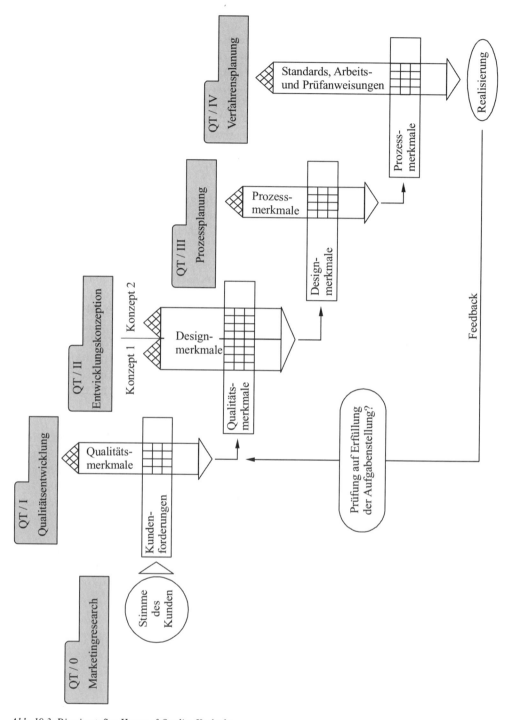

Abb. 19.3: Die vierstufige House-of-Quality-Kaskade

19.2 QFD und TRIZ

Bei der Bearbeitung industrieller Entwicklungsaufgaben zeigt sich immer wieder, dass die Kopplung von QFD (Quality Function Deployment) mit TRIZ ein sehr effizientes Vorgehen ermöglicht. QFD verfolgt die Intention, die Stimme des Kunden umzusetzen. Gegebenenfalls ist diese vorher schon mittels BNE „eingefangen" worden.

In der *Abb. 19.4* ist das Definitions- und Umsetzungsprinzip des House of Quality mit seinen fünf Teilfeldern dargestellt, die sich um die Beziehungsmatrix gruppieren.

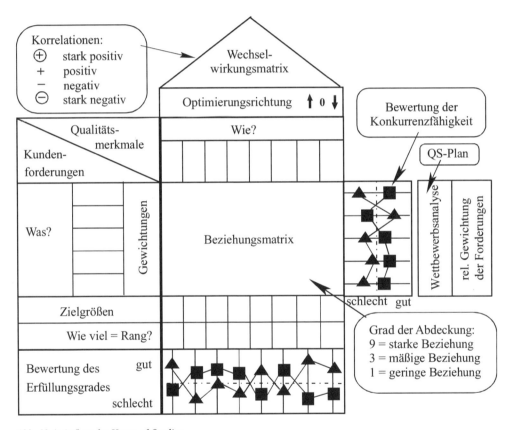

Abb. 19.4: Aufbau des House of Quality

Entscheidend ist hierbei der „Was-wie-Abgleich": „Was?" beinhaltet die Kundenforderungen und „Wie?" die direkte Umsetzung. Konflikte hierzwischen werden in der Wechselwirkungsmatrix im Dach des House of Quality sichtbar gemacht. Da diese aufgelöst werden müssen, ergibt sich hier eine bevorzugte Anwendung von TRIZ.

20 Innovationsmanagement und TRIZ

Wegen des permanenten Zwangs zu Neuerungen haben erfolgreiche Unternehmen heute die Aufgabe „Innovationsmanagement" fest in den Unternehmensfunktionen verankert. Vorgabe ist es, in einem systematischen und zielbestimmten Prozess neue Produkte und Technologien aufzuspüren, umzusetzen und in den Markt einzuführen.

20.1 Der Zwang zum Innovieren

Nach neueren Untersuchungen zeichnen sich am Markt erfolgreiche Unternehmen durch ein stets im Wandel befindliches Produktportfolio mit den folgenden Merkmalen [HAR 00] aus:
- Etwa 60 % der Produkte sind jünger als 2 Jahre.
- Etwa 90 % der Produkte sind jünger als 5 Jahre.
- Nur 10 % der Produkte sind älter als 5 Jahre.
- Etwa 60–70 % der Produktionseinrichtungen sind auf neuestem Technologiestand.

Diese Unternehmen haben als strategische Erfolgsposition (SEP[42]) die Innovationsführerschaft definiert und richten hiernach alle Aktivitäten aus. In der Regel sind dies auch Unternehmen, die neuen Methoden gegenüber sehr aufgeschlossen sind und Erfolg versprechende Methoden auch in ihrem PEP[43] implementieren.

In diesem Umfeld spielt dann der Marktauftritt bzw. die Unternehmensstrategie eine große Rolle. Je nach Ausrichtung des Unternehmens lassen sich die folgende Profile charakterisieren:
- Pioniere,
- frühe Folger,

---

[42] Die SEP-Philosophie wurde von Cuno Pümpin in den frühen 1980er Jahren formuliert. Seine neun Regeln sind Grundvoraussetzung für Innovationen bzw. einzelne Grundsätze können auch mit TRIZ spezialisiert werden. Nach Pümpin bedarf erfolgreiches Innovieren die Berücksichtigung der folgenden Grundsätze: Differenzierung, Effizienz, Timing, Konzentration der Kräfte, auf Stärken aufbauen, Synergiepotenziale ausnutzen, Umweltchancen ausnutzen, Gleichgewicht von Ressourcen und Zielen, Unitè de doctrine (Gemeinschaftsgeist fördern).

[43] PEP = Produkt-Entwicklungs-Prozess

- Modifikatoren und
- Nachzügler.

In diesem Umfeld spielen Methodik und Kreativität eine große Rolle. TRIZ (s. Abb. 20.1) ist dabei sicherlich am wirksamsten, wenn absolute Neuerungen gesucht werden oder eine bestehende Lösung kreativ umgangen werden soll.

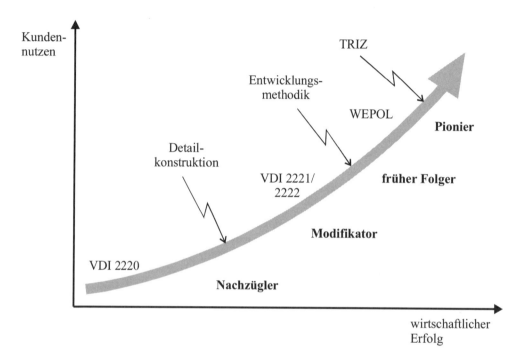

Abb. 20.1: Methodengebäude des Innovationsmanagements (s. auch [PEP 99])

Der *Pionier* strebt die Führerschaft in seinem Marktsegment an, indem er unablässig nach neuen Produktideen Ausschau hält und die sich damit ergebenden Chancen versucht wahrzunehmen. Zum Selbstverständnis eines Pionier-Unternehmens gehört es, den technischen Fortschritt unmittelbar umzusetzen und die daraus abgeleiteten Innovationen als Wettbewerbsvorsprung zu nutzen. Dazu bedarf es Risikofreude, eines F&E-Potenzials und ausreichender Finanzkraft. Als Erfolg verspricht man sich davon:
- Eliminierung von Konkurrenzeinflüssen,
- Vorsprung auf der Evolutionskurve,
- Setzung von Marktstandards,
- Kostenvorteile durch größeres Mengenwachstum,
- Durchsetzung von Abschöpfungspreisen,
- lange Verweilzeiten von Produkten auf dem Markt sowie
- Wahlfreiheit der Absatzkanäle.

Die Markteintrittsrisiken von Innovationen muss der Pionier natürlich auch berücksichtigen. Diese bestehen in:
- der Finanzierung der gesamten Markterschließungskosten (Werbung, Kundenschulung, Komplementär-Produktentwicklung),
- einem möglichen Scheitern am Markt,
- den schnellen Verfall aller investiven Vorleistungen sowie
- hoher Investitionsaufwendungen durch Technologieschübe.

Ein insgesamt geringeres Risiko geht der *frühe Folger* ein. Er agiert systematisch mit Modifikationen von Innovationen und adaptiert sie, ohne jedoch den ersten Schritt zur Entwicklung zu tun. Seine Stärke ist die Umgehung von Patenten ohne eigene Grundlagenforschung. Oft sind Entwicklungsrichtungen verbaut, sodass TRIZ in Verbindung mit der WEPOL-Systematik hier ein effizientes Werkzeug darstellen kann.

Der *Modifikator* sucht in einem Marktsegment nach Lücken, in dem er eingeführte Produkte modifiziert und spezialisiert. In gewissem Umfang sind hierzu Systematik und Kreativität erforderlich, was durch die Nutzung von bekannten Entwicklungswerkzeugen (wie beispielsweise der Morphologie) jedoch abgedeckt werden kann.

Die geringste Eigenleistung erbringt der *Nachzügler*, er reagiert nur als Kopist auf Trends. Seine Anstrengungen konzentrieren sich auf die Übertragung und Ausdetaillierung von Zusatzfunktionen erfolgreicher Produkte. Dazu benötigt er im Allgemeinen handwerkliche Arbeitstechniken.

Diese Charakterisierungen zeigen, dass Innovationswille, Kreativität und methodische Umsetzung letztlich immer zu wirtschaftlichem Erfolg [FRA 99] führen werden, womit auch die Motivlage für TRIZ in vielen Unternehmen gekennzeichnet ist.

20.2 Umsetzung von Innovationsmanagement

Wenn Innovation als beständige Aufgabe verstanden wird, so muss auch Innovationsmanagement als Führungsaufgabe eingebunden werden. Dies bedingt, dass für diese Aufgabenstellung eine zweckmäßige Organisationsstruktur geschaffen wird. Wenngleich hierfür mehrere Modelle möglich sind, beruhen sie immer auf einer festgeschriebenen *Innovationsstrategie* und einem immer weiter zu entwickelnden *Innovationsprogramm*.

In der *Abb. 20.2* ist dieser Ansatz in seinem Zusammenwirken dargestellt. Zunächst ist eine Innovationsstrategie zu entwickeln. Diese fußt auf den beiden Säulen Produkt-/Marktstrategie und Technologiestrategie. Die Verbindung zwischen den beiden Segmenten bildet die vorhandenen oder aufzubauenden Kernkompetenzen des Unternehmens. Innerhalb dieses Rahmens muss ein ziel- und zweckorientierter Innovationsprozess ablaufen. Dieser umfasst, die Ideenfindung und Konzeptbildung, die Planung von Projekten und deren Durchführung sowie letztlich die Markteinführung.

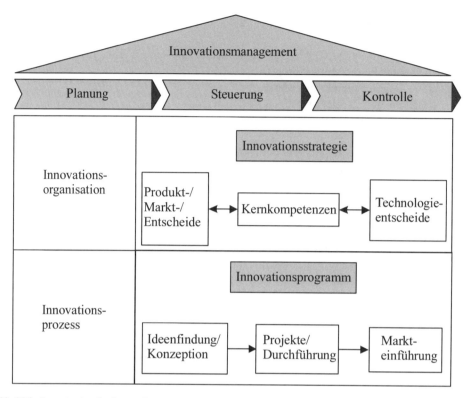

Abb. 20.2: Organisation des Innovationsmanagements

Das Innovationsmanagement ist in der betrieblichen Praxis auch mit Konflikten behaftet, die hauptsächlich im Interessensausgleich bestehen. Der Ingenieur denkt überwiegend an Funktionen, Arbeitsprinzipien und technische Leistungsgrößen. Er versucht, einer Entwicklung das Beste, was möglich ist, mitzugeben. Der Kaufmann denkt hingegen in monetären Dimensionen. Er will eine möglichst kostengünstige Lösung, die heutigen Marktanforderungen genügt und diese nicht unbedingt übererfüllt. Wie so oft ist ein Kompromiss in der Mitte anzustreben, der Technik, Fortschritt und Zukunftsperspektiven bei vertretbaren Kosten beinhaltet.

Innovationsmanagement bedeutet daher auch, mit vertretbaren Mitteln ein Optimum zu bewirken. Letztlich muss das Ziel aller Tätigkeiten die Befriedigung der Kundenforderungen im Wettbewerb sein.

20.3 Der Ideenfindungsprozess

Wenn die Rahmenorganisation des Innovationsmanagements gefestigt ist, hängt der Erfolg fast ausschließlich von der Effizienz der Ideenfindung und der Umsetzung in tragfähige Konzepte ab.

Die Phase der Ideenfindung fächert sich hierbei auf in:
- die eigentliche *Produktfindung* innerhalb eines abgesteckten Suchfeldes und in
- die Findung von *Problemideen* mittels Kreativitätsmethoden.

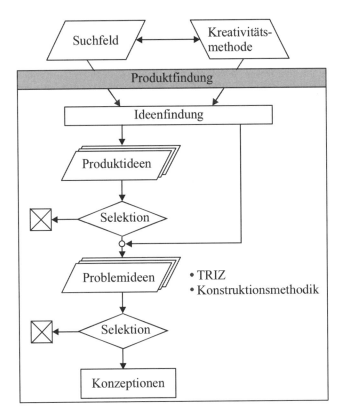

Abb. 20.3: Generierung innovativer Produkte

Während sich die Produktidee mit der Aufgabe auseinandersetzt: „*Was* soll getan werden?", zielt die Problemidee auf die Frage: „*Wie* ist es zu machen?". Diese Abgrenzung soll mit einem kleinen Beispiel erläutert werden.

	Ein Unternehmen, welches im Softwarebereich tätig ist, sucht eine Anwendung für Navigationslösungen.
• Potenzial:	Soft- und Hardware für Funk- und Navigationstechnik
• Suchfeld:	Straßenverkehr
• Kundenproblem:	Bedürfnis nach rechtzeitigen Informationen über Staus
• Produktidee:	automatisches Durchsagen von Verkehrsinformationen
• Problemidee:	Autoradios mit selbsttätiger Einschaltfunktion für Verkehrsinformationen
• Realisierung:	Software, welche charakteristische Daten über GPS empfängt und auswertet und anschließend die Verkehrshinweise über eine bestimmte Wellenlänge an Autoradios abgibt

Bei der Lösung von Problemideen ist TRIZ bzw. die 39 WSPs mit den 40 IGPs allen bekannten Kreativitätsmethoden deutlich überlegen. Die Schwäche der geläufigen Kreativitätsmethoden wie Brainstorming, Methode 635, Ideen-Delphi etc. liegt in deren Allgemeingültigkeit und dem oft zu großen Problemraum. Jedes Teammitglied bringt seinen Erfahrungshintergrund ein und erweitert damit den Problemraum. Es erfordert somit einen extrem hohen Zeiteinsatz, in diesem großen Problemraum spezielle Lösungsansätze zu finden.

Die Stärke von TRIZ ist darin zu sehen, dass durch die Widerspruchsformulierungen einzelne Segmente aus dem Problemraum herausgeschnitten werden. Diese Segmente können aufgrund der Kenntnisvielfalt des Entwicklungsteams genau auf die Nahtstellen moderner Wissensdomänen gelegt werden. Hierdurch steigt die Erfolgsquote für innovative Lösungen um ein Vielfaches, da große Fortschritte nur noch interdisziplinär zu realisieren sind.

21 Einführung von TRIZ in Unternehmen

Eine Folge der Globalisierung ist, dass das industrielle Umfeld insgesamt schwieriger geworden ist. Die Unternehmen sind unter dem internationalen Wettbewerbsdruck herausgefordert, innovativer zu werden und Marktpositionen schneller zu besetzen. Demnach wird mehr als je zuvor entwickelt und konstruiert. Dieser Zwang zum Handeln wird jedoch zunehmend durch den derzeitigen und weiterhin bestehenden Mangel an guten Ingenieuren erschwert. Insofern werden die Unternehmen gezwungen sein, immer rationellere Arbeitsorganisationen zu schaffen und hierfür die notwendigen Methoden einzusetzen. Entwicklungsmethodik sowie Quality-Engineering-Werkzeuge werden dabei eine zentrale Rolle spielen.

Vor diesem Hintergrund braucht man deshalb auch nicht mehr zu diskutieren, ob man neue Methoden einführt, sondern nur noch das Wie ist entscheidend. Für das Wie gibt es die beiden Möglichkeiten „top-down" oder „bottom-up". Beide können zielführend sein, wenn es Initiatoren und begeisterte Multiplikatoren gibt. Kontraproduktiv wirkt jede Verordnung „von oben", in einem festgeschriebenen Produktentwicklungsprozess bestimmte Methoden unbedingt einsetzen zu müssen.

Was kann die TRIZ-Methode im Unternehmen leisten? Mithilfe von TRIZ können:
- Probleme innovativer gelöst werden,
- Produktpositionen am Markt verteidigt werden,
- Produktstrategien entwickelt werden,
- Fehler während einer Entwicklung vermieden werden,
- interdisziplinäre Zusammenarbeit gefördert werden,
- Kreativität stimuliert werden sowie
- eine Sensibilisierung für Verbesserungen erfolgen.

Somit kann TRIZ einen wesentlichen Beitrag leisten, Unternehmen ganzheitlich erfolgreich zu machen. Deshalb sollte die Methode in das Zielsystem proaktiver Unternehmen aufgenommen und deren Anwendung gefördert werden.

Jede Methode sollte, wie in *Abb. 21.1* dargestellt, über drei Phasen implementiert werden.

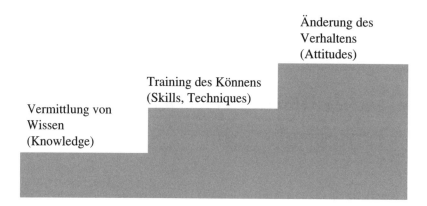

Abb. 21.1: *Stufen der Aus- und Fortbildung*

Die reine Aufnahme von Wissen ist zunächst ein sehr passiver Vorgang, der jedoch regelmäßig Interesse für Inhalte wecken kann. Danach sollte eine Phase des Trainings an ausgewählten Beispielen einsetzen. Hier muss dann der Aha-Effekt hervorgerufen werden, der allen offensichtlich werden lässt, dass eine neue Arbeitsweise auch bessere Ergebnisse hervorbringen kann. Diese positive Erkenntnis wird unterstützt, wenn TRIZ-Projekte sichtbar erfolgreich abgeschlossen werden. Die Erfahrung zeigt, dass dies sehr entscheidend von der Kompetenz des Moderators abhängt. Insofern muss ein Unternehmen auch für sich entscheiden, ob es nicht mindestens einen TRIZ-Experten ausbilden lässt.

Im Zusammenhang mit der Einführung stellt sich natürlich auch die Frage, ob man die Methode „händisch" oder softwareunterstützt betreibt. Für beide Richtungen gibt es in der Praxis Befürworter. Bei kleineren Beispielen hat sich gezeigt, dass Einzelpersonen und kleine Teams (3–4 Personen) sehr gut mit einfachen Arbeitsmitteln (Widerspruchsmatrix, Separationsprinzipien etc.) auf Papier zurechtkommen. Werden jedoch die Aufgaben unschärfer und komplexer sowie die Teams größer, erweist sich die Softwareunterstützung als äußerst hilfreich. Beispielsweise können mit der Software *Innovation Work Bench* (Fa. Ideation International Inc.) komplexe Aufgaben sehr zielführend in einem interaktiven Dialog gelöst werden. Gleichzeitig läuft zum Zwecke der Dokumentation ein Protokoll mit, welches die Problemstellung völlig abgerundet darstellt, d. h., alle Ideen von Teams werden erfasst und geordnet den Lösungsetappen zugewiesen. Von vielen Anwendern wird dies sehr geschätzt.

Die Erfahrung aus einer Vielzahl von Industrieprojekten zeigt, wenn Mitarbeiter einmal mit dem „TRIZ-Virus" infiziert sind, entwickelt sich bezüglich der Anwendung eine Eigendynamik, die jedoch vom Management gefördert werden muss. Dieser Förderung kann in der Prämierung von ausgezeichneten Problemlösungen, dem Zugang zu Besuch von Vorträgen und Seminaren oder sogar der Einladung von TRIZ-Referenten ins Unternehmen bestehen. Auch für TRIZ gilt, dass man diese Idee nur am Leben erhält, wenn man regelmäßig neue Impulse gibt.

22 Software

Mit dem Ziel, die Akzeptanz von TRIZ in den F&E-Bereichen der Industrie zu steigern, wurden immer wieder Anläufe von Hochschulen, privaten Instituten und Softwarehäusern unternommen, die TRIZ-Methode in einem Softwarepaket abzubilden. Durchgesetzt haben sich bis heute nur die zwei Softwarepakete
- Innovation Work Bench von Ideation International Inc. (www.ideationtriz.com) und
- TechOptimizer von Invention Machine Corp. (www.invention-machine.com).

Beide Softwarepakete haben weltweit eine größere Anzahl von Installationen und unterliegen auch einer regelmäßigen Weiterentwicklung. Obwohl die Methodenbasis weitestgehend identisch ist, unterscheiden sich die Realisierungen und die Umsetzungsphilosophien doch erheblich.

Die Firma Ideation verfolgt als Anspruch, TRIZ weiterzuentwickeln und kann sich hierbei auf langjährige Erfahrung ihrer russischen Entwickler stützen. Das konzipierte Softwarepaket **Innovation Work Bench** ist dementsprechend geeignet, erfahrenere TRIZ-Anwender [MÖH 98a] zu unterstützen. Insofern wurde weniger Wert auf eine transparente Oberfläche, gute Benutzerführung und methodische Verknüpfungen gelegt. Von vielen Erstanwendern wird dies oft kritisiert, was natürlich einer größeren Verbreitung entgegensteht.

Zu den Hauptmodulen von Innovation Work Bench (IWB™) sind zu zählen:
- Innovation Situation Questionnaire,
- Problem Formulator,
- Navigator,
- System of Operators,
- Result Analysis,
- Innovative Illustrations Library und
- Innovation Guide.

Schwierig zu durchschauen ist ferner die Integration dieser Softwaremodule in die von Ideation kreierten Lösungsprozesse. Sinnvolle Vorstellung ist es hierbei, in einer späteren Anwendungspraxis den Bearbeitungsaufwand verkürzen zu können.

Danach wird mit allen Modulen ein übergeordneter Lösungsprozess (Ideation Problem-Solving Process) unterstützt, der auf die Neuentwicklung von Produkten und Prozessen ausgerichtet ist. Weitere Lösungsprozesse haben eine spezielle Ausrichtung und sollen Produktentwicklungen einer nächsten Generation, die innovative Behebung funktioneller Schwächen in bestehenden technischen Systemen und die Entwicklung von Messsystemen unterstützen.

Das Softwarepaket **TechOptimizer** von der Firma Invention Machine ist eine sehr professionelle TRIZ-Software [MÖH 98b]. In der Anwendung wird dies durch den Aufbau der Oberfläche, der Einbindung vieler grafisch aufbereiteter Informationen oder durch die direkte Internet-Verknüpfung mit Patentdatenbanken sichtbar. Viele Erstanwender sind dann oft beeindruckt, auf welchem spielerischen Niveau systematisches Erfinden oder Entwickeln durchführbar zu sein scheint. Mit zunehmender Praxis reift aber die Erkenntnis, dass hier ein Kompromiss zwischen Exaktheit und Nutzerfreundlichkeit eingegangen worden ist. Routinierte TRIZ-Anwender finden die methodische Tiefe des TechOptimizer als nicht ausreichend und präferieren daher die IWB-Software.

Zu den Hauptmodulen des TechOptimizer sind entsprechend zu zählen:
- Product- and Process-Analyser,
- Problem Manager,
- Feature Transfer,
- IM-Effects,
- IM-Principles,
- IM-Prediction und
- IM-Internet Assistant.

Die einzelnen Module stehen völlig eigenständig und können vom Anwender beliebig genutzt werden. Hierhinter steht die Vorstellung, keine festen Ablaufmuster definieren zu wollen und dem Anwender eine gewissen Freiheit zu lassen. Dies bedingt aber ein gefestigtes TRIZ-Wissen, da ansonsten dieser Weg nicht sehr erfolgreich sein wird.

Zusammenfassend sei herausgestellt, dass erfahrenere TRIZ-Anwender in den beiden angesprochenen Softwarepaketen eine gute Unterstützung, vor allem bei der Projektdokumentation, finden. Erstanwender sollten zunächst hinreichende methodische Sicherheit erwerben, bevor sie Software einsetzen.

„Ein Entwickler befindet sich immer wieder in der Situation, ein Optimum zu suchen, von dem er nicht weiß, wo es ist. Er weiß nur, dass es sich ständig verändert."

(K. Ehrlenspiel)

23 Schlusswort

Als rohstoffarmes Land lebt Deutschland fast ausschließlich von Industrieprodukten und Ingenieurdienstleistungen. Die Fähigkeit, Inventionen auszulösen und darauf begründete Innovationen umzusetzen, sichert derzeit unseren Wohlstand. Damit dies auch in der Zukunft gewährleistet ist, müssen unsere Ingenieure erfolgreich arbeiten. Als Voraussetzung für den Erfolg gilt allgemein die Problemlösungsfähigkeit, was wiederum eine zielgerichtete, kreative und fachliche Kompetenz umfasst.

Zielgerichtetes Arbeiten beruht immer auf Systematik und einem stringenten logischen Vorgehen. Systematisches Arbeiten ist vielfach aber schwer zu vermitteln. Jeder Entwickler hat sich im Laufe seiner Berufstätigkeit eine bestimmte Arbeits- und Organisationsweise angeeignet. Meist wird diese auch für alleinig effizient gehalten. Wie Aussagen sind keine Seltenheit „Ich habe meine Patente ohne TRIZ gemacht, genauso wie Leonardo da Vinci." oder „Methodik hält mich nur auf."

Damit ist die Frage jedoch nicht geklärt, ob man nicht durch bestimmte Methodikelemente noch zielgerichteter und schneller entwickeln kann. Wenn dies belegbar ist, dann wäre es doch ein Ausdruck von Lernfähigkeit[44], diese neuen Elemente in die eigene Vorgehensweise zu integrieren und einen „neuen" Weg zu generieren.

Hier ist der Ansatz von TRIZ: Es wird nicht verlangt, den individuellen Arbeitsstil völlig zu ändern, sondern TRIZ bietet mit ergänzenden Werkzeugen die Möglichkeit, in kurzer Zeit inventive Konzepte zu erzeugen. Ein demgemäß qualifizierter Entwickler wird viel effizienter und effektiver wirken können.

Die Aussagen von TRIZ stellen erfolgversprechende Suchrichtungen dar, die noch kreativ in Entwürfe und Realisierungen umzusetzen sind. Hier greift dann wieder die Erfahrung des Konstrukteurs und sein Geschick, daraus wettbewerbsfähige Produkte zu formen.

---

[44] Zwei Waldarbeiter sägen im Schweiße ihres Angesichts an einem dicken Baumstamm. Da rät ein Berater, erst einmal die Säge zu schärfen. Antwort: „Keine Zeit, wir müssen sägen". (D. Zobel)

Unternehmen, die TRIZ konsequent anwenden, berichten, dass mittlerweile jede dritte Entwicklungsaufgabe mit einem Patent abgeschlossen wird und viele Entwickler die neuen Werkzeuge begeistert aufnehmen. Den Lesern dieses Buches wollte ich dieses Erfolgserlebnis ebenfalls vermitteln, in der Hoffnung, erweiterte Perspektiven zu schaffen.

24 Anhang

24.1 TRIZ im Spiegelbild der Methoden

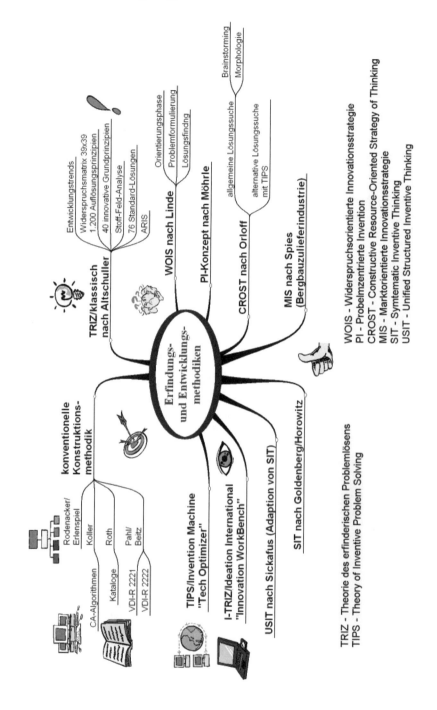

24.2 Innovations-Checkliste

Prof. Dr. B. Klein	**Innovations-Checkliste**	Datum:
		Seite 1 von 2

SE-Team:

1. Kurze Beschreibung des Problems

2. Informationen über das zu verbessernde Objekt/System

3. Informationen über die Problemsituation

4. Beschreibung des erwünschten Endresultats

Prof. Dr. B. Klein	**Innovations-Checkliste**	Datum:
		Seite 2 von 2

5. Historie des Problems

6. Verfügbare Ressourcen

7. Veränderbarkeit des Objekts/Systems

8. Auswahlkriterien für Lösungskonzeptes

9. Projektdaten

24.3 Definition der Widerspruchsparameter

1. **Masse/Gewicht eines beweglichen Objektes**
   Die von der Schwerkraft verursachte Kraft, die ein bewegtes Objekt auf die Auflage ausübt.
   Ein bewegtes Objekt verändert seine Position aus sich heraus oder aufgrund externer Kräfte.

2. **Masse/Gewicht eines unbeweglichen Objektes**
   Die von der Schwerkraft verursachte Kraft, die ein stationäres Objekt auf seine Auflage ausübt.
   Ein stationäres Objekt verändert seine Position weder aus sich heraus noch aufgrund externer Kräfte.

3. **Länge eines beweglichen Objektes**
   Länge, Höhe oder Breite eines Körpers in Bewegungsrichtung.
   Die Bewegung kann intern oder durch externe Kräfte verursacht sein.

4. **Länge eines unbeweglichen Objektes**
   Länge, Höhe oder Breite eines Körpers, in der durch keine Bewegung gekennzeichneten Richtung.

5. **Fläche eines beweglichen Objektes**
   Ebene bzw. Teilebene eines Objektes, welche aufgrund interner oder externer Kräfte ihre räumliche Position verändert.

6. **Fläche eines unbeweglichen Objektes**
   Ebene bzw. Teilebene eines Objektes, welche aufgrund interner oder externer Kräfte ihre räumliche Position nicht verändern kann.

7. **Volumen eines beweglichen Objektes**
   Volumen eines Objektes, welches aufgrund interner oder externer Kräfte seine räumliche Position verändert.

8. **Volumen eines unbeweglichen Objektes**
   Volumen eines Objektes, welches aufgrund interner oder externer Kräfte seine räumliche Position nicht verändern kann.

9. **Geschwindigkeit**
   Das Tempo, mit dem eine Aktion oder ein Prozess zeitlich vorangebracht wird.

10. **Kraft**
    Die Fähigkeit, physikalische Veränderungen an einem Objekt hervorrufen zu können.
    Die Veränderung kann vollständig oder teilweise, temporär oder permanent sein.

11. Spannung oder Druck
Die Intensität der auf ein Objekt einwirkenden Kräfte, gemessen als Kraft oder Spannung pro Fläche.

12. Form
Die äußerliche Erscheinung oder Kontur eines Objektes.
Die Form kann sich vollständig oder teilweise, temporär oder permanent aufgrund einwirkender Kräfte verändern.

13. Stabilität der Zusammensetzung eines Objektes
Die Widerstandsfähigkeit eines Objektes gegen aufgezwungene Formänderungen oder Instabilität.

14. Festigkeit
Die Fähigkeit eines Objektes, innerhalb definierter Grenzen Kräfte oder Belastungen auszuhalten, ohne zerstört zu werden.

15. Haltbarkeit eines beweglichen Objektes
Die Zeitspanne, während der ein räumlich bewegtes Objekt in der Lage ist, seine Funktion zu erfüllen.

16. Haltbarkeit eines unbeweglichen Objektes
Die Zeitspanne, während der ein räumlich fixiertes Objekt in der Lage ist, seine Funktion zu erfüllen.

17. Temperatur
Der Verlust oder Gewinn von Wärme als möglicher Grund für Veränderungen an einem Objekt während des geforderten Funktionsablaufes.

18. Helligkeit
Lichtenergie pro beleuchtete Fläche, Qualität und Charakteristik des Lichtes, Grad der Ausleuchtung.

19. Energieverbrauch eines beweglichen Objektes
Der Energiebedarf eines sich aufgrund interner oder externer Kräfte räumlich bewegenden Objektes.

20. Energieverbrauch eines unbeweglichen Objektes
Der Energiebedarf eines sich trotz äußerer Kräfte räumlich nicht bewegenden Objektes.

21. Leistung, Kapazität
Das für die betreffende Aktion benötigte Verhältnis aus Aufwand und Zeit
Charakterisierung der benötigten, aber unerwünschten Veränderungen in der Leistung eines Systems.

24.3 Definition der Widerspruchsparameter

22. Energieverluste
Die Unfähigkeit eines Objektes, zugeführte Kräfte auszunutzen, wenn nicht gearbeitet oder produziert wird.

23. Materialverluste
Die Abnahme oder das Verschwinden von Material, wenn nicht gearbeitet oder produziert wird.

24. Informationsverlust
Die Abnahme oder der Verlust an Informationen oder Daten.

25. Zeitverlust
Zunehmender Zeitbedarf zur Erfüllung einer vorgegebenen Funktion.

26. Materialmenge
Die benötigte Anzahl von Elementen oder die benötigte Menge an Stoff für die Erzeugung eines Objektes.

27. Zuverlässigkeit (Sicherheit)
Die Fähigkeit, über eine bestimmte Zeit oder Zyklenanzahl die vorgegebene Funktion bestimmungsgemäß erfüllen zu können.

28. Messgenauigkeit
Der Grad an Übereinstimmung zwischen gemessenem und wahrem Wert einer zu messenden Eigenschaft.

29. Fertigungsgenauigkeit
Das Maß an Übereinstimmung mit vorgegebenen Spezifikationen.

30. Äußere negative Einflüsse auf das Objekt
Die auf ein Objekt einwirkenden, Qualität und Effizienz beeinflussenden, äußeren Faktoren.

31. Negative Nebeneffekte eines Objektes
Intern erzeugte Effekte, die die Qualität und die Effizienz eines Objektes beeinträchtigen.

32. Fertigungsfreundlichkeit
Die Einfachheit oder der Komfort, mit der ein Produkt erzeugt werden kann.

33. Bedienkomfort
Die funktionelle oder ergonomische Einfachheit, mit der ein Objekt bedient oder benutzt werden kann.

34. Reparaturfreundlichkeit (Service)
Die Einfachheit, mit der ein Objekt nach Beschädigung oder Abnutzung wieder in den arbeitsfähigen Zustand zurückversetzt werden kann.

35. Anpassungsfähigkeit
Die Fähigkeit, sich an veränderliche externe Bedingungen anpassen zu können.

36. Kompliziertheit der Struktur
Die Anzahl und Diversität der Einzelbestandteile eines Objektes einschließlich deren Verknüpfung.
Weiterhin ist hier die Schwierigkeit, ein System als Benutzer zu beherrschen, gemeint.

37. Komplexität der Kontrolle der Steuerung
Anzahl und Diversität von Elementen bei der Steuerung und Kontrolle eines Systems, aber auch der Aufwand, mit akzeptabler Genauigkeit zu messen.

38. Automatisierungsgrad
Die Fähigkeit, ohne menschliche Interaktion eine Funktion besser zu erfüllen.

39. Produktivität (Funktionalität)
Das Verhältnis zwischen der Anzahl der abgeschlossenen Aktionen und des dazu notwendigen Zeitbedarfes (im Sinne von Wirtschaftlichkeit).

24.4 Morphologische Widerspruchsmatrix

A: Was wird den Bedingungen der Aufgabe entsprechend **verbessert** (vergrößert, verlängert)?

B: Was verändert (verringert, verschlechtert) sich **unzulässig**, wenn Veränderungen gemäß A mit herkömmlichen Verfahren herbeigeführt werden?

		1	2	3	4	5	6	7	8	9	10	11	12	13
		Masse des beweglichen Objekts	Masse des unbeweglichen Objekts	Länge des beweglichen Objekts	Länge des unbeweglichen Objekts	Fläche des beweglichen Objekts	Fläche des unbeweglichen Objekts	Volumen des beweglichen Objekts	Volumen des unbeweglichen Objekts	Geschwindigkeit	Kraft	Spannung oder Druck	Form	Stabilität der Zusammensetzung des Objekts
1	Masse des beweglichen Objekts			15 8 29 34		29 17 38 34		29 2 40 28		2 8 15 38	8 10 18 37	10 36 37 40	10 14 35 40	1 35 19 39
2	Masse des unbeweglichen Objekts				10 1 29 35			35 30 13 2	5 35 14 2		8 10 19 35	13 29 10 18	13 10 29 14	26 39 1 40
3	Länge des beweglichen Objekts	8 15 29 34				15 17 4		7 17 4 35		13 4 8	17 10 4	1 8 35	1 8 10 29	1 8 15 34
4	Länge des unbeweglichen Objekts		35 28 40 29					17 7 10 40	35 8 2 14		28 10	1 14 35	13 14 15 7	39 37 35
5	Fläche des beweglichen Objekts	2 17 29 4		14 15 18 4				7 14 17 4		29 30 4 34	19 30 35 2	10 15 36 28	5 34 29 4	11 2 13 39
6	Fläche des unbeweglichen Objekts		30 2 14 18		26 7 9 39					1 18 35 36	10 15 36 37			2 38
7	Volumen des beweglichen Objekts	2 26 29 40		1 7 4 35		1 7 4 17				29 4 38 34	15 35 36 37	6 35 36 37	1 15 29 4	28 10 1 39
8	Volumen des unbeweglichen Objekts		35 10 19 14	19 14	35 8 2 14						2 18 37	24 35	7 2 35	34 28 35 40
9	Geschwindigkeit		8 28 13 38		13 14 8	29 30 34		7 29 34			13 28 15 19	6 18 38 40	35 15 18 34	28 33 1 18
10	Kraft	8 1 37 18	18 13 1 28	17 19 9 36	28 10	19 10 15	1 18 36 37	15 9 12 37	2 36 18 37	13 28 15 12		18 21 11	10 35 40 34	35 10 21

A: Was wird den Bedingungen der Aufgabe entsprechend **verbessert** (vergrößert, verlängert)?	B: Was verändert (verringert, verschlechtert) sich **unzulässig**, wenn Veränderungen gemäß A mit herkömmlichen Verfahren herbeigeführt werden?												
	Masse des beweglichen Objekts	Masse des unbeweglichen Objekts	Länge des beweglichen Objekts	Länge des unbeweglichen Objekts	Fläche des beweglichen Objekts	Fläche des unbeweglichen Objekts	Volumen des beweglichen Objekts	Volumen des unbeweglichen Objekts	Geschwindigkeit	Kraft	Spannung oder Druck	Form	Stabilität der Zusammensetzung des Objekts
	1	2	3	4	5	6	7	8	9	10	11	12	13
11 Spannung oder Druck	10 36 37 40	13 29 10 18	35 10 36	35 1 14 16	10 15 36 28	10 15 36 37	6 35 10	35 24	6 35 36	36 35 21		35 4 15 10	35 33 2 40
12 Form	8 10 29 40	15 10 26 3	29 34 5 4	13 14 10 7	5 34 4 10		14 4 15 22	7 2 35	35 15 34 18	35 10 37 40	34 15 10 14		33 1 18 4
13 Stabilität der Zusammensetzung des Objekts	21 35 2 39	26 39 1 40	13 15 1 28	37	2 11 13	39	28 10 19 39	34 28 35 40	33 15 28 18	10 35 21 16	2 35 40	22 1 18 4	

24.4 Morphologische Widerspruchsmatrix

A: Was wird den Bedingungen der Aufgabe entsprechend **verbessert** (vergrößert, verlängert)?

B: Was verändert (verringert, verschlechtert) sich **unzulässig**, wenn Veränderungen gemäß A mit herkömmlichen Verfahren herbeigeführt werden?

		Festigkeit	Dauer des Wirkens des beweglichen Objekts	Dauer des Wirkens des unbeweglichen Objekts	Temperatur	Sichtverhältnisse	Energieverbrauch des beweglichen Objekts	Energieverbrauch des unbeweglichen Objekts	Leistung, Kapazität	Energieverluste	Materialverluste	Informationsverluste	Zeitverluste	Materialmenge
		14	15	16	17	18	19	20	21	22	23	24	25	26
1	Masse des beweglichen Objekts	28 27 18 40	5 34 31 35		6 29 4 38	19 1 32 31	35 12 34		12 36 18 31	6 2 34 19	5 35 3 31	10 24 35	10 35 20 28	3 26 18 31
2	Masse des unbeweglichen Objekts	28 2 10 27		2 27 19 6	28 19 32 22	19 32 35		18 19 28 1	15 19 18 22	18 19 28 15	5 8 13 30	10 15 35	10 20 35 26	19 6 18 26
3	Länge des beweglichen Objekts	8 35 29 34	19		10 15 19	32	8 35 24		1 35	1 2 35 39	4 29 23 10	1 24	15 2 29	29 35
4	Länge des unbeweglichen Objekts	15 14 28 26	1 40 35		3 35 39 18	3 25			12 8	6 28	10 28 24 35	24 26	30 29 14	
5	Fläche des beweglichen Objekts	3 15 40 14	6 3		2 15 16 13	15 32 19	19 32		19 10 32 18	15 17 30 26	10 35 2 39	30 26	26 4	29 30 6 13
6	Fläche des unbeweglichen Objekts	40		2 10 19 30	35 39 38				17 32	17 7 30	10 14 18 39	30 16	10 35 4 18	2 18 40 4
7	Volumen des beweglichen Objekts	9 14 15 7	6 35 4		34 39 10 18	2 13 10	35		35 6 13 18	7 15 13 16	36 39 34 10	2 22	2 6 34 10	14 1 40 11
8	Volumen des unbeweglichen Objekts	9 14 17 15	35 34 38	35 6 4					30 6		10 39 35 34	35 16 32 18	35 3	
9	Geschwindigkeit	8 3 26 14	3 19 35 5		28 30 36 2	10 13 19	8 15 35 38		19 35 38 2	14 20 19 35	10 13 28 38	13 26		10 19 29 38
10	Kraft	35 10 14 27	19 2		35 10 21		19 17 10	1 16 36 37	19 35 18 37	14 15	8 35 40 5		10 37 36	14 29 18 36
11	Spannung oder Druck	9 18 3 40	19 3 27	35 39 19 2		14 24 10 37			10 35 14	2 36 25	10 36 3 37		37 36 4	10 14 36

A: Was wird den Bedingungen der Aufgabe entsprechend **verbessert** (vergrößert, verlängert)?		B: Was verändert (verringert, verschlechtert) sich **unzulässig**, wenn Veränderungen gemäß A mit herkömmlichen Verfahren herbeigeführt werden?												
		Festigkeit	Dauer des Wirkens des beweglichen Objekts	Dauer des Wirkens des unbeweglichen Objekts	Temperatur	Sichtverhältnisse	Energieverbrauch des beweglichen Objekts	Energieverbrauch des unbeweglichen Objekts	Leistung, Kapazität	Energieverluste	Materialverluste	Informationsverluste	Zeitverluste	Materialmenge
		14	15	16	17	18	19	20	21	22	23	24	25	26
12	Form	30	14		22	13	2		4	14	35		14	36
		14	26		14	15	6		6		29		10	22
		10	9		19	32	34		2		3		34	
		40	25		32	14					5		17	
13	Stabilität der Zusammensetzung des Objekts	17	13	39	35	32	13	27	32	14	2		35	15
		9	27	3	1	3	19	4	35	2	14		27	32
		15	10	35	32	27		29	27	39	30			35
			35	23		15		18	31	6	40			

24.4 Morphologische Widerspruchsmatrix

A: Was wird den Bedingungen der Aufgabe entsprechend **verbessert** (vergrößert, verlängert)?

B: Was verändert (verringert, verschlechtert) sich **unzulässig**, wenn Veränderungen gemäß A mit herkömmlichen Verfahren herbeigeführt werden?

		Lebensdauer Zuverlässigkeit	Messgenauigkeit	Fertigungsgenauigkeit	Von außen auf das Objekt wirkende schädliche Faktoren	Vom Objekt selbst erzeugte schädliche Faktoren	Fertigungsfreundlichkeit	Bedienkomfort	Instandsetzungsfreundlichkeit	Adaptionsfähigkeit, Universalität	Kompliziertheit der Struktur	Kompliziertheit der Kontrolle und Messung	Automatisierungsgrad	Produktivität (Funktionalität)
		27	28	29	30	31	32	33	34	35	36	37	38	39
1	Masse des beweglichen Objekts	3 11 1 27	28 27 35 26	28 35 26 18	22 21 18 27	22 35 31 39	27 28 1 36	35 3 2 24	2 27 28 11	29 5 15 8	26 30 36 34	28 29 26 32	26 35 18 19	35 3 24 37
2	Masse des unbeweglichen Objekts	10 28 8 3	18 26 28	10 1 35 27	2 19 22 37	35 22 1 39	28 1 9	6 13 1 32	2 27 28 11	19 15 29	1 10 26 39	25 28 17 15	2 26 35	1 28 15 35
3	Länge des beweglichen Objekts	10 14 29 40	28 32 4	10 28 29 37	1 15 17 24	17 15	1 29 17 4	15 29 35	1 28 10	14 15 1 16	35 1 26 24	35 1 26 24	17 24 26 16	11 4 28 29
4	Länge des unbeweglichen Objekts	15 29 28	32 28 3	2 32 10	1 18		15 17 27	2 25	3	1 35	1 26	26		30 14 7 26
5	Fläche des beweglichen Objekts	29 9	26 28 32 3	2 32	22 33 28 1	17 2 18 39	13 1 26 24	15 17 13 16	15 13 10 1	14 30	2 36 26 18	2 1 13	14 30 28 23	10 26 34 2
6	Fläche des unbeweglichen Objekts	32 35 40 4	26 28 32 3	2 29 18 36	27 2 39 35	22 1 40	40 16	16 4		15 16	2 18 36	35 30 18	23	10 15 17 7
7	Volumen des beweglichen Objekts	14 1 40 11	25 26 28	25 28 2 16	22 21 27 35	17 2 40 1	29 1 40	15 13 30 12	10	15 29	26 1	29 26 4	35 34 16 24	10 6 2 34
8	Volumen des unbeweglichen Objekts	2 35 16		35 10 25	34 39 19 27	30 18 35 4	35		1		1 31	2 17 26		35 37 10 2
9	Geschwindigkeit	11 35 27 28	28 32 1 24	10 28 32 25	1 28 35 23	2 24 35 21	35 13 8 1	32 28 13 12	34 2 27	15 10 26	10 28 4 34	3 34 27 16	10 18	
10	Kraft	3 35 13 21	35 10 23 24	28 29 37 36	1 35 40 18	13 3 36 24	15 37 18 1	1 28 3 25	15 1 11	15 17 18 20	26 35 10 18	36 37 10 19	2 35	3 28 35 37
11	Spannung oder Druck	10 13 19 35	6 28 25	3 35	22 2 37	2 33 27 18	1 35 16	11	2	35	19 1 35	2 36 37	35 21	10 14 35 37

A: Was wird den Bedingungen der Aufgabe entsprechend **verbessert** (vergrößert, verlängert)?	B: Was verändert (verringert, verschlechtert) sich **unzulässig**, wenn Veränderungen gemäß A mit herkömmlichen Verfahren herbeigeführt werden?												
	Lebensdauer Zuverlässigkeit	Messgenauigkeit	Fertigungsgenauigkeit	Von außen auf das Objekt wirkende schädliche Faktoren	Vom Objekt selbst erzeugte schädliche Faktoren	Fertigungsfreundlichkeit	Bedienkomfort	Instandsetzungsfreundlichkeit	Adaptionsfähigkeit, Universalität	Kompliziertheit der Struktur	Kompliziertheit der Kontrolle und Messung	Automatisierungsgrad	Produktivität (Funktionalität)
	27	28	29	30	31	32	33	34	35	36	37	38	39
12 Form	10 40 16	28 32 1	32 30 40	22 1 2 35	35 1	1 32 17 28	32 15 26	2 13 1	1 15 29	16 29 1 28	15 13 39	15 1 32	17 26 34 10
13 Stabilität der Zusammensetzung des Objekts		13	18	35 24 30 18	35 40 27 39	35 19	32 35 30	2 35 10 16	35 30 34 2	2 35 22 26	35 22 39 23	1 8 35	23 35 40 3

24.4 Morphologische Widerspruchsmatrix

A: Was wird den Bedingungen der Aufgabe entsprechend **verbessert** (vergrößert, verlängert)?

B: Was verändert (verringert, verschlechtert) sich **unzulässig**, wenn Veränderungen gemäß A mit herkömmlichen Verfahren herbeigeführt werden?

		1 Masse des beweglichen Objekts	2 Masse des unbeweglichen Objekts	3 Länge des beweglichen Objekts	4 Länge des unbeweglichen Objekts	5 Fläche des beweglichen Objekts	6 Fläche des unbeweglichen Objekts	7 Volumen des beweglichen Objekts	8 Volumen des unbeweglichen Objekts	9 Geschwindigkeit	10 Kraft	11 Spannung oder Druck	12 Form	13 Stabilität der Zusammensetzung des Objekts
1	Festigkeit	1 8 40 15	40 26 27 1	1 15 8 35	15 14 28 26	3 34 40 29	9 40 28	10 15 14 7	9 14 17 15	8 13 26 14	10 18 3 14	10 3 18 40	10 30 35 40	13 17 35
2	Dauer des Wirkens des beweglichen Objekts	19 5 34 31		2 19 9		3 17 19		10 2 19 30		3 35 5	19 2 16	19 3 27	14 26 28 25	13 3 35
3	Dauer des Wirkens des unbeweglichen Objekts		6 27 19 16		1 40 35			35 34 38						39 3 35 23
4	Temperatur	36 22 6 38	22 35 32	15 19 9	15 19 9	3 35 39 18	35 38	34 39 40 18	35 6 4	2 28 36 30	35 10 3 21	35 39 19 2	14 22 19 32	1 35 32
5	Sichtverhältnisse	19 1 32	2 35 32	19 32 16		19 32 26		2 13 10		10 13 19	26 19 6		32 30	32 3 27
6	Energieverbrauch des beweglichen Objekts	12 18 28 31		12 28		15 19 25		35 13 18		8 15 35	16 26 21 2	23 14 25	12 2 29	19 13 17 24
7	Energieverbrauch des unbeweglichen Objekts		19 9 6 27								36 37			27 4 29 18
8	Leistung, Kapazität	8 36 38 31	19 26 17 27	1 10 35 37		19 38	17 32 13 38	35 6 38	30 6 25	15 35 2	26 2 36 35	22 10 35	29 14 2 40	35 32 15 31
9	Energieverluste	15 6 19 28	19 6 18 9	7 2 6 13	6 38 7	15 26 17 30	17 7 30 18	7 18 23		16 35 38	36 38			14 2 39 6
10	Materialverluste	35 6 23 40	35 6 22 32	14 29 10 39	10 28 24	35 2 10 31	10 18 39 31	1 29 30 36	3 39 18 31	10 13 28 38	14 15 18 40	3 36 37 10	29 35 3 5	2 14 30 40
11	Informationsverluste	10 24 35	10 35 5	1 26	26	30 26	30 16		2 22	26 32				

A: Was wird den Bedingungen der Aufgabe entsprechend **verbessert** (vergrößert, verlängert)?	B: Was verändert (verringert, verschlechtert) sich **unzulässig**, wenn Veränderungen gemäß A mit herkömmlichen Verfahren herbeigeführt werden?											
	Masse des beweglichen Objekts	Masse des unbeweglichen Objekts	Länge des beweglichen Objekts	Länge des unbeweglichen Objekts	Fläche des beweglichen Objekts	Fläche des unbeweglichen Objekts	Volumen des beweglichen Objekts	Volumen des unbeweglichen Objekts	Geschwindigkeit	Kraft	Spannung oder Druck	Form	Stabilität der Zusammensetzung des Objekts
	1	2	3	4	5	6	7	8	9	10	11	12	13
12 Zeitverluste	10 20 37 35	10 20 26 5	15 2 29	30 24 14 5	26 4 5 16	10 35 17 4	2 5 34 10	35 16 32 18		10 37 36 5	37 36 4	4 10 34 17	35 3 22 5
13 Materialmenge	35 6 18 31	27 26 18 35	29 14 35 18		15 14 29	2 18 40 4	15 20 29		35 29 34 28	35 14 3	10 36 14 3	35 14	15 2 17 40

24.4 Morphologische Widerspruchsmatrix

A: Was wird den Bedingungen der Aufgabe entsprechend **verbessert** (vergrößert, verlängert)?

B: Was verändert (verringert, verschlechtert) sich **unzulässig**, wenn Veränderungen gemäß A mit herkömmlichen Verfahren herbeigeführt werden?

		14 Festigkeit	15 Dauer des Wirkens des beweglichen Objekts	16 Dauer des Wirkens des unbeweglichen Objekts	17 Temperatur	18 Sichtverhältnisse	19 Energieverbrauch des beweglichen Objekts	20 Energieverbrauch des unbeweglichen Objekts	21 Leistung, Kapazität	22 Energieverluste	23 Materialverluste	24 Informationsverluste	25 Zeitverluste	26 Materialmenge
1	Festigkeit		27 3 26		30 10 40	35 19	19 35 10	35	10 26 35 28	35	35 28 31 40		29 3 28 10	29 10 25
2	Dauer des Wirkens des beweglichen Objekts	27 3 10			19 35 39	2 19 4 35	28 6 35 18		19 10 35 38		28 27 3 18	10	20 10 28 18	3 35 10 40
3	Dauer des Wirkens des unbeweglichen Objekts				19 18 36 40			16			27 16 18 38	10	28 20 10 16	3 35 31
4	Temperatur	10 30 22 40	19 13 39	19 18 36 40		32 30 21 16	19 15 3 17		2 14 17 25	21 17 35 38	21 36 39 31		35 28 21 18	3 17 30 39
5	Sichtverhältnisse	35 19	2 19 6		32 35 19		32 1 19 15	32 35 1	32	13 16 1 6	13 1	1 6	19 1 26 17	1 19
6	Energieverbrauch des beweglichen Objekts	5 19 9 35	28 35 6 18		19 24 3 14	2 15 19			6 19 37 18	12 22 15 24	35 24 18 5		35 38 19 18	34 23 16 18
7	Energieverbrauch des unbeweglichen Objekts	35				19 2 35 32					28 27 18 31			3 35 31
8	Leistung, Kapazität	26 10 28	19 35 10 38	16	2 14 17 25	16 6 19	16 6 19 37		10 35 38		28 27 18 38	10 19	35 20 10 6	4 34 19
9	Energieverluste	26				19 38 7	1 13 32 15		3 38		35 27 2 37	19 10	10 18 32 7	7 18 25
10	Materialverluste	35 28 31 40	28 27 3 18	27 16 18 38	21 36 39 31	1 6 13	35 18 24 5	28 27 12 31	28 27 18 38	35 27 2 31			15 18 35 10	6 3 10 24
11	Informationsverluste		10	10		19			10 19	19 10			24 26 28 32	24 28 35

A: Was wird den Bedingungen der Aufgabe entsprechend **verbessert** (vergrößert, verlängert)?	B: Was verändert (verringert, verschlechtert) sich **unzulässig**, wenn Veränderungen gemäß A mit herkömmlichen Verfahren herbeigeführt werden?												
	Festigkeit	Dauer des Wirkens des beweglichen Objekts	Dauer des Wirkens des unbeweglichen Objekts	Temperatur	Sichtverhältnisse	Energieverbrauch des beweglichen Objekts	Energieverbrauch des unbeweglichen Objekts	Leistung, Kapazität	Energieverluste	Materialverluste	Informationsverluste	Zeitverluste	Materialmenge
	14	15	16	17	18	19	20	21	22	23	24	25	26
12 Zeitverluste	29	20	28	35	1	35	1	35	10	35	24		35
	3	10	20	29	19	38		20	5	18	26		38
	28	28	10	21	26	19		10	18	10	28		18
	18	18	16	18	17	18		6	32	39	32		16
13 Materialmenge	14	3	3	3		34	3	35	7	6	24	35	
	35	35	35	17		29	35		18	3	28	38	
	34	10	31	39		16	31		25	10	35	18	
	10	40				18				24		16	

24.4 Morphologische Widerspruchsmatrix

A: Was wird den Bedingungen der Aufgabe entsprechend **verbessert** (vergrößert, verlängert)?

B: Was verändert (verringert, verschlechtert) sich **unzulässig**, wenn Veränderungen gemäß A mit herkömmlichen Verfahren herbeigeführt werden?

		27 Lebensdauer, Zuverlässigkeit	28 Messgenauigkeit	29 Fertigungsgenauigkeit	30 Von außen auf das Objekt wirkende schädliche Faktoren	31 Vom Objekt selbst erzeugte schädliche Faktoren	32 Fertigungsfreundlichkeit	33 Bedienkomfort	34 Instandsetzungsfreundlichkeit	35 Adaptionsfähigkeit, Universalität	36 Kompliziertheit der Struktur	37 Kompliziertheit der Kontrolle und Messung	38 Automatisierungsgrad	39 Produktivität (Funktionalität)
1	Festigkeit	11, 3	3, 27	3, 27, 16	18, 35, 37, 1	15, 35, 22, 2	11, 3, 10, 32	32, 40, 28, 2	27, 11, 3	15, 3, 32	2, 13, 28	27, 3, 15, 40	15	29, 35, 10, 14
2	Dauer des Wirkens des beweglichen Objekts	11, 2, 13	3	3, 27, 16, 40	22, 15, 33, 28	21, 39, 16, 22	27, 1, 4	12, 27	29, 10, 27	1, 35, 13	10, 4, 28, 15	19, 29, 39, 35	6, 10	35, 17, 14, 19
3	Dauer des Wirkens des unbeweglichen Objekts	34, 27, 6, 40	10, 26, 24		17, 1, 40, 33	22	35, 10	1	1	2		25, 34, 6, 35	1	20, 10, 16, 38
4	Temperatur	19, 35, 3, 10	32, 19, 24	24	22, 33, 35, 2	22, 35, 2, 24	26, 27	26, 27	4, 10, 16	2, 18, 27	2, 17, 16	3, 27, 35, 31	26, 2, 19, 16	15, 28, 35
5	Sichtverhältnisse		11, 15, 32	3, 32	15, 19	35, 19, 32, 39	19, 35, 28, 26	28, 26, 19	15, 17, 13, 16	15, 1, 19	6, 32, 13	32, 15	2, 26, 10	2, 25, 16
6	Energieverbrauch des beweglichen Objekts	19, 21, 11, 27	3, 1, 32	1	2, 35, 6	28, 26, 30	19, 35	1, 15, 17, 28	15, 17, 13, 16	2, 29, 27, 28	35, 38	32, 2	12, 28	35
7	Energieverbrauch des unbeweglichen Objekts	10, 36, 23			10, 2, 22, 37	19, 22, 18	1, 4				19, 35, 16, 25			1, 6
8	Leistung, Kapazität	19, 24, 26, 31	32, 15, 2	32, 2	19, 22, 31, 2	2, 35, 18	26, 10, 34	26, 35, 10	35, 2, 10, 34	19, 17, 34	20, 19, 30, 34	19, 35, 16	28, 2, 17	28, 35, 34
9	Energieverluste	11, 10, 35	32		21, 22, 35, 2	21, 35, 2, 22		35, 32, 1	2, 19		7, 23	35, 3, 15, 23		28, 10, 29, 35
10	Materialverluste	10, 29, 39, 35	16, 34, 31, 28	35, 10, 24, 31	33, 22, 30, 40	10, 1, 34, 29	15, 34, 33	32, 28, 2, 24	2, 35, 34, 27	15, 10, 2	35, 10, 28, 24	35, 18, 10, 13	35, 10, 18	28, 35, 10, 23
11	Informationsverluste	10, 28, 23			22, 10, 1	10, 21, 22	32	27, 22				35, 33	35	13, 23, 15

A: Was wird den Bedingungen der Aufgabe entsprechend **verbessert** (vergrößert, verlängert)?		B: Was verändert (verringert, verschlechtert) sich **unzulässig**, wenn Veränderungen gemäß A mit herkömmlichen Verfahren herbeigeführt werden?												
		Lebensdauer Zuverlässigkeit	Messgenauigkeit	Fertigungsgenauigkeit	Von außen auf das Objekt wirkende schädliche Faktoren	Vom Objekt selbst erzeugte schädliche Faktoren	Fertigungsfreundlichkeit	Bedienkomfort	Instandsetzungsfreundlichkeit	Adaptionsfähigkeit, Universalität	Kompliziertheit der Struktur	Kompliziertheit der Kontrolle und Messung	Automatisierungsgrad	Produktivität (Funktionalität)
		27	28	29	30	31	32	33	34	35	36	37	38	39
12	Zeitverluste	10	24	24	35	35	35	4	32	35	6	18	24	
		30	34	26	18	22	28	28	1	28		29	28	28
		4	28	28	34	18	34	10	10			32	35	
			32	18		39	4	34				10	30	
13	Materialmenge	18	3	33	35	3	29	35	2	15	3	3	8	13
		3	2	30	33	35	1	29	32	3	13	27	35	29
		28	28		29	40	35	25	10	29	27	29		3
		40		31	39	27	10	25		10	18			27

24.4 Morphologische Widerspruchsmatrix

A: Was wird den Bedingungen der Aufgabe entsprechend **verbessert** (vergrößert, verlängert)?

B: Was verändert (verringert, verschlechtert) sich **unzulässig**, wenn Veränderungen gemäß A mit herkömmlichen Verfahren herbeigeführt werden?

		Masse des beweglichen Objekts	Masse des unbeweglichen Objekts	Länge des beweglichen Objekts	Länge des unbeweglichen Objekts	Fläche des beweglichen Objekts	Fläche des unbeweglichen Objekts	Volumen des beweglichen Objekts	Volumen des unbeweglichen Objekts	Geschwindigkeit	Kraft	Spannung oder Druck	Form	Stabilität der Zusammensetzung des Objekts
		1	2	3	4	5	6	7	8	9	10	11	12	13
1	Zuverlässigkeit (Sicherheit)	3 8 10 40	3 10 8 28	15 9 14 4	15 29 29 11	17 10 14 16	32 35 40 4	3 10 14 24	2 35 24	21 35 11 28	8 28 10 3	10 24 35 19	35 1 16 11	
2	Messgenauigkeit	32 35 26 28	28 34 25 26	28 26 5 16	32 28 3 16	26 28 32 3	26 28 32 3	32 13 6		28 13 32 24	32 2	6 28 32	6 28 32	32 35 13
3	Fertigungsgenauigkeit	28 32 13 18	28 35 27 9	10 28 29 37	2 32 10	28 33 29 32	2 29 18 36	32 28 2	25 10 35	10 28 32	28 19 34 36	3 35	32 30 40	30 18
4	Von außen auf das Objekt wirkende schädliche Faktoren	22 21 27 39	2 22 13 24	17 1 39 4	1 18	22 1 33 28	27 2 39 35	22 23 37 35	34 39 19 27	21 22 35 28	13 35 39 18	22 2 37	22 1 3 35	35 24 30 18
5	Vom Objekt selbst erzeugte schädliche Faktoren	19 22 15 39	35 22 1 39	17 15 16 22		17 2 18 39	22 1 40	17 2 35	30 18 35 4	35 28 3 23	35 28 1 40	2 33 27 18	35 1	35 40 27 39
6	Fertigungsfreundlichkeit	28 29 15 16	1 27 36 13	1 29 13 17	15 17 27	13 1 26 12	16 40	13 29 1	35	35 13 8 1	35 12	35 19 1 37	1 28 13 27	11 13 1
7	Bedienkomfort	25 2 13 15	6 13 1 25	1 17 13 12		1 17 13 26	18 16 15 39	1 16 35 15	4 18 39 31	18 13 34	28 13 35	2 32 12	15 34 29 28	32 35 30
8	Instandsetzungsfreundlichkeit	2 27 35 11	2 27 35 11	1 28 10 25	3 18 31	15 13 32	16 25	25 2 35 11	1	34 9	1 11 10	13	1 13 2 4	2 35
9	Adaptionsfähigkeit, Universalität	1 6 15 8	19 15 29 16	35 1 29 2	1 35 16	35 30 29 7	15 16	15 35 29		35 10 14	15 17 20	35 16	15 37 1 8	35 30 14
10	Kompliziertheit der Struktur	26 30 34 36	2 26 35 39	1 19 26 24	26	14 1 13 16	6 36	34 26 6	1 16	34 10 28	26 16	19 1 35	29 13 28 15	2 22 17 19
11	Kompliziertheit der Kontrolle und Messung	27 26 28 13	6 13 28 1	16 17 26 24	26	2 13 18 17	2 39 30 16	29 1 4 16	2 18 26 31	3 4 16 35	36 28 40 19	35 36 37 32	27 13 1 39	11 22 39 30

A: Was wird den Bedingungen der Aufgabe entsprechend **verbessert** (vergrößert, verlängert)?	B: Was verändert (verringert, verschlechtert) sich **unzulässig**, wenn Veränderungen gemäß A mit herkömmlichen Verfahren herbeigeführt werden?												
	Masse des beweglichen Objekts	Masse des unbeweglichen Objekts	Länge des beweglichen Objekts	Länge des unbeweglichen Objekts	Fläche des beweglichen Objekts	Fläche des unbeweglichen Objekts	Volumen des beweglichen Objekts	Volumen des unbeweglichen Objekts	Geschwindigkeit	Kraft	Spannung oder Druck	Form	Stabilität der Zusammensetzung des Objekts
	1	2	3	4	5	6	7	8	9	10	11	12	13
12 Automatisierungsgrad	28 26 18 35	28 26 35 10	14 13 17 28	23	17 14 13		35 13 16		28 10	2 35	13 35	15 32 1 13	18 1
13 Produktivität (Funktionalität)	35 26 24 37	28 27 15 3	18 4 28 38	30 7 14 26	10 26 34 31	10 35 17 7	2 6 34 10	35 37 10 2		28 15 10 36	10 37 14 40	14 10 34	35 3 22 39

24.4 Morphologische Widerspruchsmatrix

A: Was wird den Bedingungen der Aufgabe entsprechend **verbessert** (vergrößert, verlängert)?

B: Was verändert (verringert, verschlechtert) sich **unzulässig**, wenn Veränderungen gemäß A mit herkömmlichen Verfahren herbeigeführt werden?

		Festigkeit	Dauer des Wirkens des beweglichen Objekts	Dauer des Wirkens des unbeweglichen Objekts	Temperatur	Sichtverhältnisse	Energieverbrauch des beweglichen Objekts	Energieverbrauch des unbeweglichen Objekts	Leistung, Kapazität	Energieverluste	Materialverluste	Informationsverluste	Zeitverluste	Materialmenge
		14	15	16	17	18	19	20	21	22	23	24	25	26
1	Zuverlässigkeit (Sicherheit)	11 28	2 35 3 25	34 27 6 40	3 35 10	11 32 13	21 11 27 19	36 23	21 11 26 31	10 11 35	10 35 29 39	10 28	10 30 4	21 28 40 3
2	Messgenauigkeit	28 6 32	28 6 32	10 26 24	6 19 28 24	6 1 32	3 6 32		3 6 32	26 32 27	10 16 31 28		24 34 28 32	2 6 32
3	Fertigungsgenauigkeit	3 27	3 27 40		19 26	1 32	32 2		32 2	13 32 2	35 31 10 24		32 26 28 18	32 30
4	Von außen auf das Objekt wirkende schädliche Faktoren	18 35 37 1	22 15 33 28	17 1 40 33	22 33 35 2	1 19 32 13	1 24 6 27	10 2 22 37	19 22 31 2	21 22 35 2	33 22 19 40	22 10 2	35 18 34	35 33 29 31
5	Vom Objekt selbst erzeugte schädliche Faktoren	15 35 22 2	15 22 33 31	21 39 16 22	22 35 2 24	19 24 39 32	2 35 6	19 22 18	2 35 18	21 35 2 22	10 1 34	10 21 29	1 22	3 24 39 1
6	Fertigungsfreundlichkeit	1 3 10 32	27 1 4	35 16	27 26 18	28 24 27 1	28 26 27 1	1 4	27 1 12 24	19 35	15 34 33	32 24 18 16	35 28 34 4	35 23 1 24
7	Bedienkomfort	32 40 3 28	29 3 8 25	1 16 25	26 27 13	13 17 1 24	1 13 24		35 34 2 10	2 19 13	28 32 2 24	4 10 27 22	4 28 10 34	12 35
8	Instandsetzungsfreundlichkeit	11 1 2 9	11 29 28 27	1	4 10	15 1 13	15 1 28 16		15 10 32 2	15 1 32 19	2 35 34 27		32 1 10 25	2 28 10 25
9	Adaptionsfähigkeit, Universalität	35 3 32 6	13 1 35	2 16	27 2 3 35	6 22 26 1	19 35 29 13		19 1 29	18 15 1	15 10 2 13		35 28	3 35 15
10	Kompliziertheit der Struktur	2 13 28	10 4 28 15		2 17 13	24 17 13	27 2 29 28		20 19 30 34	10 35 13 2	35 10 28 29		6 29	13 3 27 10
11	Kompliziertheit der Kontrolle und Messung	27 3 15 28	19 29 39 25	25 34 6 35	3 27 35 16	2 24 26	35 38	19 35 16	19 1 16 10	35 3 15 19	1 18 10 24	35 33 27 22	18 28 32 9	3 27 29 18

A: Was wird den Bedingungen der Aufgabe entsprechend **verbessert** (vergrößert, verlängert)?	B: Was verändert (verringert, verschlechtert) sich **unzulässig**, wenn Veränderungen gemäß A mit herkömmlichen Verfahren herbeigeführt werden?												
	Festigkeit	Dauer des Wirkens des beweglichen Objekts	Dauer des Wirkens des unbeweglichen Objekts	Temperatur	Sichtverhältnisse	Energieverbrauch des beweglichen Objekts	Energieverbrauch des unbeweglichen Objekts	Leistung, Kapazität	Energieverluste	Materialverluste	Informationsverluste	Zeitverluste	Materialmenge
	14	15	16	17	18	19	20	21	22	23	24	25	26
12 Automatisierungsgrad	25 13	6 9		26 2 19	8 32 19	2 32 13		28 2 27	23 28	35 10 18 5	35 33	24 28 35 30	35 13
13 Produktivität (Funktionalität)	29 28 10 18	35 10 2 18	20 10 16 38	35 21 28 10	26 17 19 1	35 10 38 19	1	35 20 10	28 10 29 35	28 10 35 23	13 15 23		35 38

24.4 Morphologische Widerspruchsmatrix

A: Was wird den Bedingungen der Aufgabe entsprechend **verbessert** (vergrößert, verlängert)?

B: Was verändert (verringert, verschlechtert) sich **unzulässig**, wenn Veränderungen gemäß A mit herkömmlichen Verfahren herbeigeführt werden?

		Lebensdauer Zuverlässigkeit	Messgenauigkeit	Fertigungsgenauigkeit	Von außen auf das Objekt wirkende schädliche Faktoren	Vom Objekt selbst erzeugte schädliche Faktoren	Fertigungsfreundlichkeit	Bedienkomfort	Instandsetzungsfreundlichkeit	Adaptionsfähigkeit, Universalität	Kompliziertheit der Struktur	Kompliziertheit der Kontrolle und Messung	Automatisierungsgrad	Produktivität (Funktionalität)
		27	28	29	30	31	32	33	34	35	36	37	38	39
1	Zuverlässigkeit (Sicherheit)		32 3 11 23	11 32 1	27 35 2 40	35 2 40 26		27 17 40	1 11	13 35 8 24	13 35 1	27 40 28	11 13 27	1 35 29 38
2	Messgenauigkeit	5 11 1 23			28 24 22 26	3 33 39 10	6 35 25 18	1 13 17 34	1 32 13 11	13 35 2	27 35 10 34	26 24 10 28	28 2 32 34	10 34 28 32
3	Fertigungsgenauigkeit	11 32 1			26 28 10 36	4 17 34 26		1 32 35 23	25 10	26 2 18		26 28 18 23	10 18 32 39	
4	Von außen auf das Objekt wirkende schädliche Faktoren	27 24 2 40	28 33 23 26	26 28 10 18			24 35 2	2 25 28 39	35 10 2	35 11 22 31	22 19 29 40	22 19 29 40	33 3 34	22 35 13 24
5	Vom Objekt selbst erzeugte schädliche Faktoren	24 2 40 39	3 33 26	4 17 34 26							19 1 31	2 21 27 1	2	22 35 18 39
6	Fertigungsfreundlichkeit		1 35 12 18		24 2			2 5 13 16	35 1 11 9	2 13 15	27 26 1 1	6 28 11 1	8 28 1	35 1 10 28
7	Bedienkomfort	17 27 8 40	25 13 2 34	1 32 35 23	2 25 28 39		2 5 12		12 26 1 32	15 34 1 16	32 26 12 17		1 34 12 3	15 1 28
8	Instandsetzungsfreundlichkeit	11 10 1 16	10 2 13	25 10	35 10 2 16		1 35 11 10	12 26 15		7 1 4 16	35 1 13 11		34 35 7 13	1 32 10
9	Adaptionsfähigkeit, Universalität	35 13 8 24	35 5 1 10		35 11 32 31		1 13 31	15 34 1 16	1 16 7 4		15 29 37 28		1 27 34 35	35 28 6 37
10	Kompliziertheit der Struktur	13 35 1	2 26 10 34	26 24 32	22 19 29 40	19 1	27 26 1 13	27 9 26 24	1 13	29 15 28 37		15 10 37 28	15 1 24	12 17 28
11	Kompliziertheit der Kontrolle und Messung	27 40 28 8	26 24 32 28	22 19 29 28	2 21	5 28 11 29	2 5 26	12 26 15	1 15	15 10 37 28			34 21	35 18

		Lebensdauer Zuverlässigkeit	Messgenauigkeit	Fertigungsgenauigkeit	Von außen auf das Objekt wirkende schädliche Faktoren	Vom Objekt selbst erzeugte schädliche Faktoren	Fertigungsfreundlichkeit	Bedienkomfort	Instandsetzungsfreundlichkeit	Adaptionsfähigkeit, Universalität	Kompliziertheit der Struktur	Kompliziertheit der Kontrolle und Messung	Automatisierungsgrad	Produktivität (Funktionalität)
A: Was wird den Bedingungen der Aufgabe entsprechend **verbessert** (vergrößert, verlängert)?	B: Was verändert (verringert, verschlechtert) sich **unzulässig**, wenn Veränderungen gemäß A mit herkömmlichen Verfahren herbeigeführt werden?	27	28	29	30	31	32	33	34	35	36	37	38	39
12	Automatisierungsgrad	11 27 32	28 26 10 34	28 26 18 23	2 33	2	1 26	1 12	1 35 13	27 4 34 3	15 24 1 35	34 27 10		5 12 35 26
13	Produktivität (Funktionalität)	1 35 10 28	1 10 34 28	18 10 32 1	22 35 13 24	35 22 18 39	35 28 2 24	1 28 7 19	1 32 10 25	1 35 28 37	12 17 28 24	35 18 27 2	5 12 35 26	

24.5 Am häufigsten verwendete innovative Grundprinzipien

In der nachfolgenden Reihenfolge finden gewöhnlich die IGPs mit hoher Häufigkeit ihre Anwendung:

35	Aggregatzustand	14	Kugelähnlichkeit
10	Vorgezogene Wirkung	22	Schädliches in Nützliches wandeln
1	Zerlegung, Segmentierung	39	Träges Medium
28	Mechanik ersetzen	4	Asymmetrie
2	Abtrennung	30	Biegsame Hüllen und dünne Folien
15	Dynamisierung	37	Wärmeausdehnung
19	Periodische Wirkung	36	Phasenübergang
18	Mechanische Schwingungen	25	Selbstbedienung
32	Farbveränderung	11	Prävention
13	Funktionsumkehr	31	Poröse Werkstoffe
26	Kopieren	38	Starkes Oxidationsmittel
3	Örtliche Qualität	8	Gegenmasse
27	Billige Kurzlebigkeit	5	Kopplung, Vereinigung
29	Abtrennung	7	Verschachtelung
34	Beseitigung und Regeneration	21	Durcheilen
16	Partielle oder überschüssige Wirkung	23	Rückkopplung
40	Zusammengesetzte Stoffe	12	Äquipotenzial
24	Vermittler	33	Gleichartigkeit, Homogenität
17	Höhere Dimension	9	Vorgezogene Gegenwirkung
6	Universalität	20	Kontinuität, Permanenz

24.6 Die 76 Standardlösungen der Stoff-Feld-Analyse

(nach Altschuller WEPOL-Formen)

Gruppe 1: Aufbau und Zerlegung vollständiger Stoff-Feld-Modelle

1.1 Aufbau von SFMs[45]

1.1.1 **Vervollständige ein unvollständiges SFM**
z. B.: Um Luft oder Wasser (S_1) von festen Partikeln (S_2) abzutrennen, wird zentrifugiert (F = Zentrifugalkraft).

1.1.2 Wenn sich Additive intern zufügen lassen, vervollständige damit
z. B.: Kleine Flüssigkeitstropfen lassen sich leicht durch Zugabe eines Fluoreszenzfarbstoffes detektieren.

1.1.3 Wenn sich Additive extern zufügen lassen, vervollständige damit
z. B. Gasleck-Detektion durch Seifenspray von außen auf ein Rohr.

1.1.4 Nutze Ressourcen zur Vervollständigung

1.1.5 Erzeuge weitere Ressourcen durch Veränderung der Systemumgebung

1.1.6 Nutze überschüssige Aktionen zur Vervollständigung und eliminiere den Überschuss

1.1.7 Ist die überschüssige Aktion schädlich, dann versuche sie auf eine andere Komponente im System zu lenken

1.1.8 Führe zur Komplettierung lokal schützende Substanzen ein
z. B.: Glasampullen werden beim Zuschmelzen in einem Wasserbad von unten her gekühlt, um eine Überhitzung des thermisch empfindlichen Inhalts zu vermeiden.

1.2 Zerlegung von Stoff-Feld-Modellen

1.2.1 Eliminiere schädliche Interaktionen durch Einführung eines dritten Stoffes (S_1)

1.2.2 Eliminiere schädliche Interaktionen durch Einführung eines dritten Stoffes S_3, wobei S_3 eine Modifikation der beiden vorhandenen Stoffe S_1 und/oder S_2 sein kann
z. B.: Die oberflächliche Zerstörung von Rümpfen bei Schnellbooten durch Kavitation des Wassers kann durch Kühlung des Rumpfes und Ausbildung einer Eisschicht vermieden werden.

---

[45] Zur Nomenklatur im Text: SFA = Stoff-Feld-Analyse, SFM = Stoff-Feld-Modell

1.2.3 Lenke die schädliche Wirkung auf einen weniger wichtigen Stoff S_3
z.B.: Wände von Behältern (S_1), in denen Wasser (S_2) gefriert, werden mit elastischen Materialien (S_3) ausgekleidet, um die thermische Ausdehnung abzufangen und ein Beschädigen der Behälterwand auszuschließen.

1.2.4 Führe ein neues Feld zur Kompensation schädlicher Effekte ein
z. B.: Zur Bestäubung von Blumen wird eine Luftströmung eingesetzt, die leider auch zum Schließen der Blüten führt. Diesen negativen Effekt eliminiert man durch elektrostatische Aufladung der Blüten, wodurch sie offen bleiben.

1.2.5 Nutze die Möglichkeit, Magnetfelder ein- und ausschalten zu können

Gruppe 2: Verbesserung von SFMs

2.1 Übergang zu komplexeren SFMs

2.1.1 Verkette mehrere SFMs
z. B. Hilti-Prinzip[46]: Antrieb schlägt auf schweren Zwischenmeißel, dieser auf den eigentlichen Meißel, dieser auf den zu zerschlagenden Fels (= Impuls-Übertragung und -Verstärkung über mehrere Stufen).

2.1.2 Verdopple ein SFM

2.2 Weiterentwicklung eines SFMs

2.2.1 Setze besser steuerbare Felder ein

2.2.2 Fragmentiere S_2
z. B. Messer → Messer mit Zahnung → Mirkowellenschliff → gezielt angeraute Klinge

2.2.3 Setze Kapillare und poröse Stoffe ein
z. B.: Mehrere kleine Düsen dosieren Klebstoff präziser als eine große Öffnung.

2.2.4 Erhöhe den Grad der Dynamik
z. B.: Unterteilen eines Türblattes in mehrere flexibel verbundene Segmente, beispielsweise ein Rolltor oder ein Rollladen.

2.2.5 Strukturierte Felder

2.2.6 Strukturierte Stoffe

---

[46] Von Fa. Hilti patentierte Lösung für Bohrhämmer.

2.3 Rhythmus-Koordination

2.3.1 Bringe den Rhythmus (die Frequenz) des einwirkenden Feldes in Übereinstimmung (oder gezielte Nicht-Übereinstimmung) mit einem der beiden Stoffe
z. B.: Bei der Massage versucht man, den Rhythmus der äußeren Einwirkung mit dem Puls des Patienten in Übereinstimmung zu bringen.
z. B.: Gezielte Asymmetrie in Getrieben verhindert laute Geräusche bzw. starke Eigenresonanz.

2.3.2 Synchronisiere den Rhythmus, die Frequenz von Feldern

2.3.3 Bringe unabhängige Aktionen in rhythmischen Zusammenhang
z. B.: Nutze die Pausen im Ablauf einer nützlichen Funktion, um eine andere Funktion auszuführen, beispielsweise eine Mess- oder Regelaktion.

2.4 Komplex verbesserte SFMs

2.4.1 Nutze ferromagnetische Stoffe und Magnetfelder

2.4.2 Nutze ferromagnetische Partikel, Granulate, Pulver

2.4.3 Nutze ferromagnetische Flüssigkeiten
z. B.: Nutze ferromagnetische Partikel, die in Wasser, Kerosion etc. suspendiert sind.

2.4.4 Nutze Kapillar-Strukturen in Zusammensetzung mit Ferromagnetismus

2.4.5 Nutze komplexe ferromagnetische SFM, beispielsweise externe Magnetfelder, ferromagnetische Additive etc.

2.4.6 Führe Ferromagnetismus in das Systemumfeld ein und nutze daraus resultierende Effekte

2.4.7 Verbessere die Kontrollierbarkeit ferromagnetischer Systeme durch Nutzen der Effekte-Datenbank

2.4.8 Erhöhe den Grad an Dynamik in einem komplexen SFM

2.4.9 Strukturiere und unterteile Felder und Stoffe in komplexe SFMs

2.4.10 Stimme die Rhythmen ab

2.4.11 Nutze elektrische Felder

2.4.12 Nutze Elektrorheologie

Gruppe 3: Übergang ins Super- und Subsystem (Makro- und Mikro-Level)

3.1 Übergang zu Bi- und Poly-Systemen

3.1.1 Kombiniere Systeme zu Bi- und Poly-Systemen
z. B.: Um die Kanten dünner Glasplatten zu bearbeiten, werden mehrere Platten übereinander zu einem stabilen Stapel zusammengefügt.

3.1.2 Schaffe oder intensiviere die Verbindungen zwischen den Einzelelementen in Bi- und Poly-Systemen

3.1.3 Verbessere die Effizienz von Bi- und Poly-Systemen durch Vergrößerung des Unterschieds einzelner Komponenten
z. B.: Ähnliche Komponenten (einzelne Bleistifte verschiedener Farben) werden verbessert zu verschiedenen Komponenten (ein Satz an Zeicheninstrumenten) und werden schließlich zu Kombinationen gegensätzlicher Funktionen (Bleistift mit Radierer).

3.1.4 Vereinfache Bi- und Poly-Systeme durch Elimination überflüssiger, redundanter oder ähnlicher Komponenten
z. B.: Viele Geräte besitzen heutzutage nur noch ein LED, das grün leuchtend EIN anzeigt und rot leuchtend AUS bedeutet. Früher waren zwei Lämpchen für diese Information notwendig.

3.1.5 Verbessere die Effizienz von Bi- und Poly-Systemen durch Verteilen sich behindernder oder schädlicher Effekte auf verschiedene Komponenten

3.2 Übergang zu Mirko-Systemen

3.2.1 Miniaturisiere Komponenten oder ganze Systeme

Gruppe 4: Erkennen und Messen

4.1 Indirekte Methoden

4.1.1 Umgehe Erkennen und Messen
z. B.: Um einen Elektromotor vor Überhitzung zu schützen, muss ein Temperatursensor die Temperatur messen und Aktionen initiieren. Fertigt man die Pole des Motors aus einer Legierung mit Curie-Punkt genau bei der Temperatur, wo die Überhitzung beginnt, dann stoppt sich der Motor von selbst.

4.1.2 Führe Erkennen und Messen an einer Kopie aus
z. B.: Schlangen der Länge nach zu vermessen ist gefährlich. Besser geht das mit einem maßstabsgerechten Foto der Schlange.

4.1.3 Ersetze Messen durch zwei aufeinander folgende Erkennungsvorgänge
z. B.: Um Temperatur zu messen, kann man thermochrome Substanzen einsetzen, die je nach Temperatur eine andere Farbe haben. Interessiert jedoch nur das Überschreiten einer Temperaturgrenze, dann sind ausschließlich zwei sicher unterscheidbare Farbzustände der effizientere Weg.

4.2 Aufbau von Mess-SFMs

4.2.1 Detektiere oder messe mittels eines zusätzlichen Feldes
z. B.: Um das Kochen von Wasser zu detektieren, wird ein elektrischer Strom hindurchgeleitet. Bei beginnendem Sieden steigt durch die Dampfblasenbildung der elektrische Widerstand deutlich an.

4.2.2   Füge einfach zu detektierende/zu messende Additive, Stoffe hinzu
z. B.: Um ein Leck im Kühlkreislauf eines Kühlschrankes zu entdecken, wird dem Kühlmittel ein Lumineszenz-Farbstoff zugemischt.

4.2.3   Füge einfach zu detektierende/zu messende Felder in die Systemumgebung hinzu

4.2.4   Füge einfach zu detektierende/zu messende Additive, Stoffe in die Systemumgebung hinzu

4.3   Verbesserung von Messsystemen

4.3.1   Nutze die Effekte-Datenbank zur Verbesserung von Messsystemen

4.3.2   Nutze Resonanzphänomene zur Messung
z. B.: Um die Masse eines Festkörpers in einem geschlossen Behälter zu ermitteln, werden mechanische Schwingungen angeregt, deren Frequenz von der Masse abhängt.

4.3.3   Nutze Resonanzphänomene verknüpfter Objekte zur (indirekten) Messung

4.4   Übergang zu ferromagnetischen Messsystemen

4.4.1   Setze ferromagnetische Stoffe und Magnetfelder ein

4.4.2   Ersetze Stoffe durch ferromagnetische Stoffe und detektiere oder messe via Magnetfeld

4.4.3   Erzeuge komplexe, verknüpfte SFMs mit ferromagnetischen Bestandteilen

4.4.4   Führe ferromagnetische Materialien in die Systemumgebung ein

4.4.5   Nutze die Effekte-Datenbank
z. B.: Curie-Punkt, Hopkins- und Barkhausen-Effekt, magnetoelastische Effekte, etc.

4.5   Evolution von Erkennen und Messen

4.5.1   Erzeuge Bi- und Poly-Systemen

4.5.2   Erkenne und messe die (mathematische) Ableitung, anstatt der Originalfunktion

Gruppe 5: Hilfen

5.1   Einführen von Stoffen

5.1.1   Indirekte Methoden
z. B. Führe Leerräume oder Hohlräume als Stoff ein, benutze hoch aktive Additive in kleinen Mengen oder nur lokal, erzeuge den benötigten Stoff erst bei Bedarf („in situ", beispielsweise durch Elektrolyse, Katalyse, etc.)

5.1.2   Zerteile Stoffe, nutze Fragmente

5.1.3 Nutze die Selbstelimination von Stoffen
z. B.: Der temporär eingeführte Stoff zerfällt nach erfolgreicher Aktion oder wird chemisch zersetzt.

5.1.4 Nutze Stoffe im Überschuss
z. B. lässt sich durch Nutzung von Schaumstoffen beiden Forderungen nach wenig Masse und viel Stoffmenge (Volumen) Rechnung tragen (Hohlräume im Überschuss)

5.2 Einführung von Feldern

5.2.1 Nutze im Sinne von Ressourcen alle vorhandenen Felder

5.2.2 Nutze Felder aus der Systemumgebung

5.2.3 Nutze felderzeugende Stoffe
z. B. magnetische Stoffe

5.3 Phasenübergänge

5.3.1 Verändere den Aggregatzustand oder die Phase von Stoffen

5.3.2 Nutze zwei Aggregatzustände oder Phasen eines Stoffes
z. B.: Wasser und Eis zusammen fixieren die Temperatur auf genau 0 °Celsius.

5.3.3 Nutze die einen Phasenübergang begleitenden physikalischen Effekte
z. B. Verdunstungskälte

5.3.4 Nutze Effekte, die aus dem gleichzeitigen Vorliegen zweier Phasen resultieren

5.3.5 Verbessere die Interaktion zwischen zwei Phasen

5.4 Einsatz der Effekte-Datenbank

5.4.1 Nutze eigengesteuerte, reversible physikalische Transformationen
z. B. Phasenübergänge, Dissoziation – Assoziation, Ionisation und Rekombination

5.4.2 Nutze Speicher- und Verstärkungseffekte
z. B. Katalysatoren, Enzyme

5.5 Stoffpartikel

5.5.1 Erzeuge Stoffpartikel (z. B. Ionen) durch Zerlegung eines höher organisierten Stoffes (z. B. Moleküle)

5.5.2 Erzeuge Stoffpartikel (z. B. Atome) durch Kombination niedriger organisierter Stoffe (z. B. Elementarteilchen)

5.5.3 Setze beim Zerlegen oder Kombinieren von Stoffpartikeln einen vom Unterteilungsgrad her ähnlichen Stoff ein („kleine Schritte tun")

24.7 Übersicht über ausgewählte physikalische Effekte und Phänomene für neuartige Problemlösungen

Der Effektekatalog kann angewendet werden, wenn
- alternative Funktionserfüllungen gesucht werden oder
- spezielle Eigenschaften einfach erfüllt werden sollen.

Nachfolgend sind typische Aufgabenstellungen zusammengestellt, die es möglichst einfach zu realisieren gilt.

1. Temperaturmessung
2. Temperatur erniedrigen
3. Temperatur erhöhen
4. Temperatur stabilisieren
5. Ein Objekt lokalisieren
6. Ein Objekt bewegen
7. Gas oder Flüssigkeit bewegen
8. Aerosole bewegen (Staub, Rauch, Nebel, etc.)
9. Mischungen herstellen
10. Mischungen trennen
11. Die Position eines Objektes stabilisieren
12. Erzeugen und/oder Verändern von Kraft
13. Reibung verändern
14. Ein Objekt zerbrechen
15. Speicherung mechanischer und thermischer Energie
16. Übertragung von Energie durch mechanische, thermische, strahlungsförmige und/oder elektrische Deformierung
17. Ein bewegtes Objekt beeinflussen
18. Abmessungen ermitteln
19. Dimensionen verändern
20. Oberflächeneigenschaften und/oder -zustände detektieren
21. Oberflächeneigenschaften verändern
22. Volumeneigenschaften und/oder -zustände detektieren
23. Veränderung von Volumeneigenschaften
24. Ausbildung und/oder Stabilisierung bestimmter Strukturen
25. Elektrische und magnetische Felder detektieren (aufspüren, nachforschen)
26. Detektion von Strahlung
27. Elektromagnetische Strahlung erzeugen
28. Elektromagnetisches Feld steuern
29. Licht steuern oder modulieren
30. Initiieren und intensivieren chemischer Reaktionen

24.7 Übersicht über ausgewählte physikalische Effekte

Im Einzelnen verbergen sich hinter diesen Obergruppen eine Vielzahl von Effekten, die nachstehend näher aufgeführt sind.

1. Temperaturmessung
- thermische Expansion und ihr Einfluss auf die Frequenz von Schwingungen
- thermoelektrische Phänomene
- Emissionsspektrum
- Veränderung der optischen, elektrischen und magnetischen Eigenschaften von Substanzen
- Übergang am Curie-Punkt
- Hopkins-, Barkhausen-, Seebeck-Effekt

2. Temperatur erniedrigen
- Phasenübergang
- Joule-Thomson-Effekt
- Rank-Effekt
- magnetisch kalorischer Effekt
- thermoelektrische Phänomene

3. Temperatur erhöhen
- elektromagnetische Induktion
- Eddy-Strom
- Oberflächeneffekte
- dielektrisches Erhitzen
- elektronische Erwärmung
- elektrische Entladung
- Strahlungsabsorption durch Substanz
- thermoelektrische Phänomene

4. Temperatur stabilisieren
- Phasenübergang
- Übergang am Curier-Punkt

5. Ein Objekt lokalisieren
- Einführung von Marker-Substanzen, die zwecks leichter Detektierbarkeit ein vorhandenes Feld verändern (wie Luminophore) oder ihr eigenes Feld erzeugen können (wie ferromagnetische Materialien)
- Reflexion und Emission von Licht
- Photo-Effekt
- Verformung
- Radioaktivität und Röntgenstrahlung
- Lumineszenz
- Veränderungen an magnetischen oder elektrischen Feldern
- elektrische Entladung
- Dopplereffekt

6. **Ein Objekt bewegen**
- Einsatz eines Magnetfeldes zur Beeinflussung eines Objektes oder am Objekt befestigter Magnete
- Einsatz eines Magnetfeldes zur Beeinflussung eines gleichstromdurchflossenen Leiters
- Einsatz eines elektrischen Feldes zur Beeinflussung eines elektrisch geladenen Objektes
- Übertragung von Druck in Flüssigkeiten oder Gasen
- mechanische Schwingungen
- Zentrifugalkräfte
- thermische Expansion
- Lichtdruck

7. **Gas oder Flüssigkeit bewegen**
- Kapillarkräfte
- Osmose
- Toms-Effekt
- Wellen
- Bernoulli-Effekt
- Weissenberg-Effekt

8. **Aerosole bewegen (Staub, Rauch, Nebel, etc.)**
- Elektrostatik
- elektrisches oder magnetisches Feld
- Lichtdruck

9. **Mischungen herstellen**
- Ultraschall
- Kavitation
- Diffusion
- elektrisches Feld
- magnetisches Feld in Zusammenhang mit magnetischen Materialien
- Elektrophorese
- Auflösen

10. **Mischungen trennen**
- elektrische und magnetische Separation
- elektrisches oder magnetisches Feld zur Viskositätsveränderung einer Flüssigkeit
- Zentrifugalkräfte
- Sorption
- Diffusion
- Osmose

11. **Die Position eines Objektes stabilisieren**
- elektrisches oder magnetisches Feld
- unter elektrischem oder magnetischem Einfluss härtende Flüssigkeit

- gyroskopischer Effekt
- reaktive Kräfte

12. Erzeugen und/oder Verändern von Kraft
- Hochdruck
- magnetisches Feld mit magnetischem Material
- Phasenübergang
- thermische Expansion
- Zentrifugalkräfte
- Veränderung hydrostatischer Kräfte durch Viskositätsveränderung einer elektrisch leitfähigen oder magnetischen Flüssigkeit in einem Magnetfeld
- Einsatz von Explosivstoffen
- elektrisch hydraulischer Effekt
- optisch hydraulischer Effekt
- Osmose

13. Reibung verändern
- Johnson-Rabeck-Effekt
- Einfluss von Strahlung
- Effekt der abnormal niedrigen Reibung
- Effekt der abriebfreien Reibung

14. Ein Objekt zerbrechen
- elektrische Entladung
- elektro-hydraulischer Effekt
- Resonanz
- Ultraschall
- Kavitation
- Laseranwendung

15. Speicherung mechanischer und thermischer Energie
- elastische Verformung
- Gyroskop
- Phasenübergang

16. Übertragung von Energie durch mechanische, thermische, strahlungsförmige und/oder elektrische Deformierung
- Schwingungen
- Alexandrov-Effekt
- Wellen, Schockwellen
- Strahlung
- thermische Leitfähigkeit
- Konfektion
- Lichtreflexion

- Faseroptik
- Laser
- elektromagnetische Induktion
- Supraleitfähigkeit

17. Ein bewegtes Objekt beeinflussen
- elektrisches oder magnetisches Feld (kontaktlos statt physischer Kontakt)

18. Abmessungen ermitteln
- Messung der Eigenfrequenz
- Einsatz und Detektion elektrischer oder magnetischer Marker

19. Dimensionen verändern
- thermische Expansion
- Deformation
- Magnetostriktion
- piezoelektrischer Effekt

20. Oberflächeneigenschaften und/oder -zustände detektieren
- elektrische Entladung
- Reflexion von Licht
- Elektronen-Emission
- Moire-Effekt
- Strahlung

21. Oberflächeneigenschaften verändern
- Reibung
- Adsorption
- Diffusion
- Bauschinger-Effekt
- elektrische Entladung
- mechanische oder akustische Schwingungen
- UV-Strahlung

22. Volumeneigenschaften und/oder -zustände detektieren
- Veränderung des elektrischen Widerstandes in Abhängigkeit von Struktur- und/oder Eigenschaftsveränderungen
- Wechselwirkung mit Licht
- elektrooptische und magnetooptische Phänomene
- polarisiertes Licht
- Radioaktivität und Röntgenstrahlen
- Elektronenspinresonanz, kernmagnetische Resonanz
- magnetoelastischer Effekt
- Übergang am Curie-Punkt

- Hopkins-Barkhausen-Effekt
- Ultraschall
- Mössbauer-Effekt
- Hall-Effekt

23. Veränderung von Volumeneigenschaften
- Veränderung der Eigenschaften von Flüssigkeiten (Viskosität, Fluidität) durch ein elektrisches oder magnetisches Feld
- Beeinflussung durch ein Magnetfeld mittels einer eingebrachten magnetischen Substanz
- Erhitzung
- Phasenübergang
- Ionisation im elektrischen Feld
- UV-, Röntgen- oder radioaktive Strahlung
- Deformation
- Diffusion
- elektrisches oder magnetisches Feld
- Bauschinger-Effekt
- thermoelektrische, thermomagnetische und magnetooptische Effekte
- Kavitation
- photochromatischer Effekt
- interner Photo-Effekt

24. Ausbildung und/oder Stabilisierung bestimmter Strukturen
- Interferenz
- stehende Wellen
- Moire-Effekt
- magnetische Wellen
- Phasenübergang
- mechanische und akustische Schwingungen
- Kavitation

25. Elektrische und magnetische Felder detektieren (aufspüren, nachforschen)
- Osmose
- statische Elektrizität
- elektrische Entladung
- piezo-elektrischer und segneto-elektrischer Effekt
- Elektronen-Emission
- elektrooptische Phänomene
- Hopkins-Barkhausen-Effekte
- Hall-Effekt
- kernmagnetische Resonanz
- gyromagnetische und magnetooptische Phänomene

26. Detektion von Strahlung
- optisch-akustische Effekte
- thermische Expansion
- Photo-Effekt
- Lumineszenz
- photo-plastischer Effekt

27. Elektromagnetische Strahlung erzeugen
- Josephson-Effekt
- Induktion
- Tunnel-Effekt
- Lumineszenz
- Hall-Effekt
- Cherenkov-Effekt

28. Elektromagnetisches Feld steuern
- Schirme benutzen
- Eigenschaften ändern (elektrische Leitfähigkeit ...)
- Objektgestalt ändern

29. Licht steuern oder modulieren
- Refraktion von Licht
- Reflexion von Licht
- elektro- und magnetooptische Phänomene
- Photo-Elastizität
- Kerr-Effekt
- Faraday-Effekt
- Hall-Effekt
- Franz-Keldysh-Effekt
-

30. Initiieren und intensivieren chemischer Reaktionen
- Ultraschall
- Kavitation
- UV-, Röntgen- und radioaktive Strahlung
- elektrische Entladung
- Schockwellen

24.8 Fallbeispiele

Die folgenden Beispiele sollen die Anwendung von TRIZ und die Übertragung in innovative Problemlösungen veranschaulichen:

24.8.1 Mehrfarbiger Kugelschreiber

Ausgangssituation dieses fiktiven Beispiels mag ein Unternehmen sein, das derzeit nur Bleistifte und Buntstifte herstellt. Man sucht für die Zukunft passende Innovationen im angestammten Geschäftsfeld. Gemäß Kap. 4.3 sollte die Neuentwicklung im „Trend" liegen.

Umfeldanalyse
1. Vom gesellschaftlichen Trend her bestehen folgende Strömungen:
   - zunehmendes Informationsbedürfnis,
   - verstärktes Selbstdarstellungsbedürfnis,
   - verstärktes Selbstorganisationsbedürfnis.

2. Ergänzende technologische Trends sind:
   - zunehmende Informationsveredelung,
   - zunehmende Funktionsintegration,
   - zunehmende Multifunktionalität.

Hieraus lässt sich folgende Aufgabenstellung ableiten:

„Entwicklung eines kompakten, mehrfarbigen Schreibgerätes."

TRIZ soll hier exemplarisch zur Überprüfung einer bekannten Realisierung angewandt werden. Der Fokus liegt auf der Konzeptfindung. Insofern lässt sich TRIZ wie folgt einordnen:

Entwicklungsstufen

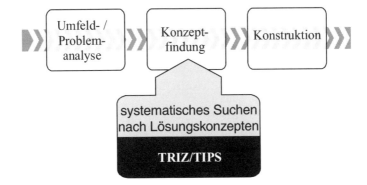

Entwicklungsvision
Welche Zielrichtung soll die Entwicklung einschlagen? Was ist als Endprodukt zu schaffen?

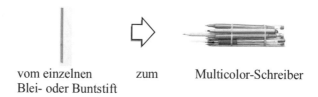

vom einzelnen   zum   Multicolor-Schreiber
Blei- oder Buntstift

IER/Ideales Endresultat
In einem neuen Schreibgerät sollen vier Farbminen (schwarz, blau, rot grün) verfügbar sein, die durch manuelle Betätigung einfach ausgewählt werden können. Bei Verbrauch sollten sich die Farbminen einfach austauschen lassen.

Evolution des Schreibens
Um den Innovationsbedarf und auch die Vorgeschichte im Umfeld zu untersuchen, helfen die Entwicklungsgesetze. Aus ihnen kann die folgende Strömung zur Entwicklung von Schreibgeräten abgeleitet werden:

„Von Stoffen (unterschiedlicher Art) zu Feldern."

Entwicklungsstufen des Schreibens

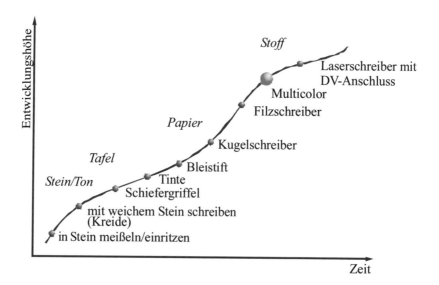

24.8 Fallbeispiele

Evolution Kugelschreiber

Bezogen auf Kugelschreiber könnte sich die nachstehend abgebildete spezielle Entwicklungslinie ergeben:

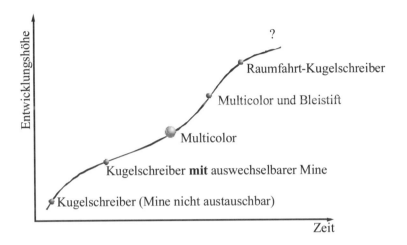

Problemanalyse

Wie bereits formuliert, stellt sich die Aufgabe, einen Multicolor-Schreiber zu entwickeln. Die daraus resultierenden Widersprüche ergeben sich stets aus den primären Anforderungen an das System.

Kundenanforderungen	Katalogisierte Widersprüche der Altschuller'sche-Widerspruchsmatrix	
Abmessungen sollten nicht wesentlich größer werden		
– Dimensionen konstant halten bzw. Objekt verkleinern	Volumen des stationären Objektes[47] verringern	8 ↓
Anwendungsspektrum erhöhen		
– Minenanzahl vergrößern	Materialverschwendung begrenzen	23 ↓
	Materialmenge begrenzen	26 ↓
– Größeren Nutzungsbereich abdecken	Anpassungsfähigkeit erhöhen	35 ↑
	Leistung erhöhen	21 ↑
– lange Nutzungszeit der Minen	Lebensdauer erhöhen	27 ↑

---

[47] Ein Objekt ist dann „stationär", wenn es unter Kräften seine Position nicht verändert. Es ist „beweglich", wenn es sich verändern lässt. In dem Beispiel sollte daher auch WSP 7 geprüft werden!

Konzeptvarianten

Aus den Anforderungen haben sich je drei zu verringernde und drei zu erhöhende Eigenschaften ergeben. Als Widerspruch wird je eine Paarung von einem zu verbessernden und einem zu verschlechternden Kriterium betrachtet, sodass sich insgesamt 9 Paarungen zusammenstellen lassen.

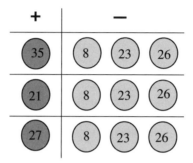

Identifizierung

Mithilfe der Widerspruchsmatrix werden innovative Grundprinzipien zu jedem Widerspruch identifiziert. Exemplarisch soll hier nur einer ausgewertet werden:

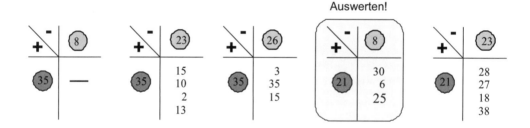

Auswertung eines Widerspruchs

Die Forderung aus der Aufgabenstellung lautete:

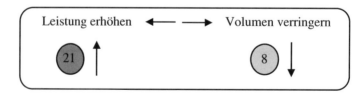

24.8 Fallbeispiele

Aus der Widerspruchsmatrix erhält man die folgenden innovativen Grundprinzipien:

IGP 30: Prinzip der Anwendung biegsamer Hüllen und dünner Folien
    a) Anstelle der üblichen Konstruktion sind biegsame Hüllen und dünne Folien zu benutzen.
    b) Das Objekt ist mithilfe biegsamer Hüllen und dünnen Folien vom umgebenden Medium zu isolieren.

IGP 6: Prinzip der Universalität bzw. Mehrzwecknutzung
Das Objekt erfüllt mehrere unterschiedliche Funktionen, wodurch weitere Objekte überflüssig werden.

IGP 25: Prinzip der Selbstbedienung
    a) Das Objekt soll sich selbst bedienen sowie Hilfs- und Reparaturfunktionen selbst ausführen.
    b) Abprodukte (Energie, Material) sind zu nutzen

Umsetzung der IGPs
Die folgenden Punkte sind bei der Umsetzung von innovativen Grundprinzipien immer zu bedenken:
- Die IGPs sind abstrakt, aber zeitlos.
- TRIZ enthält keinen Automatismus, also keine Lösungen auf Knopfdruck.
- Es ist Aufgabe der Entwickler, die IGPs in Anwendungslösungen umzusetzen.

Ansatzpunkte für weitere Fragestellungen
Die weitere Vorgehensweise beinhaltet die Fragen:
- Können Detailansätze aus den IGPs 30, 6 und 25 abgeleitet werden?
- Welches IGP führt zu einer grundsätzlich neuen Anwendungslösung?
- Wie und mit welchem Aufwand lässt sich die Anwendungslösung umsetzen?

Perspektiven
Entwicklungsteams sind mit TRIZ ungeahnt erfolgreich, und zwar quantitativ und qualitativ. Die IGPs wirken in der Konzeptfindungsphase wie ein Fokus und führen gewöhnlich schneller zum Ziel als ein breit angelegtes Brainstorming.

24.8.2 Pizza-Box[48]

Die Firma Pizza Hut, NL, hat einen großen Anteil Straßenverkauf und Lieferservice. Darüber hinaus steht man im Wettbewerb mit einer Vielzahl von Einzelunternehmen. Im Rahmen einer Kundenbefragung hat man die folgenden Wünsche an das Produkt ermittelt:
- Die Pizza soll heiß sein!
- Die Pizza soll knusprig sein!

Beide Eigenschaften sollen auch über einen längeren Zeitraum, also während des Transports zum Kunden, gewährleistet sein. Gesucht sind Lösungen für eine höhere Kundenzufriedenheit und zu einer Verbesserung der Wettbewerbsstellung.

Problemdefinition
Aus der Aufgabenstellung ergibt sich das Kernproblem:
- Die Pizza befindet sich während des Transports in einer isolierenden Pappschachtel.
- Durch Verdunstung schlägt sich Feuchtigkeit bzw. Kondenswasser im Inneren der Schachtel nieder.

Die Folge davon ist: Der Pizzateig wird weich! – Die Pizza ist „labbrig" und der Kunde ist unzufrieden.

Typische Trade-Off-Lösung
Eine typische Kompromisslösung ist es, den Karton mit Löchern zu versehen, durch die die Feuchtigkeit entweichen kann. Die Pizza wird zwar weniger weich, jedoch kühlt sie auch schneller aus, was mit den Kundenanforderungen nicht vereinbar ist.

Formulieren des Widerspruchs

Forderung 1: Pizza heiß ⇨ Karton geschlossen
Forderung 2: Pizza knusprig ⇨ Karton geöffnet

Problem: Der Karton muss Feuchtigkeit nach außen abgeben können, gleichzeitig muss er geschlossen sein, um die Wärme zu halten.

physikalischer Widerspruch: Karton muss gleichzeitig „offen und geschlossen sein".
(Eine Lösung ergibt sich auf der Makroebene.)

---

[48] Quelle: Pizza Hut, Niederlande

Abstrahieren in einen technischen Widerspruch
Direkte Lösung auf der Makroebene konzentriert sich auf die Pizza und führt beispielsweise zu dem Widerspruch:

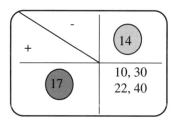

Gleich bleibende Eigenschaft der Pizza: Festigkeit   (14) →

Zu verbessernde Eigenschaft der Pizza: Temperatur   (17) ↓

Die gefundenen Innovativen Grundprinzipien
IGPs: 10, 30, 22, 40   (Die IGP-Reihenfolge beinhaltet die Wahrscheinlichkeit der Lösungsfindung.)

Auswertung des Ideenspektrums
Die gefundenen IGPs enthalten folgende Lösungsideen:

Prinzip 10:   Vorgezogene Wirkung (preliminary action)
Prinzip 30:   Biegsame Hüllen und dünne Folien (flexible shells and thin films)
Prinzip 22:   Umwandlung von Schädlichem in Nützliches (blessing in disguise)
Prinzip 40:   Zusammengesetztestoffe (composite materials)

Lösungskonzepte
Aus diesen Lösungsideen können in der Regel tragfähige Konzepte entwickelt werden. Die Zusammensetzung des TRIZ-Teams spielt hier eine maßgebliche Rolle, d. h. Interdisziplinarität sollte angestrebt werden.

Zu jedem Prinzip kann mindestens ein Lösungskonzept erstellt werden. Mögliche Ansätze sollten konkretisiert und skizzenhaft umschrieben werden.

Lösungskonzept 1
Mögliches Lösungskonzept, basierend auf **IGP 10**, *vorgezogene Wirkung*.

Idee: Die Pizza wird erst auf dem Weg zum Kunden gebacken, sodass sie frisch am Bestimmungsort eintrifft.

Lösungskonzept 2
Mögliches Lösungskonzept, basierend auf **IGP 30**, *biegsame Hüllen und dünne Folien*.

Idee: Die Pizza wird mit einer Hülle bzw. Folie (z. B. Gore-Tex) umgeben, die nach außen hin die Feuchtigkeit (Dampf) durchlässt, den Transport von Flüssigkeit (Tropfen) nach innen jedoch nicht zulässt.

Lösungskonzept 3
Mögliches Lösungskonzept, basierend auf **IGP 22**, *Umwandlung von Schädlichem in Nützliches*.

Idee: Ein als Tasche ausgeführter Vlies wird während des Transports unter die Pizza gelegt, welches mit einem Granulat gefüllt ist, das Feuchtigkeit aufnimmt und gleichzeitig Wärme abgibt. Somit wird Schädliches (Feuchtigkeit) in Nützliches (Wärme) gewandelt.

Lösungskonzept 4
Von Pizza Hut gewähltes Lösungskonzept, basierend auf **IGP 40**, *Verbundwerkstoffe*.

Ausführung: Eine Wellpappe mit Löschpapier, das die Feuchtigkeit aufnimmt, wird unter die Pizza in die Box gelegt.

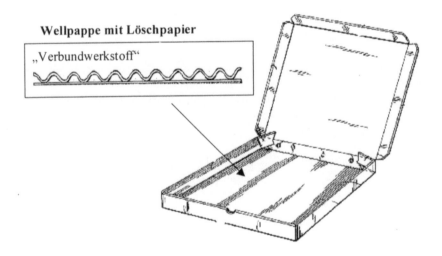

24.8.3 Gummidichtung für Bustüren

Das Beispiel der Gummidichtung von Bustüren verdeutlicht die mögliche Anwendung von TRIZ sowohl auf der Produkt- als auch auf der Prozessebene. TRIZ beschränkt sich nicht auf die rein produktorientierte Entwicklung von technischen Lösungskonzepten, sondern lässt sich ebenso auf der Ebene des nachfolgenden Fertigungsprozesses erfolgreich einsetzen.

Aufgabenstellung
Heutige Bustüren verschließen gewöhnlich durch eine Schwenk-Schiebebewegung, wobei eine möglichst hohe Druckkraft auf die Gummidichtung zwischen Tür und Karosserierahmen aufgebracht werden soll, damit die Türe dicht ist.

Abb. 24.1: Gummiprofil einer Bustür-Dichtung

Eine weitere Forderung ist, dass die Reibung zwischen dem Türrahmen und der Gummidichtung minimiert wird, weil durch hohe Reibung der Schließvorgang behindert wird und Quietschgeräusche entstehen.

Gesucht wird eine einfache Lösung des Problems für die Serienfertigung, d. h. eine kostengünstige Produkt- und Prozesslösung.

Problemstellung auf Produktebene
Durch die Analyse des technischen Problems ergibt sich die folgende Formulierung von widersprüchlichen Anforderungen an die Gummidichtung:

„Die Reibung soll verbessert werden und die Federkonstante soll dadurch nicht verschlechtert werden."

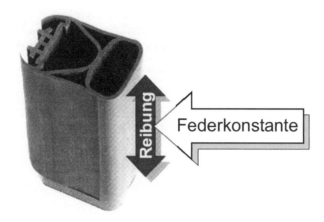

Abb. 17.2: Einflussgrößen auf die technische Problemstellung

Umsetzung der Einflussgrößen in technische Parameter

Die sich aus der Aufgabenstellung ergebenden Parameter müssen nun in die Standard-Widerspruchs-Parameter überführt werden:

Optimierungsrichtung		↓	↑	↓	↑
Techn. Parameter Nr.		11	10	10	19
Parameter der Aufgabe	Standard WSP-Parameter	Spannung oder Druck	Kraft	Kraft	Energieverbrauch des beweglichen Objektes
Reibung verbessern			X		X
Federkonstante nicht verschlechtern		X		X	

Wie dieses Beispiel zeigt, kann der Parameter „Kraft" durchaus jeweils für beide Aufgaben-Parameter „Reibung" und „Federkonstante" angesetzt werden. Vorstehend ist „Kraft" einmal als *Reibkraft* und einmal als *Rückstellkraft* interpretiert worden:

24.8 Fallbeispiele

Fall 1: Die auf die Dichtung wirkende Reibkraft soll verbessert werden, hierdurch verschlechtert sich die Spannung/der Druck auf der Dichtfläche.

Fall 2: Der Energieverbrauch soll verbessert werden, hierdurch verschlechtert sich die Rückstellkraft des Profils.

Die Formulierung des Widerspruchs folgt also keinen strikten Vorgaben, sondern ist in hohem Maße von der Interpretation und Sichtweise des Bearbeiters abhängig. Möglicherweise führen diese aber zum gleichen Grundproblem.

zu verbessernde Parameter	sich verschlechternde Parameter	11 Spannung oder Druck	10 Kraft
10	Kraft	18, 21, 11	
19	Energieverbrauch des beweglichen Objektes		16, 26, 21, 2

Für beide Parameterpaarungen können die entsprechenden Lösungsprinzipien in der Widerspruchsmatrix abgelesen werden.

IGP 18: Prinzip der Ausnutzung mechanischer Schwingungen
IGP 21: Prinzip des Durcheilens
IGP 11: Prinzip des „vorher untergelegten Kissens"

IGP 16: Prinzip der partiellen oder überschüssigen Wirkung
IGP 26: Prinzip des Kopierens
IGP 21: Prinzip des Durcheilens
IGP 2: Prinzip der Abtrennung

Aus dem Lösungsfeld der ermittelten Grundprinzipien können unterschiedliche technische Lösungsansätze abgeleitet werden. Beispielhaft sei hier das „Prinzip der Abtrennung" angeführt, das eine Unterteilung des Bauteils in Bereiche unterschiedlicher mechanischer Eigenschaften nahe legt.

 modifizierter Bereich mit
angepasstem mechanischen
Eigenschaften

Abb. 27.3: Prinzip der Abtrennung – Modifikation der Funktionsfläche

Im Weiteren ist im bearbeitenden Projektteam die Entscheidung gefallen, die unterschiedlichen Eigenschaften durch die nahe liegende Idee eines Stoffverbunden herzustellen.

Problemstellung auf Prozessebene
Das entwickelte Konzept sollte im Zuge einer optimalen Gesamtlösung nicht nur die technischen Anforderungen erfüllen, auch der Herstellungsprozess bedarf einer Untersuchung hinsichtlich zu ergreifender Maßnahmen für eine wirtschaftliche Serienfertigung. Auch hier lässt sich die TRIZ-Widerspruchsanalyse einsetzen, um die gegebenen Anforderungen an den Herstellungsprozess mit innovativen Lösungen umzusetzen.

Die Türprofile wurden bisher in einem kontinuierlichen Extrusionsverfahren hergestellt. Wenn, basierend auf dem entwickelten Lösungskonzept, ein weiterer oder besser noch modifizierter Stoff mit verarbeitet werden soll, so sollte dies ebenfalls durch Extrusion innerhalb des kontinuierlichen Fertigungsablaufs erfolgen.

Als Zielvorgaben für den Prozess lassen sich folgende Anforderungen festlegen:
- Die Wirtschaftlichkeit und Qualität dürfen sich nicht verschlechtern.
- Das Produkt muss endformgenau und nacharbeitsfrei den Prozess verlassen.

Diese werden in dem folgenden Schema transparenter.

24.8 Fallbeispiele

	Standard WSP-Parameter	Leistung, Kapazität	Automatisierungsgrad	Fertigungsfreundlichkeit	Haltbarkeit des beweglichen Objektes	Fertigungsgenauigkeit
Optimierungsrichtung		↑	↑	↓	↓	↑
Techn. Parameter Nr.		21	38	32	15	29
Parameter der Aufgabe						
Wirtschaftlichkeit		X	X	X		
Qualität					X	
Endformgenauigkeit, Nacharbeitsfreiheit						X

Die Gegenüberstellung der technischen Parameter innerhalb der Widerspruchsmatrix liefert die Standardwidersprüche sowie die in Frage kommenden innovativen Grundprinzipien zur Lösung dieser Problemstellung:

		sich verschlechternder Parameter	
		15 Haltbarkeit des beweglichen Objektes	32 Fertigungsfreundlichkeit
zu verbessernder Parameter			
21	Leistung, Kapazität	19, 35, 10, 38	26, 10, 34
29	Fertigungsgenauigkeit	3, 27, 40	–
38	Automatisierungsgrad	6, 9	1, 26, 13

Auch hier soll nur beispielhaft das **IGP 10** herausgegriffen werden, da es innerhalb des Lösungsfeldes der innovativen Grundprinzipien mit einer Zweifachnennung auffällt.

IGP 10: Prinzip der vorgezogenen Wirkung

Mögliche Umsetzung des Prinzips: Der modifizierte Stoff ist vorher einzubringen, beispielsweise als festes Teflonband.

Genauso, wie zuvor herausgearbeitet, wird das Problem heute in der Praxis gelöst. Beim Extrudieren des Gummiprofils wird durch das gleiche Werkzeug ein Teflonband mitgeführt und mitvernetzt. Durch das Teflonband wird die erwünschte Oberflächenwirkung (geringe Reibung) erreicht, wodurch die Kraft- und Geräuschprobleme eliminiert wurden. Zwischenzeitlich hat auf diese Lösung eine Kasseler Firma ein Verfahrenspatent angemeldet. Viele Türhersteller nutzen schon diese neuartigen Dichtprofile.

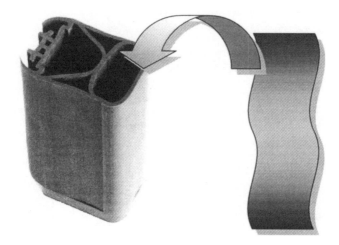

Abb. 27.4: Umsetzung des Lösungsprinzips

24.8.4 Optimierung einer Befestigung

In der kreativen Phase greift man sehr gerne zum „freien Gedankensturm", wozu die allseits beliebte Brainstorming-Methode gezählt wird. Hierbei ist erwünscht, dass in einem möglichst großen Suchraum (Masse statt Klasse) nach neuen Ideen Ausschau gehalten wird. In vielen Fällen ist dies aber realitätsfremd, da meist Einschränkungen bezüglich der verfügbaren Ressourcen bestehen.

Im Kap. 17 wurden die kreativen Denktechniken aus ASIT[49] (*Advanced Structurized Inventive Thinking*) dargestellt. Das Prinzip ist, eine geschlossene Welt mit ihren Ressourcen zu definieren, wobei es im Problemlösungsprozess aber „verboten" ist, Neues von außen hinzuzufügen.

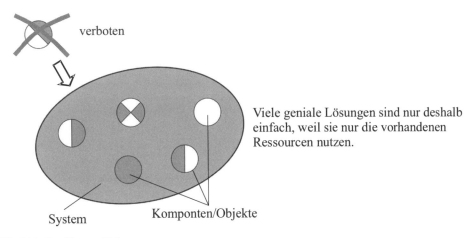

Abb. 24.5: *Geschlossene Welt*

Die fiktive Aufgabenstellung sei:

„Eine normale Gewindeschraube soll in einer Wand aus Gasbetonsteinen befestigt werden, um einfache Gegenstände aufhängen zu können."

Intention des Beispiels ist, der Leser soll die Idee hinter ASIT besser kennen lernen und die vier Techniken einüben.

Zur geschlossenen Welt gehören: die Wand, eine Schraube und ein Schraubwerkzeug.

---

[49] ASIT ist eine methodische Abwandlung von SIT (nach R. Horowitz), entwickelt von der Fa. Ford/USA.

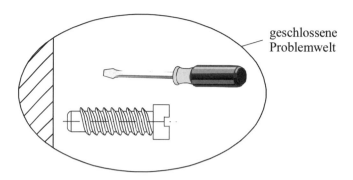

Abb. 24.6: Problemsituation einer Schraubenbefestigung

1. Anwendung der Vereinheitlichungstechnik

„Ein Problem muss mit den verfügbaren Ressourcen der Problemwelt gelöst werden. Die vorhandenen Objekte müssen dann weitere Funktionen erfüllen".

Idee: Die Schraube ist so zu modifizieren, dass sie über einen abgestuften Bohr- und Schraubschaft verfügt.

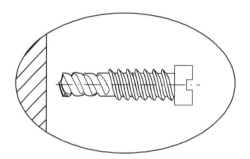

Abb. 27.7: Schraube mit Bohr- und Befestigungsfunktion

2. Anwendung der Vervielfältigungstechnik

„Ein Problem muss mit den verfügbaren Ressourcen der Problemwelt gelöst werden, indem ein Objekt dupliziert wird. Die Duplizierung kann ohne oder mit Objektveränderungen erfolgen".

Idee: Die Schraube ist so zu modifizieren, dass ein Prinzip „Schraube in Schraube" realisiert wird. Unterschiedliche Reibzustände können hierbei durch abgestufte Steigungen erzeugt werden.

24.8 Fallbeispiele

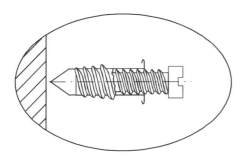

Abb. 27.8: Prinzip einer äußeren Schraubenhülse/inneren Schraube

3. Anwendung der Teilungstechnik

„Ein Problem muss mit den verfügbaren Ressourcen der Problemwelt gelöst werden, indem das als Einheit erscheinende Objekt aufgebrochen und neu arrangiert wird".

Idee: Die Schraube ist so zu modifizieren, dass eine äußere selbstschneidende Gewindehülse geschaffen wird, in die ein Stift rastend eingeführt werden kann.

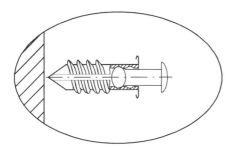

Abb. 27.9: Prinzip einer Schneidhülse mit innerem Raststift

4. Anwendung der Aufbrechungstechnik

„Ein Problem muss mit den verfügbaren Ressourcen der Problemwelt gelöst werden, indem bestehende Einheiten oder Symmetrien aufgebrochen werden".

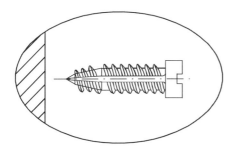

Abb. 27.10: Schraube mit verschiedenen Gewindezonen zum Schneiden und Befestigen

Idee: Die Gewindesymmetrie wird zerstört. An die Spitze wird ein konisches Aufbohrgewinde mit Kanälen zum Spänetransport angeformt. Das eigentliche Schraubgewinde stellt erst die zweit Stufe dar.

Die zu den Befestigungsproblem entwickelten Lösungsansätze sind in der Technik zwar alle bekannt, dennoch zeigt das Vorgehen, dass selbst ein Nichtfachmann recht schnell kreative Ideen zu einem Spezialgebiet finden kann.

24.9 Bilderrahmen-Befestigung

Zielvorstellung dieses Beispiels ist, verschiedene TRIZ-Werkzeuge systematisch auf eine innovative Aufgabe anzuwenden. Das System ist hierbei ein komplett montierter Bilderrahmen und das Objekt ist das Verspannelement (Clips), das zu entwickeln ist.

1. Innovationscheckliste

Für eine genaue und detaillierte Problembeschreibung stellt die Innovations-Checkliste ein hilfreiches Werkzeug zur Erfassung aller relevanten Informationen rund um das Objekt dar. Hiernach sollten in etwa die folgenden Punkte (siehe auch Anhang B-1 ff.) abgearbeitet werden:
1. Kurze Beschreibung des Problems
2. Informationen über das zu verbessernde Objekt/System
3. Informationen über die Problemsituation
4. Beschreibung des erwünschten Endresultats
5. Historie des Problems
6. Verfügaber Ressourcen
7. Veränderbarkeit des Objekts/Systems
8. Auswahlkriterien für Lösungskonzepte
9. Projektdaten (Zeit/Kosten)

Die Erkenntnisse einer vollständig ausgefüllten Innovations-Checkliste gehen somit über ein gewöhnliches Lastenheft hinaus und beinhalten:
- die exakte Definition der Problemsituation,
- die Dokumentation der Problemhistorie,
- alle Randbedingungen für mögliche Lösungsansätze,
- verfügbare Ressourcen des Systems,
- spezielle Ansatzpunkte für Lösungskonzepte
- einen Blick auf Wettbewerbslösungen.

Nachfolgend soll dieses organisatorische Gerüst auf das Beispiel übertragen werden.

1.1 Beschreibung des zu lösenden Problems

Ein Hersteller von Holz-Bilderrahmen sucht nach neuen Lösungen für die Verspannung der „Bildpakete". Bisher wurde ein auf der Rückwand aufgenieteter Federclip verwendet. Diese Lösung hat eine Vielzahl von Nachteilen, die darin bestehen:
- Es kann kein Toleranzausgleich durchgeführt werden.
- Es sind zusätzliche Bearbeitungen (Lochen, Nieten) erforderlich.
- Bei der Montage müssen alle Federclips von Hand eingedreht werden.
- Das Element selbst macht einen primitiven Eindruck auf Kunden.
⋮

Da der Hersteller seine Fertigungstiefe bis auf die reine Montage zurückfahren möchte, ist vor allem ein Spannelement gesucht, das recht einfach ist. Im Idealfall soll eine axiale Montage des gesamten Bildpaketes erfolgen, wobei eine kleine zusätzliche ebene Fügebewegung akzeptiert würde.

Zweck des Systems/Objektes:

„Axiales Vorspannen von Bildpaketen ohne Werkzeugeinsatz".
„Das Bild sollte an den Verspannelementen aufgehängt werden können, wobei ein Längen- und Höhenausgleich wünschenswert wäre."

1.2 Informationen über das zu verbessernde System/Objekt

Abb. 27.11: Aufbau des derzeitigen Bilderrahmens

Funktionale Randbedingungen:
- seitlicher Toleranzausgleich von 4 mm sollte möglich sein
- Höhenausgleich von 4 mm sollte möglich sein
- keine feste Verbindung mit der Rückwand

- ausreichender Druck auf das Bildpaket
- Bauhöhe des Spannelements maximal 4 mm

Montage-Bedingungen:
- Handmontage und vollautomatische Montage muss alternativ möglich sein
- möglichst geradlinige Fügebewegung

Verfügbare Ressourcen:
Welche Ressourcen existieren im System oder Systemumfeld, und wie können diese zur Lösung des Problems verwendet werden?
- funktionale Ressourcen
- stoffliche Ressourcen
- feldförmige Ressourcen
- räumliche Ressourcen
- zeitliche Ressourcen
- Informationsressourcen

Erfahrungsgemäß sollte man alle aufgeführten Ressourcen andenken. Nicht alle werden dabei ein Potenzial haben. Kann jedoch eine sowieso vorhandene Ressource genutzt werden, so steht eine Funktion „umsonst" zur Verfügung. Meist sind dies physikalische Grundfunktionen.

Als stoffliche Ressourcen sind der Holzrahmen und die Rückwand gleichwertig nutzbar. Es ist denkbar, dass der Holzrahmen als funktionale Ressource direkt genutzt werden kann – in dem Fall wären eventuell keine zusätzlichen Spannelemente erforderlich. Unter den feldförmigen Ressourcen steht nur die Handkraft zur Verfügung.

1.3. Informationen über die Problemsituation

Systemanalyse
Um das vorhandene Objekt bzw. System zu beschreiben, ist es sinnvoll, die folgenden Fragen zu beantworten:
- Was soll verbessert werden und wie?
- Was steht der Verbesserung entgegen?
- Was ist die Ursache des Nachteils?
- Wie wirkt der Nachteil?
- Wann, wo und warum trat der Nachteil auf?
- Welche Probleme müssten auch gelöst werden, um den Nachteil auszuschalten?

24.9 Bilderrahmen-Befestigung

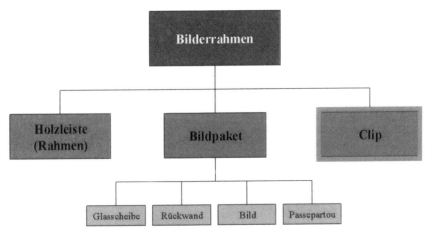

Abb. 27.12: Mögliche Systemdefinition für den Bilderrahmen

Funktionen des Systems

Welches sind die Funktionen der bekannten Clip-Lösung, worin besteht die *nützliche Funktion (NF)*:

- Aufbringen der Klemmkraft (NF) durch Federwirkung des Stahlblechs zwischen Rahmen und Rückwand
- Aufhängepunkt für den Bilderrahmen
- Aufhängepunkt ausgleichen

Abb. 27.13: Befestigungsclip der bisherigen Ausführung

1.4. Beschreibung des erwünschten Endresultates

Aus welchen Bestandteilen besteht das Objekt derzeit, und wie ist die wünschenswerte ideale Systemstruktur?

Derzeitiger Aufbau des Systems:
- gebogene Blechzunge
- Bohrung für Nietverbindung mit der Rückwand
- Nietverbindung mit der Rückwand [SF]
- Aussparung auf der Clip-Oberseite als Aufhängepunkt bzw. Einhängepunkt für Nagel

Formulieren der „idealen Lösung"
Das Bildpaket wird durch einfache axial wirkende Elemente verspannt. Diese sind beliebig lös- und verspannbar. Die Elemente sind gleichzeitig Aufhängepunkt für das Bild und ermöglichen eine Feinausrichtung des Bildes gegen Schiefstellung.

1.5. Historie des Problems

Wie wird die *primär nützliche Funktion* bisher erfüllt?
- Verspannen des Bildpakets durch Herunterdrücken des Clips mit anschließender Drehbewegung.
- Die Vorderkante des vorgespannten Clips schiebt sich durch die Drehung in eine Nut im Holzrahmen.

Zu Spannelementen für Bildpunkte gibt es über zwanzig Patentanmeldungen, wobei die Prinzipien aber alle sehr ähnlich sind. Die Analyse zeigt, dass insofern das Entwicklungsfeld noch sehr offen ist. Auffallend war auch, dass bei den eingeführten Lösungen und bei den Patentanmeldungen die Spannfunktion immer von der Rückwand auf den Rahmen ausgeübt wurde. Es gab keine Lösungen, die dieses Prinzip umgedreht haben, also vom Rahmen auf die Rückwand wirken. Alleine diese Erkenntnis kann schon ein Hinweis für eine Neuerung sein.

1.6. Verfügbare Ressourcen

Alle Teile des Bildes, d. h. Holzrahmen und Rückwand, können für die Spannfunktion genutzt werden. Diese Elemente sollen aber möglichst nicht durch eine Bearbeitung verändert werden.

1.7. Veränderbarkeit des Systems

Kleine Veränderungen am Rahmen sind möglich. Hierbei ist zu beachten, dass Rahmen entweder profilgefräst oder stranggepresst werden. Änderungen in dieser Vorzugsrichtung sind kostenneutral. Senkrechte Bearbeitungen stören hingegen den Fertigungsfluss.

1.8. Auswahlkriterien für Lösungskonzepte

Von Marketing und Vertrieb werden die folgenden Forderungen an das Spannelement gestellt:
- hoher Neuheitsanspruch,
- optisch ansprechend,
- funktionssicher,
- kostengünstig,
- geringe Anzahl an Bauteilen,
- leicht erfassbare Funktion,
- handgerechte Gestaltung,
- schutzfähiges Prinzip.

1.9. Kosten

Der Verkaufspreis eines Bilderrahmens mit Holzleiste liegt zwischen 25 bis 80 €. Je nach Größe sind 8 bis 10 Clipse zum Verspannen notwendig, ein Clip kostet in der Herstellung ca. 4 bis 5 Cent. Die Neuentwicklung sollte nicht teurer sein.

2. Formulieren des Widerspruchs

Gewöhnlich ergeben sich aus der Gegenüberstellung der nützlichen und schädlichen Funktionen die entscheidenden Widersprüche, die zur Lösung des Problems beitragen können.

(NF): Aufbringen der Klemmkraft
[SF]: feste Verbindung mit der Rückwand

Problemsituation 1 (bezogen auf (NF) und [SF]):
- Eine hohe Klemmkraft ist für den Toleranzausgleich und sicheren Halt des Bildpaketes wünschenswert.
- Gleichzeitig erschwert die hohe Klemmkraft das Herunterdrücken des Clips.

Problemsituation 2 (bezogen auf Montagesituationen):
- Die feste Nietverbindung sorgt für Probleme bei der Fertigung und Montage.
- Gleichzeitig soll das Verspannen von Hand schnell vonstatten gehen.

Auflösung der Widersprüche:

WSP 1	Bedienkomfort	WSP 2	Fertigungsfreundlichkeit
	(33) ↓		(32) ↓
Kraft		Zeitverlust	
(10) ↑	1, 28, 3, 25	(25) ↑	35, 28, 34, 4

Auswertung der Innovativen Grundprinzipien:

Widerspruch 1: (10)/(330)
IGP1: Prinzip der Zerlegung bzw. Segmentierung
IGP 28: Prinzip des Ersatzes mechanischer Wirkprinzipien
IGP 3: Prinzip der örtlichen Qualität
IGP 25: Prinzip der Selbstbedienung

Widerspruch 2: (25)/(32)
IGP 35: Prinzip der Veränderung des Aggregatzustandes
IGP 28: Prinzip des Ersatzes mechanischer Wirkprinzipien
IGP 34: Prinzip der Beseitigung und Regenierung von Teilen
IGP 4: Prinzip der Asymmetrie

Aus den Innovativen Grundprinzipien können nun Lösungsansätze generiert werden, die auf die spezielle Problemstellung anwendbar sind.

3. Evolutionsgesetze

Um weitere Lösungsansätze zu finden oder um entwickelte Konzepte weiter zu vertiefen, ist es sinnvoll, die Entwicklungsgesetze technischer Systeme mit in die Überlegungen einzubeziehen. Nachfolgend sind einige Evolutionsgesetze genannt, die evtl. für das vorliegende Problem hilfreich sein können.
- Gesetz der Erhöhung des Grades der Idealität
- Gesetz der ungleichmäßigen Entwicklung eines Systems
- Gesetz des Übergangs in ein Obersystem
- Gesetz der Vereinfachung von Systemen
- Gesetz des Übergangs von Makro- zu Mikroebenen
- Gesetz des Übergangs zur Automatisierung
- Gesetz der Erhöhung von Stoff-Feld-Effekten
- ...

So könnten zum Beispiel die folgenden Ansätze zu neuen Lösungen führen:

Gesetz der Erhöhung des Grades der Idealität
- Ein Clip entfällt, stattdessen übernimmt der Rahmen die Funktion des Clips.
- Ein Clip ist nicht mehr notwendig, da ein vollkommen neuartiger Bilderhalter entwickelt wurde.

Gesetz des Übergangs in ein Obersystem
- Der Rahmen dient als Aufnahme für den Clip.
- Der Clip wird in den Rahmen integriert.

Gesetz der Erhöhung von Stoff-Feld-Effekten
- Einsatz von Magnetfeldern zum Halten des Bildpaketes

24.10 Workshops

Viele innovative Problemlösungen sind durch einen zielgerichteten TRIZ-Ansatz sofort zu lösen. Die nachfolgenden Workshops sollen dies belegen.

24.10.1 Reinigung und Entgraten von Zahnrädern

Alle großen Automobilhersteller lassen von Lohnunternehmen Getriebezahnräder herstellen. Bevor diese in ein Getriebe eingebaut werden, muss die Verzahnung gereinigt und entgratet werden. Da dies sehr lohnintensiv ist, hat sich die Firma XYZ auf das automatische Zahnradfinish (nach amerikanischem Patent) spezialisiert und einen geeigneten Prozess entwickelt.

Abb. 24.14: Zahnrädern in einem Motor

Aufgabenstellung: Versuchen Sie durch Anwendung von TRIZ das Problem ebenfalls prinzipiell zu lösen.

Abb. 24.15: Situation an einem Zahnrad

Mögliche Lösungswerkzeuge:
- Ideales Endergebnis
- Widersprücheanalyse
  - Innovative Grundprinzipien
  - Separationsprinzipien
- Stoff-Feld-Analyse
- 76 Standard-Lösungen

Nach einer Phase der Problemreflektierung kann der folgende Widerspruch aufgestellt und aufgelöst werden.

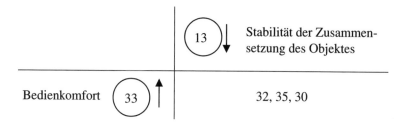

Innovative Grundprinzipien:

IGP 32: Prinzip der Farbänderung
IGP 35: Prinzip der Veränderung des Aggregatzustandes
IGP 30: Prinzip der Anwendung biegsamer Hüllen und dünner Folien

Aus den beiden Prinzipien „Farbänderung" und „Änderung des Aggregatzustandes" können brauchbare Lösungen abgeleitet werden. Wenn man unter Farbänderung auch „Wärmeeinbringung" versteht, so wären mit dieser Idee sicherlich Lösungen möglich. Wie nachfolgend dargestellt, wird in der Praxis aber mit dem Medium Eis gearbeitet.

Die Firma Ice Blast Inc., Kirkland-Washington, hat vor einigen Jahren die Nassreinigungstechnik für die Teilentgratung und Reinigung entwickelt. Insbesondere hält die Firma Patente für das *Ice-Blast-Verfahren* mit einem Trockeneisstrahl. Hierzu müssen CO_2-Pellets gekauft und gelagert werden. Diese werden mit Druckluft (7 bar) auf das Bauteil geschossen und lösen Schmutz und Grat ab.

Der Ingenieur-Unternehmer Piller hat diese Idee aufgegriffen und modifiziert: Er hängt seine Maschine an einen Wasserhahn und führt Wasser zusammen mit Druckluft durch eine Düse. Es entstehen Eispartikel unter hohem Druck, die Oberflächen reinigen und Grat brechen können.

24.10 Workshops

Abb. 24.16: Maschine zum automatischen Reinigen und Entgraten von Zahnrädern

Die Firma Piller hat den Süddeutschen Innovationspreis des Jahres 2003 dafür erhalten.

24.10.2 Herstellung eines Sägeblattes

Die Problemsituation besteht darin: Bei Sägebändern zur Trennung von Stahlprofilen ist der Stand der Technik, dass infolge der Unstetigkeit beim Schnitt das Sägeblatt im Kern weich sein muss, hingegen die Schneidezähne aber sehr hart sein sollen. Bisher löst man dies dank Aufbringung von Carbid- oder Diamantpulver auf einem teueren HSS-Stahl. Der Nachteil ist dabei, dass das sehr teure Beschichtungsmaterial auf der ganzen Oberfläche aufgetragen wird, während man es eigentlich nur auf den Zahnköpfen bräuchte.

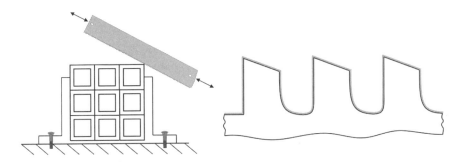

Abb. 24.17: Sägen von Stahlprofilen im Paket

Gesucht ist nach einer insgesamt kostengünstigeren Lösung, da die Rohstoffpreise immer stärker ansteigen.

1. Physikalischer Widerspruch

„Das Sägeblatt soll weich und hart sein!"

Lösungsansatz:

„Separation im Raum?" oder
„Separation durch Bedingungswechsel?"

D. h., die Eigenschaften müssen nicht gleichzeitig am gleichen Ort vorhanden sein. Die Zahnoberfläche kann also aus einem anderen Material sein als der Kern, oder die Forderungen für den Kern sind gegenüber den Zähnen zurückzufahren. Hierhinter steht das Prinzip der örtlichen Qualität.

2. Technische Widersprüche

Für die Optimierung des Sägeblattes können, wie nachfolgend gezeigt, mehrere Widersprüche diskutiert werden, z. B.

WSP 1: „Der „Materialverlust" (beim Auftragen) soll verbessert (d. h. verringert) werden. Damit werden sich vermutlich die „Leistungsparameter" (Leistung, Kapazität) verschlechtern."

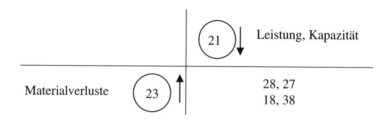

Innovative Grundprinzipien:

IGP 28: Ersatz mechanischer Wirkprinzipien
IGP 27: Billige Kurzlebigkeit anstelle teurer Langlebigkeit
IGP 18: Ausnutzung mechanischer Schwingungen
IGP 38: Anwendung von starken Oxidationsmitteln

Bekanntlich sind nicht alle Ideen verwertbar. Der Favorit scheint IGP 27 zu sein. IGP 28 gibt den Hinweis, dass die nächste Innovationsstufe das „Schneiden mit Feldern" ist.

Lösungsidee aus IGP 27

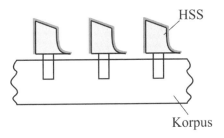

Abb. 24.18: *Zähne auf Korpus aufgesetzt*

WSP 2: „Die „Haltbarkeit" des Sägeblattes soll mit verschiedenen Maßnahmen verbessert werden. Dadurch wird sich die „Kompliziertheit der Struktur" wahrscheinlich verschlechtern."

		Kompliziertheit der Struktur ↓
	36	
Haltbarkeit des unbeweglichen Objektes ↑	23	10, 4 28, 15

Führt zu keinen nahe liegenden Lösungen!

WSP 3: „Die „Fläche des beweglichen Objektes" (Zahn) soll verbessert werden, die „Leistung und Kapazität" des Sägeblattes soll im Grenzfall gleich bleiben."

		Leistung, Kapazität →
	21	
Fläche des beweglichen Objektes ↑	5	19, 10 32, 18

Innovative Grundprinzipien:

IGP 19: Periodische Wirkung
IGP 10: Vorgezogene Wirkung
IGP 32: Farbänderung
IGP 18: Nutzung mechanischer Schwingungen

„Abfall"-Idee aus IGP 19:

Die Zähne des Sägeblattes werden immer abschnittsweise, seitwärts ausgestellt. Hierdurch ergibt sich ein sauberer Schnitt und die Späne wird gut abtransportiert. Weiter wird das Frequenzspektrum verzerrt, d. h., Sägen wird leiser.

Lösungsidee aus IGP 10:

Das hochfeste Material für die Zähne wird vorher auf den weichen Grundkörper aufgebracht und danach wird erst das Zahnprofil spanend herausgearbeitet.

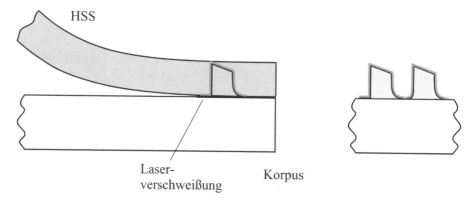

Abb. 24.19: Patent der Firma Wikus, Spangenberg

Das in der *Abb. 27.19* skizzierte Prinzip wurde in monatelanger Entwicklungsarbeit aber bereits gefunden und zwischenzeitlich patentiert.

24.11 Separationsprinzipien und Lösungsansätze

Separationsprinzipien	Allgemeine Lösungsansätze	Spezielle Lösungsansätze
Separation im Raum *örtliche Trennung*	Trennen von widersprüchlichen Anforderungen im Raum *Aufteilung eines Systems in Teilsysteme.*	Raumlücken finden: • Nutzung freier Räume, • Veränderung der Position oder Orientierung der Teile
Separation in der Zeit *zeitliche Trennung*	Trennen von widersprüchlichen Anforderungen in der Zeit *Anforderungen, Funktionen oder Operationen, die im Konflikt stehen, zu unterschiedlichen Zeiten wirken lassen.*	Zeitlücken finden: • vorgezogene Handlung, • nachgelagerte Handlung
Separation durch Bedingungswechsel *Phasenübergänge*	Trennen von widersprüchlichen Anforderungen zwischen den Zuständen *Veränderungen des Systems oder seiner Umgebung betrachten.*	Wirkung eines Feldes betrachten: • mechanische Wirkungen, • Schwingungen, Vibration oder Schall, • Erzeugen, Übertragen oder Regeln von Wärme und Kälte, • Erzeugen oder Regeln von Strahlung
Separation innerhalb eines Objektes und seiner Teile *Überführung in ein Sub- oder Supersystem*	Trennen von widersprüchlichen Anforderungen eines gesamten Objektes und seiner Teile *System gliedern und widersprüchliche Funktionen oder Zustände einem oder mehreren Teilsystemen übertragen, Hauptteil des Systems mit übrigen Funktionen und Zuständen beibehalten.*	Nutzung von Stoffen: • vorhandene und neue Stoffe, • modifizierte Stoffe, • Leere/Lücken
	Trennen eines Teils vom Ganzen *Teil mit unerwünschten Eigenschaften vom Rest trennen.*	Unerwünschtes Objekt entfernen: • zurückziehen, • zerstören, • Zustandändern, • ersetzen oder wandeln

25 Literaturverzeichnis

25.1 TRIZ-Bücher

[ALT 98] Altschuller, G. S: Erfinden – Wege zur Lösung technischer Probleme
Verlag Planung und Innovation, Cottbus 1998

[AUT 00] Autorenkollektiv: Invention Highway – Erfolg durch kreatives Denken
Xten New Media, Essen, 1999/2000

[BOO 02] Boothrody, G.; Dewhurst, P.; Knight, W.: Product Design for Manufacture and Assembly
Dekker Verlag, New York/Basel 2002

[GAU 96] Gausemeier, J.; Fink, A.; Schlake, O.: Szenario-Management
Hanser Verlag, München/Wien 1996

[HER 98] Herb, R. (Hrsg.): Terninko, J.; Zusman, A.; Zlotin, B.: TRIZ – Der Weg zum konkurrenzlosen Erfolgsprodukt
Verlag Moderne Industrie, Landsberg am Lech 1998

[HIL 99] Hill, B.: Naturorientierte Lösungsfindung
Expert Verlag, Renningen 1999

[KAH 75] Kahn, Chr. H.: Angriff auf die Zukunft. Die 70er und 80er Jahre: So werden wird leben
Rowohlt Verlag, Reinbeck 1975

[LIN 93] Linde, H.; Hill, B.: Erfolgreich erfinden
Hoppenstedt Verlag, Darmstadt 1993

[ORL 96] Orloff, M.: Ein Instrument für innovatives Konstruieren, CROST
in Klein, Konstruktionsmanagement, WEKA-Verlag, Augsburg 1996

[PIE 97] Pierer, H. v.; Oetinger, B. v.: Wie kommt DAS NEUE in die Welt?
Hanser Verlag, München/Wien 1997

[SHU 97] Shulyak, L.: 40 Principles – TRIZ Keys to Technical Innovation
Technical Innovation Center, Worcester, MA, 1997

[TER 98] Terninko, J.; Zusman, A.; Zlotin, B.: Systematic Innovation – An Introduction to TRIZ
St. Lucie Press, Boca Raton, 1998

[TEU 98] Teufelsdorfer, H.; Conrad, A.: Kreatives Entwickeln und innovatives Problemlösen mit TRIZ/TIPS
Publicis MCD Verlag, München 1998

[ZOB 04] Zobel, D.: Systematisches Erfinden
Expert Verlag, Renningen 2004

25.2 Methodik-Fachbücher

[AUT 76] Autorenkollektiv: Systematische Produktplanung – ein Mittel zur Unternehmenssicherung
VDI Verlag, T 76, Düsseldorf 1976

[AUT 78] Autorenkollektiv: Arbeitshilfen zur systematischen Produktplanung
VDI Verlag, T 79, Düsseldorf 1978

[AUT 00] Autorenkollektiv: Innovationsmanagement
Bd. 1 und Bd. 2, Harvard Manager/Manager Magazin, Hamburg 2000

[BAI 98] Baikie, P. E.; Kingham, D. R.: Der Weg zur Innovation
WIFI Österreich, Nr. 307, Wien 1998

[DET 96] Detter, H.; Gerhard, E.: IPI – Integrierte Produktinnovation
WIFI Österreich, Nr. 278, Wien 1996

[FRA 99] Erfolgsfaktoren von Innovationen: Prozesse, Methoden und Systeme?
Druckschrift Fraunhofer Gesellschaft, Stuttgart 1999

[FRE 96] Freitag, N.; Kaniowsky, H.: Das Arbeiten mit kreativen Methoden
WIFI Österreich, Nr. 281, Wien 1996

[KLE 99] Klein, B.: QFD – Quality Function Deployment
Expert Verlag, Renningen-Malmsheim 1999

[NIN 98] Ninck, A.; Bürki, L.; Hungerbühler, R.; Mühlemann, H.: Systemik – Integrales Denken, Konzipieren und Realisieren
Verlag Industrielle Organisation, Zürich 1998

[PEP 99]   Pepels, W.: Innovationsmanagement
           Cornelsen Verlag, Berlin 1999

[SCH 99]   Schweizer, P.: Systematisch Lösungen finden
           VDF Hochschulverlag an der ETH-Zürich, 1999

25.3   Berichte

[AUT 00]   Autorenkollektiv: Invention Highway – Erfolg durch kreatives Denken
           Xtend New Media, Essen 1999/2000

[LIN 05]   Linde, H.: Mastering Strategic Innovations
           7. WOIS Innovations Symposium, Coburg, 18. und 19.Oktober 2005

[MEA 72]   Meadows, D. et. al.: Die Grenzen des Wachstums
           Bericht des Club of Rome zur Lage der Menschheit, Stuttgart 1972

[WEI 01]   Weinbrenner, P.: Zukunftswerkstatt – Was wollen sie?
           www.wiwi.uni-bielefeld.de/~weinbren/zukunfts.htm

25.4   Ergänzende Aufsätze

[DRE 95]   Drews, R.; Linde, H.: Innovationen gezielt provozieren mit WOIS – Erfahrungen aus der Automobilindustrie
           Konstruktion 47 (1995), S. 311–317

[GIM 98]   Gimpel, B.; Herb, T.; Herb, R.: Erfinden mit Qualität
           QZ 43 (1998) 8, S. 960–964

[HAN 99]   Hanschild, J.: Innovation als Überschreitung gegebener Grenzen
           Impulse 1999, S. 44–51

[HER 85]   Herrig, D.; Müller, H.; Thiel, R.: Technische Probleme – dialektische Widersprüche – erfinderische Widerspruchslösung
           Maschinenbautechnik 34 (1985) 6, S. 277–279

[KLE 82]   Klein, B.: Erfolgreiche Innovationen und Produkte durch strategische Planung
           VDI-Z 124 (1982), S. 1–9

[KLE 06]   Klein, B.: Mit TRIZ erfolgreich innovieren
           Konstruktion 4 (2006), S. 76–82

[LIN 94] Linde, H.; Mohr, K.-H.; Neumann, U.: Widerspruchsorientierte Innovationsstrategie (WOIS) – ein Beitrag zur methodischen Produktentwicklung
Konstruktion 46 (1994), S. 77–83

[MÖH 96] Möhrle, M. G.; Pannenbäcker, T.: Erfinden per Methodik
Technologie & Management 45 (1996) 3, S. 112–118

[MÖH 98] Möhrle, M. G.; Pannenbäcker, T.: Kompetenz, Kreativität und Computer
Wissenschaftsmanagement 4 (1998) 2, S. 27–36 und 4 (1998) 3, S. 11–21

[MÖH 98a] Möhrle, M. G.; Pannenbäcker, T.: Kompetenz, Kreativität und Computer
Teil 1: Der Invention Machine TechOptimizer 2.5 im Konzept der problemzentrierten Erfindung
Wissenschaftsmanagement 4 (1998) H. 2, S. 27–36

[MÖH 98b] Möhrle, M. G.; Pannenbäcker, T.: Kompetenz, Kreativität und Computer
Teil 2: Die Ideation International Innovation Work Bench 2.0 im Konzept der problemzentrierten Invention
Wissenschaftsmanagement 4 (1998) H. 3, S. 11–21

[PER 96] Perseke, W.: Innovationsmethodik in der Konstruktion
Konstruktion 48 (1996), S. 329–335

25.5 Studien-/Diplomarbeiten

[DIT 02] Dittmar, A.: Vermeidung von Fehlern mit TRIZ durch Anwendung der antizipierenden Fehlererkennung
Studienarbeit, Universität Kassel, 2002

[MER 00] Merteus, H.: Analyse und Beschreibung von Methoden zur innovativen Produktentwicklung
Diplomarbeit, Universität Kassel, 2000

[MON 00] Montua, S.: Konzipierung eines Leitfadens zur Anwendung der TRIZ-Methode anhand des Programms Innovatation WorkBench
Studienarbeit, Universität Kassel, 2000

[STA 03] Stahn, S.: Konzeption eines rechnerunterstützten Innovationsprozesses mit den CATIA-Tools PFO und PFD
Diplomarbeit, Universität Kassel, 2003

26 Internet-Links

TRIZ-online
http://www.triz-online.de

Die deutsche Internetseite zum Thema TRIZ (gepflegt bis 2004). Dort finden sich umfangreiche Informationen in Form von Methodenbeschreibungen, Büchern und Aktuellem zum Thema TRIZ. Weiterhin werden die Softwareprodukte von Ideation Interantional Inc. beschrieben. Ein Kontakt- bzw. Diskussionsforum ist ebenfalls vorhanden.

Europäisches TRIZ-Centrum für innovatives Problemlösen
http://www.triz-cenrtum.de

Das TRIZ-Centrum ist ein eingetragener Verein, der sich zur Intention gesetzt hat, TRIZ sowie weitere Methoden zur kreativen Problemlösung zu verbreiten und Interessenten ein Medium (Intranet für eingetragene Mitglieder) zur Verfügung zu stellen, um miteinander in Kontakt zu treten. Ebenfalls soll ein Austausch von Dokumenten angeregt werden.

TRIZ-Journal
http://www.triz-journal.com

Eine ausführliche Seite zu TRIZ, von Ellen Domb und Michael Slocum mit Artikeln und Seminarangeboten.

The TRIZ Experts
http://www.trizexperts.net

Eine TRIZ-Sammlung mit Links, Büchern, Lehrgängen, Tipps, usw.

Altschuller-Institute
http://www.aitriz.org

Eine Seite vom Altschuller-Institute, um TRIZ zu lernen, mit geschichtlichen Erläuterungen, Beispielen, usw.

Ideation International Inc.
www.ideationtriz.com

Die Firma Ideation International Inc. ist das führende Unternehmen im Bereich der TRIZ-Methode. Seit der Gründung 1992 ist dort die TRIZ-Methode zielstrebig in Richtung bessere Handhabung erweitert worden. Hinzugekommen sind neue Tools. Aus diesem Grund wird auch der Begriff I-TRIZ verwendet, welcher für Ideation-TRIZ steht. Wer sich ins Gästebuch der Firma einträgt, bekommt kostenlos die Innovations-Checkliste zugesandt! Nähere Informationen zu Ideation sind unter dem Punkt Software auf www.triz-online.de verfügbar.

Invention Machine
www.invention-machine.com

Invention Machine ist der zweite große Softwareanbieter, der ein Programm mit TRIZ-Tools anbietet. Die grafische Aufmachung des Programms ist zweifelsohne überragend, jedoch wird hier auf die methodische Vorgehensweise verzichtet. Neben dem TRIZ-Produkt stehen noch weitere Programme zur Verfügung, die sich mit der Dokumentensuche im Internet sowie dem Wissensmanagement innerhalb eines Unternehmens beschäftigen.

TriSolver
www.trisolver.com

Deutsches Unternehmen, welches sich mit der TRIZ-Technologie beschäftigt. Die Firma verkauft das Software-Produkt TriSolver (deutsch).

insytec
http://www.insytec.com/

insytec ist eine Firma aus Holland, die ebenfalls ein Produkt anbietet und zwar den TRIZ-Explorer.

27 Index

76 Standardlösungen 88

A
Abmessungen 23
AFE 162
Altschuller 1, 4, 7, 9, 38, 51, 83, 115, 122, 143
Anmeldeverfahren 174
ARIZ 83, 87, 94, 97
Assimilation 168
ASIT 179
Aufbaugesetz 134, 136
Axiom 76

B
Bewegungsgesetz 134, 138
Bionik 33
BMBF 175, 177
BNE 198

C
CAD 25
CAI 5
Chaos 158
Checkliste 14
Codierung 105

D
Datenbank 94
Definitionsphase 85
DoE 199
Dynamisierung 51, 56, 73

E
Effektdatenbank 34
Effekte, physikalische 32, 34, 94, 154
Effektivität 22, 38, 71, 95, 119, 139, 140, 152, 169
Effizienz 36, 124
Einfachheit 156
Einheit 167, 168
Energieressource 124
Entwicklungsaufgaben 13, 37, 122
Entwicklungsgesetze 20, 24, 134, 168
Entwicklungsziel 38, 67, 162, 198
Erfindungen 7, 33
Erfindungsaufgabe 37
Evolution 1, 19, 169, 170
Evolutionsstufen 20, 22, 25
Evolutionsweg 133
Extremsituationen 100

F
Fehler-Erkennung 161
Feld 115, 117, 118, 120, 123, 127
FMEA 161, 199
Fokussierung 88
Folger, frühe 205
Funktion, nützliche 86, 91, 103, 105, 108
Funktion, schädliche 86, 105, 108
Funktionsanalyse 106, 107
Funktionshierarchie 106
Funktionsklassen 105
Funktionsmodellierung 109
Funktionsplan 110
Funktionsprinzip 155
Funktionswandel 170, 171

G
Gebrauchsmuster 174
Gebrauchsmustergesetz 173
Gedankenexperiment 143, 147
Grafen 120
Grundmodelle, vier 117
Grundprinzipien, innovative 39, 40, 65, 72, 143, 190
Grundproblem 42

H
Hauptfunktion 88, 153, 154

I
Ideal 31, 156, 187
Idealität 95, 107, 138, 151, 153, 155, 190
Idealzustand 24
IER 67, 90, 95, 128, 191
IGP 52
Informationsträger 117
Innovationscheckliste 15, 16, 187, 199
Innovationsniveau 7
INSTI 175
Integration 51, 77, 155
ISQ 15

K
Komplementärprinzip 76
Komplexität 25, 27, 93, 94, 107
Komponenten 67, 92, 117, 156
Kompromisslösung 37
Kondratieff-Zyklen 18
Konflikte 37
Konfliktelemente 87, 99
Konstruktionsmethodik 15, 77, 191
Konzeptalternativen 128
Kreativität 52, 77, 163, 191, 205, 209

L
Lastenheft 187
Lebenslinie 133, 134
Lernen, erfindendes 170
Lösungsgrundmuster 41
Lösungskataloge 32
Lösungsstrategie 9, 187

Lösungsvariationen 124
Lotus-Effekt 8

M
Markengesetz 173
Markenschutz 174
Maschine, ideale 27, 31
Maxiebene 39
Maxiprobleme 27
Mechatronik 33
Megaströmungen 17
Methode, induktive 76
Miniaturisierung 18, 23, 24
Miniprobleme 27
Modellierung, grafische 87
Modifikationsregeln 121
Modifikator 205
Modularität 170
Monosystemen 20
Morphologie 81
Multifunktionalität 170, 171
Murphys Gesetze 158
MZK 143, 147, 191
MZK-Operatoren 143

N
Nachzügler 205
Naturgesetzlichkeiten 155
Negation 167, 169
NF, Nützliche Funktion 105
Nicht-WEPOL 119
N-IGP 63

O
Obersystem 14, 96, 102, 134, 139
Operationsraum 89, 90, 91, 101
Operationszeit 90, 91, 101
Operatoren 148, 150, 191
Operatorenfelder 150
Operatorenverknüpfung 147
Opportunismus 170, 171
Optimalitätskompromisse 170

Index

P
Paradoxum 76
Patent 11, 174
Patentanmeldungen 7, 42, 119, 197
Patentgesetz 173
Patentrecherche 10, 96, 173, 175
Patentschirm 190
Patentwissen 32
Perpetuum mobile 31
Pflichtenhefte 15
Pioniererfindungen 8
Polarität 167
Polysystem 25
Problem, inverses 161, 163
Problemanalyse 85, 119
Problemformulierung, abstrahierte 9
Problemlösungsdialog 113
Produkt 87
Produktentwicklungsprozess 209
Produktprofil 17

Q
QFD 83, 199
Quality-Engineering-Werkzeuge 209

R
Revolution 169
Rückinversion 161, 164

S
Schutzfähigkeit 174
Schutzrechte 173
Schwingungen 21
Segmentierung 22, 51, 52
Selbstorganisation 18, 170, 171
Selbstregelung 154
Selbsttätigkeitspotenziale 154
Selbstversorgung 154
Selektion 77
Separationsprinzipien 41, 94, 97, 103
SF, Schädliche Funktion 105
SFR 90
Sollbruchstellen 170
Standardlösungen, 76 93, 100, 118

Standardwidersprüche 43
Steuerbarkeit 25
Stoff 18, 59, 115, 117, 119, 121, 128
Stoff-Feld-Ressourcen 89, 93, 101
Strategieelemente 170
Sub-Probleme 94, 96
Suchrichtung 31, 52, 129, 143
Symbolik 105, 117, 120
Systemwechsel 28

T
Technikentwicklung 135, 167
Teilfunktionen 153
Tendenzgesetz 134, 140
TIPS 1
Trägheit, psychologische 92, 94
Trendanalyse 17
Trendkatalog 18
Trends 17, 25, 205
TRIZ 2, 4
TRIZ-Werkzeuge 83, 187

U
Übertragungssystem 136
Umkehrprinzip 76
Unerschöpflichkeit 138
Ungleichmäßigkeit 139

V
Variationsmöglichkeiten 190
Veränderungsniveau 65
Verfahrensprinzipien 51, 63
Vergleich, paarweiser 78
Verwertung 173, 176, 177
VKF 143, 191

W
WA, Wertanalyse 106
Wechselwirkung 54, 60, 64, 85, 115, 118, 122, 124, 142
WEPOL 115, 118, 121, 124, 129, 131, 190, 205
WEPOL-Ergänzung 125

WEPOL-Realisierungen 131
WEPOL-Zerstörung 121
Werkzeug 87
Wertesystem 77
Widerspruch, physikalischer 40, 47, 91, 122
Widerspruch, technischer 40, 43, 86, 88
Widerspruchsmatrix 39, 63, 65, 72, 100, 110
Widerspruchsprobleme 38
Wirkungsgrad 38
Wirtschaftlichkeit 155, 191
Wissensbasis 93, 97

WOIS 18
WSP, Widerspruchsparameter 39

X
X-Komponente 88, 90, 100

Z
Zielgröße 38
Zielkonflikt 37, 43
Zukunftsblindheit 170, 171
Zukunftstrends 17
Zuverlässigkeit 55, 146, 199
Zwerge-Methode 144, 191